HOPELAND

贺 兰 山 房

艺术家的意志
ARTIST'S WILL

艾克斯星谷公司　编著

中国人民大学出版社

贺兰山房：艺术家的意志
HOPELAND: ARTIST'S WILL

贺兰山房：艺术家的意志
HOPELAND:ARTIST'S WILL

目录

第三部分
观点与评论

第四部分
贺兰山房：环境与历史

中国建筑艺术奖

宁夏贺兰山房

《中国建筑艺术年鉴》

序言：
贺兰山房：艺术家的意志

吕　澎

"贺兰山房：艺术家的意志"是一项依附在名为"艾克斯星谷"这个更大项目之上的工程，或者更为明确地说，她就是该项目第一期中的一部分。

"贺兰山房"由十二栋建筑组成，构成"艾克斯星谷"中的部分酒店、客栈和旅游消费空间。通常，投资商会按照常规邀请建筑设计机构或者知名建筑师为自己投资的项目进行建筑设计。而这一次，投资商决定邀请十二位艺术家对已经完成的总体规划中的十二栋建筑进行设计。让那些从来没有进行过专业建筑设计的艺术家对这十二栋将要建造出来的建筑进行专业设计，这样的安排是有趣和具有挑战性的。

显然，"贺兰山房"是一项具有规划目标前提的设计工程，作为艺术家的"建筑师"应该遵循建筑设计的基本规则和要求，遵循项目的功能与技术指标，遵循国家规划建设管理机构制定的制度，缺乏这些"规则"、"指标"或者"制度"也就是缺乏设计的依据，进而也就缺乏设计的可能性，参与设计的所有艺术家都清楚这个基本的前提。

但是，如果我们仅仅是让那些具有综合能力的艺术家去完成一项只有常识性指标的设计任务是不妥当的。真正重要的是，我们希望艺术家们去"发明"和制定新的"规则"、"指标"或者"制度"，这项具有尝试性的工作的针对性是现实中的房地产开发、城市建设以及综合项目开发中的建筑设计处在普遍的平庸状况之中，这种"普遍的平庸"导致历史丰富性的丧失，导致生活内容的枯燥，导致未来所需要的想像力的缺乏。社会的发展需要各种力量，设计是其中的一种，没有设计的生活不是生活，没有设计的建筑不是建筑，那么，这里的设计显然不是指的一种平庸的制图和一般意义的"创新"。

让艺术家设计房子并不是一种奇思异想，就像Nikolaus Pevsner在他的An Outline of European Architecture一书的序言里陈述的那样，建筑与房子的区别在于是否以一种美学的态度去对待，一个建筑师尽管对空间关系更为关注，但是体积、立面关系以及室内装饰也完全属于他的工作范围，而导致所谓"美感"的平面、体积与空间同样与艺术家的工作有关。所以，艺术家来设计房子，这个事实一开始就表明其游戏的范围完全没有超出边界——建筑就在艺术之中。这些艺术家显然不会脱离画家、雕塑家的身份或者习惯的角度去考虑他们的设计，只是在今天，他们将注意力更进一步地放在了空间关系上，放在了立面、体积与空间的富于创造性的协调上。

由于作为艺术家的设计者知识背景的原因，"贺兰山房"是一次对自然的研究。任何人都应该知道：是自然在提供建筑的基本要求。尽管作为自然一部分的人是下达任务书的实施者，自然本身有一种声音在向设计者安排她的要求，她通过阳光、空气、植物、水、风、沙这样一些语言方式陈述她的要求。尽管人的智慧是自然的智慧的一种表达，但是，任何违背自然意志的设计都是危险的或者不安全的设计。

"贺兰山房"是一次对历史的研究。自然中没有一处没有历史。那些被认为长期无人的地方不是没有历史，而是没有人将其历史书写出来。现在，通过对一个具体的自然区域进行研究，艺术家可能会发现这个区域的过去，那些"过去"的作用不是一种简单的印记或者提示，事实上，它们就是今天的一部分。在一个宏观的视点上讲，所谓"人文历史"不过是"自然史"的一部分，因此，没有历史的设计不是设计。

"贺兰山房"是一次对社会的研究。如果认定离开社会的建筑不是建筑的话，没有对社会生活的研究而建造出的建筑是不可思议的。大多数人具有关于"风"、"光"、"空气"的一般经验感受，但是，他们没有察觉到社会生活突破边界的重要性。当远离城市的动机发生，而新的空间提供了感受的丰富性时，这就将社会生活的内容做了符合自然的扩充。自然是人的前提，不过不提供新的社会生活场景和新的功能空间的设计是乏味的设计。

"贺兰山房"是一次对人的研究。设计建筑不是建筑本身，对建筑的设计就是对人的设计。只是，艺术家对人的敏感性有特殊的感知，所以，一种特殊的空间设计也许就是一种符合人体工程学的感知的表达。人们习惯了规范的空间，所以，当一个遵循自然与人性要求的空间出现时，我们会对人以及人的精神世界产生新的感受。因此，不唤起人的特殊感受的设计不是设计。

最终，"贺兰山房"是一次对建筑设计的研究。自然、历史、社会与人的概念也许是抽象的，当我们需要使这些概念获得可以触摸的实现时，没有什么能够比一个可以实现的物理空间更为具体了。如何实现这样的空间？这就是"贺兰山房：艺术家的意志"为艺术家和投资人提出的建筑设计的课题，所谓"挑战性"就产生于这个课题。

选择贺兰山是一次对自然的认识；选择沙丘是对历史的发现；选择旅游就是扩充社会生活；选择艺术家就是希望实现人的意志。所以，我们将这个背靠贺兰山、眺望沙丘的项目定名为"贺兰山房"，她的英文 HOPELAND 意味着历史、挑战与希望。

2004 年 2 月 27 日星期五

编辑委员会

主任：陈　嘉、刘文锦

委员：易　丹、吕　澎、刘存绪、毕凌翔、唐尚平

文献摄影：（建筑）毛同强、（人物）王　征

特邀摄影：萧　全

工作图片：WOLFGANG、罗永进、吕　澎

文稿编辑：唐尚平

版式设计：赖　东

MINSHENG
MINSHENG REAL ESTATE
宁夏民生房地产开发有限公司

Part 1

第一部分

作为文化的历史、地理与项目背景

1

西部与宁夏

无论如何,文化本身区域性差别是相当明显的。地理因素在很大程度上决定了在"这个"特殊的地理环境中的文化、历史与生活。

当我们在谈论位于中国中部偏北,处在黄河中上游地区及沙漠与黄土高原的交接地带,与内蒙古、甘肃、陕西等省区为邻的宁夏的时候,我们首先就会想到黄河的壮阔景象,以及其作为文明催化剂的渊源;当然我们也会主观地想像那"大漠孤烟"似的带有英雄主义气质的感伤。

在中国自然区划中,宁夏跨东部季风区域和西北干旱区域,西南靠近青藏高寒区域,大致处在我国三大自然区域的交汇、过渡地带。东西相距约250公里。根据边界四端点的经纬度,疆域的地理坐标是:东经104°17′—109°39′,北纬35°14′—39°14′。宁夏地处黄土高原与内蒙古高原的过渡地带,地势南高北低。南部是黄土地貌,以流水侵蚀为主;北部以干旱剥蚀、风蚀地貌为主,是内蒙古高原的一部分。境内有较为高峻的山地和广泛分布的丘陵,也有由于地层断陷又经黄河冲积而成的冲积平原,还有台地和沙丘。

古老的黄河流经宁夏397公里,滋润了千里沃野,也写就宁夏悠久的历史。灵武市水洞沟旧石器时代文化遗址中发掘出来的石器、骨器和用火痕迹表明,远在距今3万年前后,宁夏境内就有了人类活动,他们创造了旧石器晚期的"水洞沟文化"。1949年后,在宁夏境内陆续发现了较多的"细石器文化"、"马家窑文化"和"齐家文化"遗址。这些遗址表明,距今六七千年到三四千年前,宁夏南北的"居民"已由母系氏族社会进入父系氏族社会,开始从事畜牧

业和农业生产,并与中原地区有了密切的联系。商、周时期,境内有称为胡(北狄)、羌(西戎),后又称为鬼戎、猃狁(熏育、荤粥)的游牧部落活动。周宣王时,曾在"太原"(今固原一带)调查户口,表明当时不仅已有较多人口,而且产生了行政管理体制。春秋战国时期,固原地区南部属秦,其余地区分别为义渠戎、朐衍戎等部族的聚居地。公元前221年,秦兼并六国后,建立中央政权,宁夏属北地郡。唐朝分全国为十道,宁夏属关内道。唐王朝在灵州(今灵武市西南)设大都督府和朔方节度使。安史之乱期间,唐肃宗于756年在灵武登基。 1038年,党项族首领李元昊称帝,国号大夏(因其位于宋王朝西面,故史称西夏),都城设在兴庆府(今银川市)。西夏国势颇盛,前期与宋、辽,后期与宋、金成鼎足之势,1227年,被成吉思汗所灭。元朝设宁夏路,开始迁入回回人。明朝设宁夏卫,大批回回以"屯戍人户"的身份被安置在灵州、固原一带。

1949年9月23日,宁夏解放,仍沿用宁夏省原称,辖区范围与民国时相同。1954年,撤销宁夏省,阿拉善左旗、阿拉善右旗、额济纳旗和磴口县划归内蒙古自治区,其余地区并入甘肃省。1958年10月25日,宁夏回族自治区成立,辖原属甘肃省的银川专区、吴忠回族自治州、西海固回族自治州及泾源、隆德二县。1969年,内蒙古自治区阿拉善左旗和阿拉善右旗的五个公社并入宁夏。1979年,这些地区又划回内蒙古自治区。

宁夏,是一块美丽的土地,一段自然的历史。

2

银川与贺兰山

银川市位于宁夏省北部属于黄河上游的宁夏平原中部，西依贺兰山，东临黄河，位于进入蒙古地区的门户。境内自然景观壮丽，人文历史遗迹丰富，具有大西北的沙漠风情，及回族的民族风采。自古以来即有"黄河百害，惟富一套"之说，黄河流经的银川平原土地肥沃、沟渠纵横、灌溉便利，引黄河水灌溉已有2000年的历史，素有"塞上江南"、"塞上鱼米之乡"之美称。盛产水稻、小麦、玉米、瓜果等，宁夏大米被称为"珍珠米"，而沿黄河水岸地区水产养殖业发展迅速。整个宁夏地区以枸杞、甘草、贺兰石、滩羊皮、发菜等特产在国内外享有盛名。

银川市早在四五千年的新石器时代即有人类活动，汉武帝元狩四年（公元前119年）设置廉县，是银川区最早的县级设置，至2001年为止银川市总人口为103.91万人，其中回族人口为22.31万人，占总人口的21.47%，形成本区特有的回族风情。

整个银川地区的自然风景秀丽，还有丰富的人文历史景观，整体呈现以沙漠、山川、河流及黄河为主的景观意象，主要的景点包含有：贺兰山保护区、岩画、拜寺双口塔、西部影视城、西夏王陵、玉皇阁、沙湖等。贺兰山山脉是银川的天然屏障，也是银川远古文明、游牧文化和西夏历史的重要的自然载体。贺兰山岩画和岳飞的《满江红》中所描述的与贺兰山有关的历史非常有名。

满江红
岳飞
怒发冲冠，凭栏处潇潇雨歇。
抬望眼，仰天长啸，壮怀激烈。
三十功名尘与土，
八千里路云和月。
莫等闲白了少年头，空悲切。

靖康耻，犹未雪；
臣子恨，何时灭！
驾长车踏破贺兰山缺。
壮志饥餐胡虏肉，
笑谈渴饮匈奴血。
待从头收拾旧山河，朝天阙。

3

金山乡与艾克斯星谷

自2000年起，银川市政府更是每年举办银川国际摩托车节，吸引国内外之游客并带动本地观光休闲产业发展，但目前仍尚未有永久赛场的设置以供摩托车节的相关竞赛进行。宁夏民生房地产开发有限公司有意开发位于贺兰山东侧国道110上之5500亩土地，在银川全力打造集合休闲、运动、娱乐及度假概念，以机车运动活动为主要区分主题的多功能综合基地——艾克斯星谷。艾克斯星谷地将以摩托车运动为主题，并结合银川地区之沙漠风情、民族特色与观光资源，规划一个永久赛场，融入购物、娱乐、休闲、度假及游乐活动等多元机能。

作为本项目开发基地所在行政地的金山乡，位于银川市西北，距银川市区约37公里、贺兰山脉4.5公里，临眺贺兰山脉，地势平坦、开阔，由西南向东北逐渐倾斜，平均海拔约1000米~1500米，年均温度约8.5度，平均日照时数2800小时~3000

艺术家们在参观贺兰山岩画

小时。以国道110为主要对外联络道路，可连接北京与内蒙古自治区。河东国际机场位于基地东南方，航班可达北京、上海、西安、广州、昆明等各大城市。

贺兰山房位于银川"艾克斯星谷"基地内，占地约100亩，规划建设十二栋具备旅游、休闲、度假功能的单体建筑，每个单体占地面积约为3亩～4亩，单体建筑的建筑面积为400m²～800m²；从一开始她就以最富于当代性的建筑格局、最合理的建筑功能和本身就是旅游目的地的形象而出现。这种定位体系就要求建筑规划与设计必须满足功能价值与美学价值两个条件。

为了实现上述的基本意愿并寻找到新的建筑表达方式，发展商决定邀请十二位当今中国最为活跃的世界级艺术家对已经完成的总体规划中的十二栋建筑进行设计，希望艺术家们去"发明"和制定新的"规则"、"指标"或者"制度"，在综合功能意义及美学态度的建筑语言中找到新的合法性依据，并带给贺兰山，甚至于是建筑本身以全新的人文意志。

从2003年12月11日这十二位当代艺术家齐聚银川开始，"贺兰山房——艺术家的意志"就被艺术家们循着自然的特殊背景、历史的人文路线、社会的当下场景以及对人的独特感知，开始了极具创造性与挑战性的关于建筑设计的"意志工作"。

2004年3月22日，"贺兰山房——艺术家的意志"正式开工，这标志着"艺术家的意志"开始走向具体的空间实践。

4

商业的文化理想
与文化的商业价值

唐尚平

上个世纪80年代的理想岁月已经随着中国经济体制的根本改变而不复存在了。带有革命集体主义性质的浪漫情绪在90年代为个人价值的努力实现而冲淡；理想，在很大程度上已经表现为个人文化话语权利的获得和市场价值的最大化；无论是新生代的出现，还是80年代的主流意识都主动或者是被动地加入了这一趟"南下的火车"，神秘、深刻和崇高已经被崔健解释为《一无所有》，而所有艺术家、文学家、电影导演们都在以个人的感受代替以前的集体使命。这个过程本身表明了这样一种事实：社会的开放程度将决定文化的多元程度，在这个过程中，市场经济的商业文明扮演了条件与结果的双重角色。

市场经济商业文明的不断发展，以及在文化全球化的背景下跨国商业流行文化的传播，导致了以城市为中心的消费主义的盛行。这种消费主义的社会行为模式反映在文化层面上就是用一种大众化方式转化了对于终极理念的关注，艺术成为了生活的一部分而不是价值的崇高标准，"文化"被消费集体与商业文化的创造者们改造成为一种"消费"的过

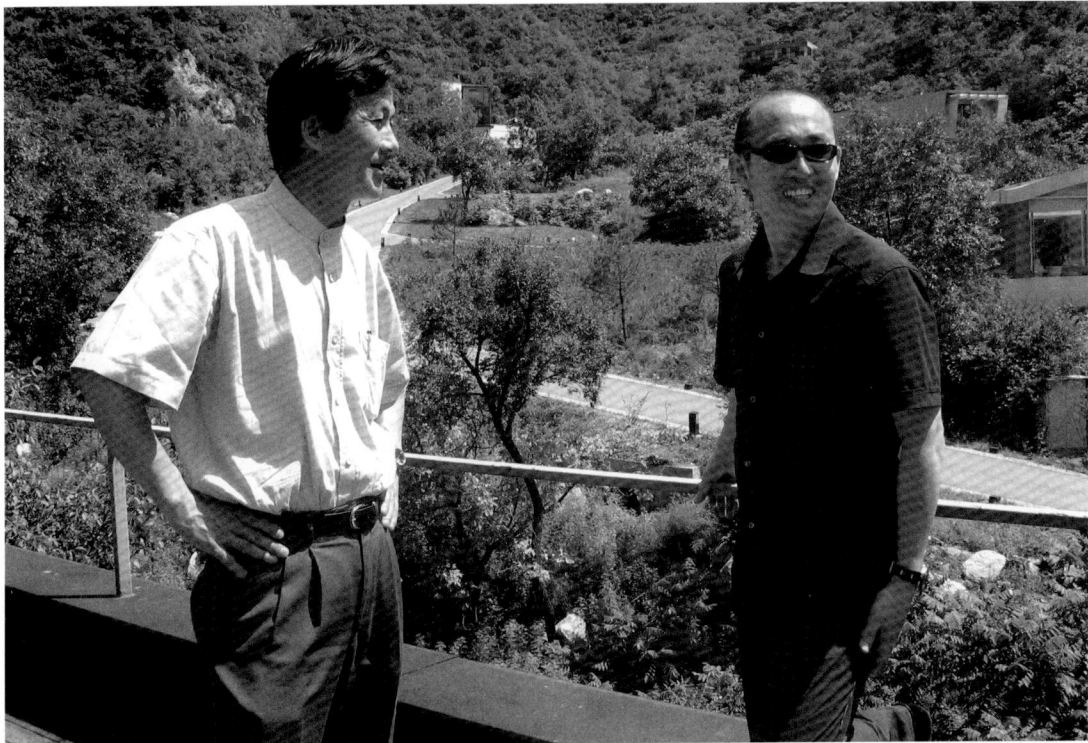

宁夏艾克斯星谷旅游
实业有限责任公司
董事长陈嘉与潘石屹

程。或者说，"文化"被理解成一个"产业化"的制造过程，正如英国诺丁汉特伦大学社会学与传播学教授迈克·费瑟斯通在《消费文化与后现代主义》一书中所描述的：

> 商品世界及其结构化原则对理解当代社会来说具有核心的地位，就经济的文化维度而言，符号化过程与物质产品的使用，体现的不仅是实用价值，而且还扮演着"沟通者"的角色；在文化产品的经济方面，文化产品与商品供给、需求、资本积累、竞争等市场原则一起，运作于生活方式的领域之中。

从中我们可以看出，文化的商业化是市场经济的必然产物，也是社会消费方式改变的结果；而在商业利润之外谈及的商业文化责任可能也是相当重要的：有时候，文化本身就是利润。所以，我们可以坦然地面对文化转化为商业体系之中去发生市场价值，同时希望文化（或者是经典的，或者是前卫的甚至于是实验性的）可以成为商业文明高度发达时期的社会品质。

陈嘉先生是这个时代成功的文化商人之一。他个人的商业与文化的实践可能会说明我们上面所提及的基本观点。在这一段文字即将成为印刷品的时候，他的位于银川市贺兰山脚的艾克斯星谷项目正在紧张的运作当中。他应用自己的历史观和他企业的基本社会观点，力图要在这块土地上建设一个可以包含摩托车运动、建筑和摇滚音乐的当代文化元素的综合性项目。这种想法想起来就让人感到规模宏大和不可思议：因为我们可以想像得到摩托车运动与摇滚音乐的现场力量，但我们真的对"建筑"这种特殊的艺术形式能够对当代文化产生什么样的影响依然有着相当的好奇。

正如本文最开始就提及的那样，崔健的声音的确是一个时代的开始，也是一个时代的终结，在他之后，中国摇滚音乐从地下走上了地面，从自娱自乐走向了CD架，从喘息走向了呐喊——虽然声音有时候仍然略显微弱。回顾中国摇滚音乐史，摇滚歌曲第一次正式作为有声出版物出版，是收录在1986

年世界和平年百名歌星演唱会纪念专辑中的崔健的《一无所有》、《不是我不明白》和王迪翻唱菲尔·柯林斯的《不觉流水年长》。1989年崔健正式出版第一张个人专辑《新长征路上的摇滚》，中国诞生了第一张真正意义上的摇滚乐专辑，其他乐队在随后几年内也纷纷出版了专辑。这其中"黑豹"的《黑豹》，"唐朝"的《唐朝》，何勇的《垃圾场》、张楚、ADO、"唐朝"等的合辑《中国火 I 》，"超载"、"指南针"、王勇等的合辑《摇滚北京 I 》，都成为永留中国摇滚史册的经典唱片。1994年，魔岩唱片在内地签下的张楚、窦唯、何勇同时推出了《孤独的人是可耻的》、《黑梦》、《垃圾场》三张专辑，并且提出了一个令人振奋的口号：新音乐的春天。无数喜欢摇滚乐的人，都还记得魔岩的老板、曾经的摇滚乐手张培仁写下的"新音乐的春天"所描绘的中国摇滚的未来美景，再加上同年崔健的《红旗下的蛋》，郑钧的《赤裸裸》，"清醒"、"佤族"等的《摇滚94》，1994年真的成了中国摇滚乐的春天。许多热爱中国摇滚的人，本来以为在春天之后，会迎来更加美好的明天，然而从1994年的那个短暂春天之后，尽管随后"超载"、"子曰"、"指南针"、许巍、"铁玉兰"、"清醒"、"轮回"、"瘦人"等纷纷推出了自己的专辑，但除了1999年的"北京新声"有一些动静之外，中国摇滚却一直在一种十分恶劣的生存环境中挣扎。这些变化的历程可能说明了个人价值理想与社会普遍价值观念之间所出现的文化冲突。然而可能正是这些冲突本身证明了纯粹力量在社会背景裂变下的重要意义：它有可能无关乎于异端，更在于对主流意识的自我批判。这种自觉的反省既是文化更新的重要象征，也是消费多元化的经济现实。作为可以与商业之间产生直接关联性的现场演出，摇滚歌手们可能更在意于自己可以为生活歌唱的自由与彻底的集体狂欢。"贺兰山·中国摇滚的光辉道路"大型音乐节正是在这样的基本背景下而产生的，它在全面回顾中国摇滚二十年风雨之路的同时，把已经越来越被物化的音乐精神以现场的方式一气呵成地找回——这也是一种理想，并且希望在这种精神与这个时代的公众生活之间找到更为有效的沟通，正如崔健所言："摇滚在中国已经背上了一个不公平的名声，好像这是

包括一些不法青年、无业游民、吸毒者、性乱者、一些不守规矩者的一种聚会，而实际上不是这样，它是一种积极向上、一种最为真实的意识。……中国摇滚乐还处在萌芽阶段。不要以为坐在家里听几张唱片，就是欣赏摇滚乐了，事实上，摇滚乐非常需要去现场感受，需要音乐节的形式。而目前国内还没有这样的环境，摇滚乐远远没有深入中国人的生活"；而著名乐评人、演出策划人黄燎原则道出了该届音乐节的真正归宿："让每个人都有机会歌唱或者说娱乐，才是人人平等原则的体现。对于中国摇滚，我们不要谩骂、不要攻击、不要误读、不要扭曲。在商业时代，我们对商业的态度应该再宽容和大度些。这同时也是我们策划举办这次'中国摇滚的光辉道路'大型音乐节的初衷，既希望为中国摇滚正名，同时还能吸引更多的人享受音乐生活。"

作为艾克斯星谷项目文化要素重要组成部分之一的"贺兰山房"——也就是该书所要描述的对象，它肩负了另外一种任务——这种"任务"当然是陈嘉先生、策划人和艺术家们的共同理想达成的结果——以建筑语言来表达时代，即使这种表达方式可能是非主流的。之所以会想到把建筑、音乐与运动本身放在一起进行基本的考虑，这可能与我们前面所陈述到的时代消费图像与个人或者是集体的理想（集体这个词越来越趋向于简单的趣味集合）有关系，但更深层次地，这可能与这三种事物共同的"精神能量"有关。精神能量是所有社会能量——经济的、政治的和文化的——的基础。根据这样的基本线索，对于建筑或者是音乐，我们更愿意把它们理解为精神外化的自然：形式、语言、风格、旋律、线条、植物、风景、人群等都成为了力量的源泉也是力量施加影响的所在。

在何多苓、周春芽、吴山专、王广义、叶永青、宋永平、曾浩、张培力、耿建翌、毛同强、丁乙、洪磊十二位艺术家设计"贺兰山房"的时候，我们发现了一种对于这样一种方式的强调：权力与知识本身正在通过具体的离散的实践行为而纠缠在一起。这种纠缠在铸成全新建筑历史景观的同时也成全了一种艺术家们的集体文化冒险：他们把画笔或者是相机暂时搁置起来，来到了一个完全陌生而又对应

着他们主观的审美趣味和抽象的意识经验的文化行为中。在这一实践过程中，艺术家们的勇气更多地体现在将现实的不同领域必须转化为自我能够认知的、同时也是能够控制的对象上来。

事实上，这样一件事情可能会让人们自然而然地想起潘石屹兴建的"长城脚下的公社"，其由十二名亚洲建筑师设计的十一幢别墅和一幢俱乐部组成。潘石屹在表达他自己的观点的时候提到，他们想要的不仅仅是开发房产，而是"展示创造性"，（远东经济评论，苏珊·劳伦斯）这种"创造性"以获得威尼斯双年展特别大奖作为重要的国际认同标志而产生了广泛的影响。在这里把"长城脚下的公社"与"贺兰山房"放在同一个层面上进行讨论，不是为了比较，而是为了发现共同的中国文化建筑建设的可能性与市场的基本条件。作为拥有世界第一建造量的中国建筑正面临着观念进口与土地浪费的双重尴尬。一种创造性的观念、一种具有探索精神的发现观念和一种具有策略性的市场观念结合在一起的时候，就可能取得商业和文化的双向胜利；这种"胜利"对于中国房地产开发来讲更具有综合性的开创意义，文化的、生活的、建筑的、公众的、商业的和品牌的综合性因素平等而共同地产生作用，其结果必将使地产开发伴随着实验性质的探索而走向市场的前沿。在这一点上，"长城脚下的公社"与"贺兰山房"是同质的，虽然它们有着操作方式不同这个根本差别：一个由专业的建筑设计师来进行，而一个则由艺术家们来完成。建筑设计师和艺术家是完成纯粹建筑最好的两种力量：他们对以一种合理和全新的方式来反映这个时代的美学意识、主观价值和精神状态有着热切的渴望。当"长城脚下的公社"的别墅正在以高昂的日租金进入市场的时候，"贺兰山房"正处于紧张的施工过程中。显然，"贺兰山房"也会有走上市场化的那一天，因为商业价值和文化价值谁最为重要并不是恒定的，有时候文化观念本身就是商业成功的前提，而有时候商业运作却是文化观念本身进入公众视线继而对社会产生持续的影响力的重要条件。

要用数据指标来界定抽象的文化或者可以经验的视觉艺术是很困难的，因为这是两个话语系统的

问题。有很多建筑大师可以用木条、泥土，甚至于是有皱褶的纸张来拼贴一个伟大的建筑作品，但法国戴高乐机场的坍塌事件再次证明了数据对于建筑的重要意义：建筑，必须首先是科学。所以，设计"贺兰山房"的艺术家们将首先面临风格、意志与数据、材料的冲突问题。但所有的目标似乎都完全指向为了寻找到表达新的建筑立场，并希望艺术家们去"发明"和制定新的"规则"、"指标"或者"制度"，在综合功能意义及美学态度的建筑语言中找到新的合法性依据上来了。这种过程暗含了时空矛盾或高昂或孤独的时代印象：形式决定了功能，表达本身成为了最为重要的外在目标。这些艺术家大都走过了从集体至上到个人至上的时代变迁，他们像后来的新生代艺术家一样，找到了更多表达自己与自己所观察到的历史的手段："就像市场经济消解了集体主义行为而突出了个人价值一样，新生代艺术家首先关心的是他们在这充满机会的社会上的行为方式和生活方式。他们的艺术正是记录了这种期待中的迷茫和惆怅，当然也包括对这个正在迅速变化的社会的好奇。在后新生代艺术家那儿重新看到一种理想主义价值，这种理想主义不是80年代的那种文化批判与思想解放，而是体现了个人价值的艺术理想和人文关怀。""贺兰山房"以当代艺术家参与的大规模、社会性建筑活动，入选了《2003年中国建筑艺术年鉴》，并获得了中国艺术研究院建筑研究所颁发的"中国建筑艺术奖"。当然，"贺兰山房"也遇到了预料之中的困扰：艺术家们大胆的设计在传统的建筑师眼中是出格的，甚至不可为的，尽管每位设计师身边都有建筑师助手，帮助他们的设计能够变成真正立在地面不会倒塌的作品，但房屋的结构、材料和施工难度都是太多传统建筑师未曾接触的。在图纸的审核过程中，艺术家们必须在坚持自我空间意志的时候，保持与当地建设要求与环境条件的一致性。现在，"贺兰山房"正处于紧张的施工过程中，这说明艺术家的意志与建筑本身的科学规则之间找到了平衡的可能，并将以作品的方式走向公众。

在这一场关于空间的艺术游戏中，只有贺兰山是最冷静的见证者。"我们应当承认这样的一个事实：任何可感的事物不是只包含有一种正确的观点，而是有许多正确的观点，并且每一种观点都有其自身的表达方式——我们不能指望高更和塞尚在特定的风景之中看到同样的价值。作为历史证据，所有文本都同样地充满着意识的因素。任何文本或人造之物都可能呈现出思想世界，甚至可能呈现出影响这种感情的世界以及当时当地产生这种世界的现实环境。"当摇滚的节奏、贺兰山房的静默和摩托车的嘶吼声在中国西北共同出现的时候，我们可能得出这样的一个结论：只有个人的，才是本质的，文化将走向个人的终极体验——很有可能，这种体验将最终以消费的方式来完成。

Part 2 第二部分

贺兰山房：思想与作品

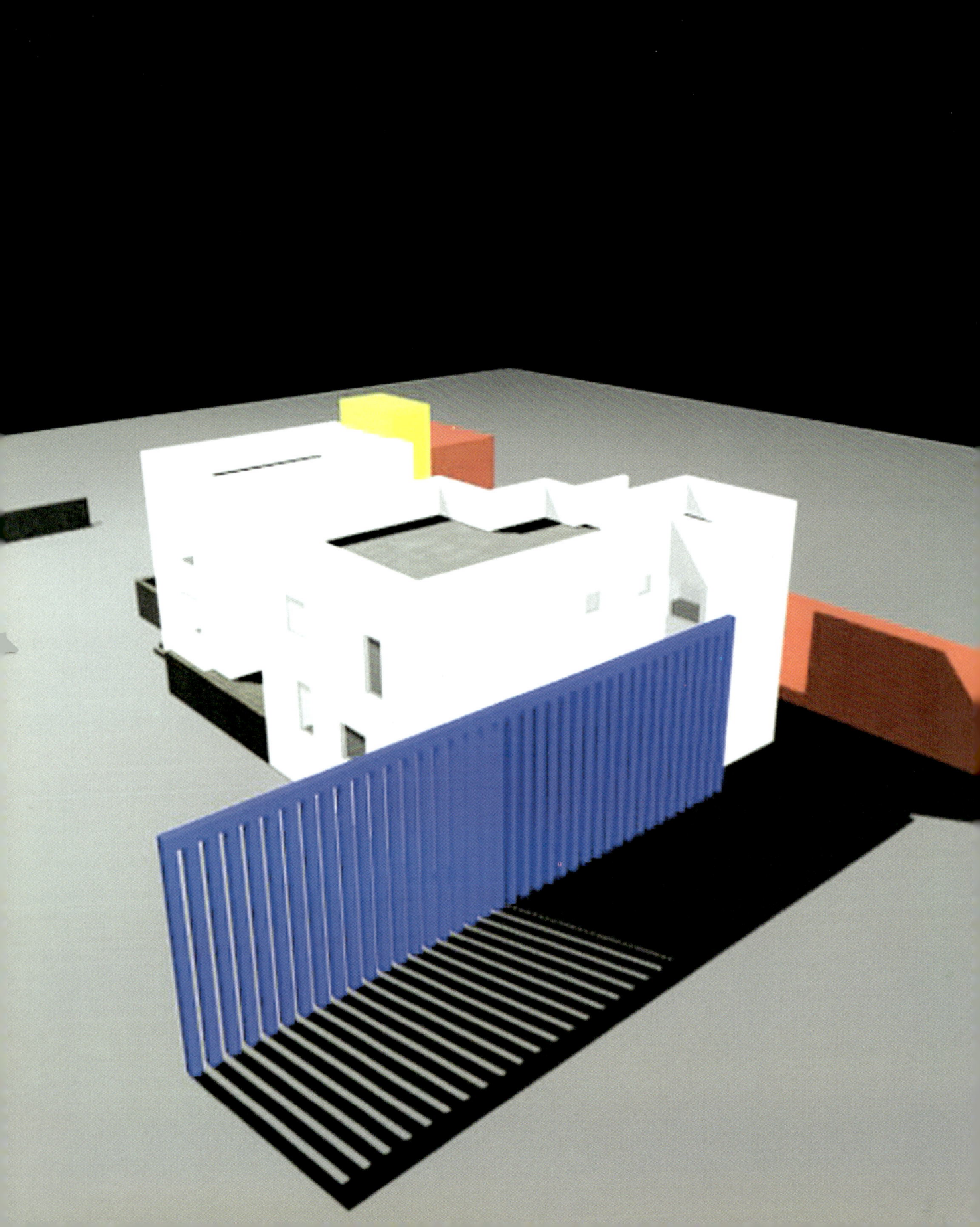

1 泉水别墅

CHAHR BAGH VILLA

□ 何多苓

HE DUOLING

1982 毕业于四川美术学院研究生班，现居成都

主要个展

1988 《中国——现实主义的深层》，福冈美术馆，日本
1994 中国美术馆，北京
1998 山艺术馆，高雄
1999 《带阁楼的房子》，艺博画廊，上海

主要联展

1982 法国春季沙龙，卢浮宫博物馆，巴黎，法国
1984 第六届全国美展，中国美术馆，北京
1987 第二十二届蒙特卡洛国际艺术展，摩纳哥
1990 中国艺术展，"鹰"画廊，美国
1994 第一届中国批评家提名展
1996 '96上海双年展，上海美术馆，上海
《追昔》，中国艺术展，水果市场画廊，爱丁堡，英国
1997 中国艺术展，国家画廊，布拉格，捷克；里斯本，葡萄牙
《中国肖像画百年》中国美术馆，北京
2000 《世纪之门：1979—1999中国艺术邀请展》，成都现代艺术馆，成都
《中国油画百年》，中国美术馆，北京
《成都运动》，"画布"艺术基金会，阿姆斯特丹，荷兰

2001 《四川美院展》，卡塞尔，德国
《学院与非学院》，艺博画廊，上海
《新写实主义》，刘海粟美术馆，上海
《成都双年展，2001》，现代艺术馆，成都
2002 《77，78》四川美术学院，重庆
《面对面》，京文艺术中心，上海
《空想艺术家》，米兰，意大利
《广州三年展》，广州
2003 《中国油画五十家》，中华世纪坛，北京
《重庆辣椒美国巡回》，俄亥俄大学美术馆，特利索利尼美术馆，维而斯理大学美术馆，俄亥俄州立大学美术馆
《观念与表现》上海视平线画廊
《中国油画展》（参展作品）获中国油画艺术奖

■ 泉水别墅

结构设计工程师：杜黎明
四川省商业建筑设计院结构设计师

何多苓：
贺兰山房之"泉水别墅"
建筑设计思想

由于业主方面的调整，现在的5号基地西、北、南三面均为树林所环绕以空旷环境为依托的第一方案已不适合。最终方案即以新环境为依据。

要点：

一、风景的过滤器：本建筑以墙体和窗口限定和设计了居住者所享受的风景。在底层、起居室和餐厅的落地大窗以及与之相连的室外平台提供了欣赏树林的横向视野。在二层的巨大屋面，南向的女儿墙升起至1.6米，阻挡了水平视线，这个空间因此成为一个空中天井，引导人抬起头来，看看湛蓝的天空和云彩。然后，通过走道室外楼梯可以上到屋顶平台，在这里才能一览无余地远眺。对视野的这种设置可以概括为"欲穷千里目，更上一层楼"。

门？

坝□

天窗？

走廊（露接採）

主入口

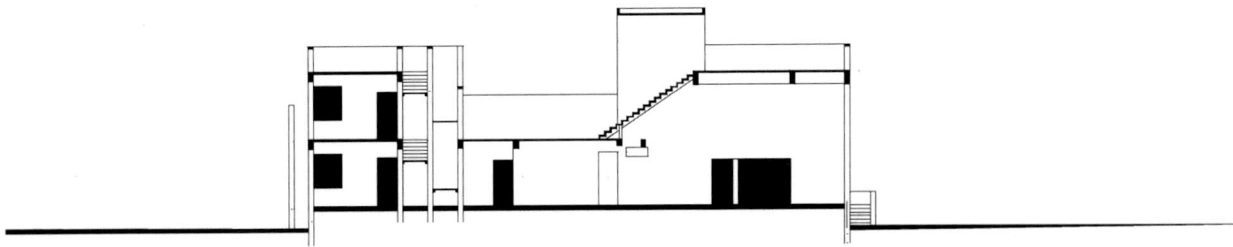

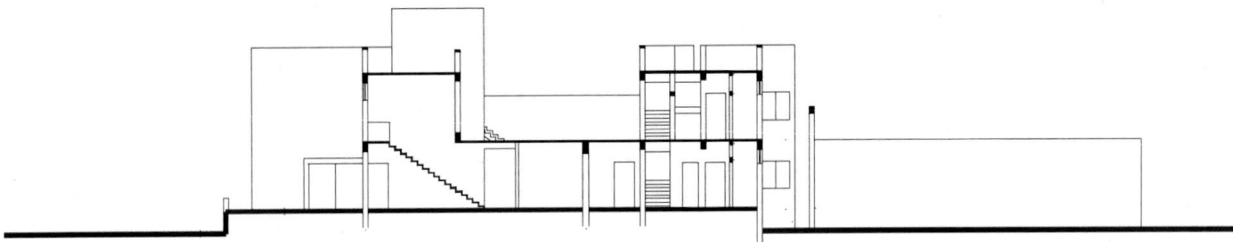

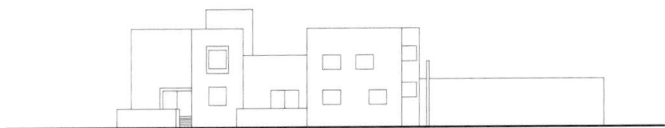

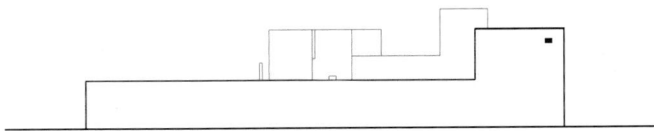

在东、西向，一道长24.3米的混凝土栅栏升至4.48米的高度，过滤了此方向上相当纷乱的景象，同时让上午的阳光通过。在北面，由起居室延伸出长长的挡风墙，该墙和一面限定入口的墙围合了一个水池，墙上带吐水口。这个景色只能通过起居室的东向落地窗看到。

在本方案中，墙的意义不仅仅是承重和隔离。这些墙体或延伸至公用道路，成为地标和引导物；或穿插于风景之中，成为雕塑和风景的过滤器。

二、光：本地区为全国日照期最长的区域，因此在本建筑中，光不仅仅用于照明和采暖，而且具有重要的视觉表现力。不同大小、位置、方向的开窗造成幽暗和光明的节奏和戏剧性对比。八个卧室虽然位置上下重叠，但不同的开窗会带来不同的感受。

三、色：本建筑的色彩将成为本地区一道新的风景。引导挡风墙和起居室外墙为玫瑰红色，吐水墙为橘红色，入口、走廊和餐厅的外墙为杏黄色，栅栏墙为钴蓝色。在强烈的阳光下，这些非本土的艳

贺兰山房：艺术家的意志

丽色彩改变了荒漠的单一色调（在漫长的冬季尤其如此），成为自然的参与者和对应物。

四、宁静的容器：将来本地区可能发展的场所。在本建筑用墙围合起来的空间中，将为居住者保留一方宁静和梦幻的角落。底层大窗引入树和草地，被落日染红的吐水墙倒映在水池中；二层天井引入蓝天白云；这些受控制的元素将使人的心绪归于平静。

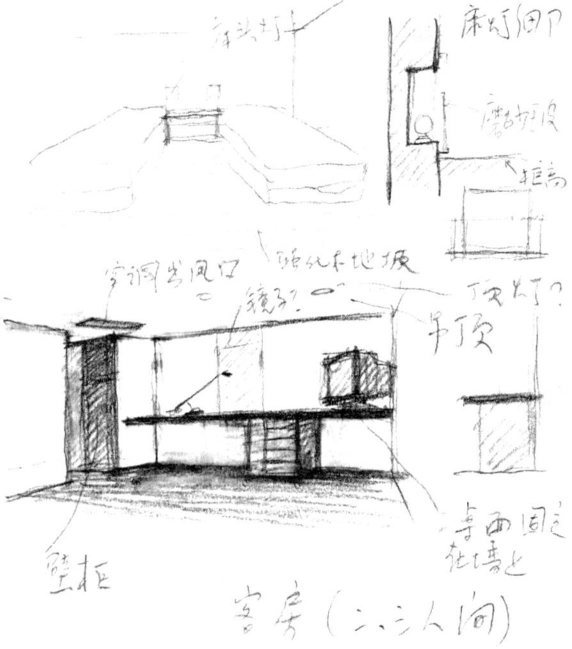
壁柜
客房（二、三人间）

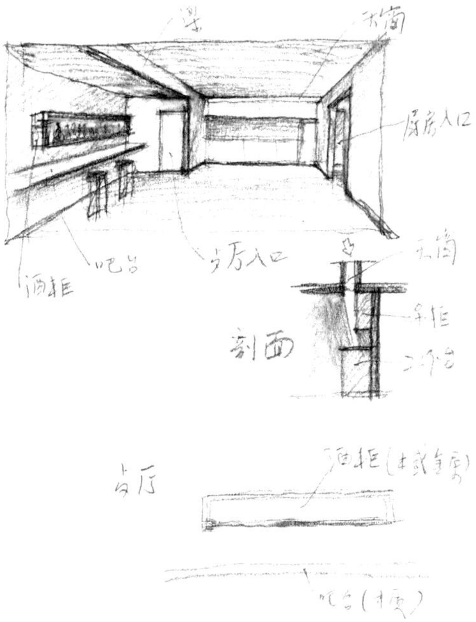
天窗
酒柜
吧台
剖面

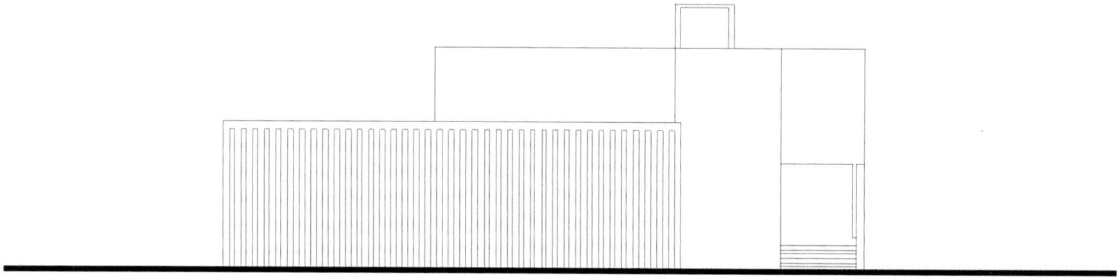

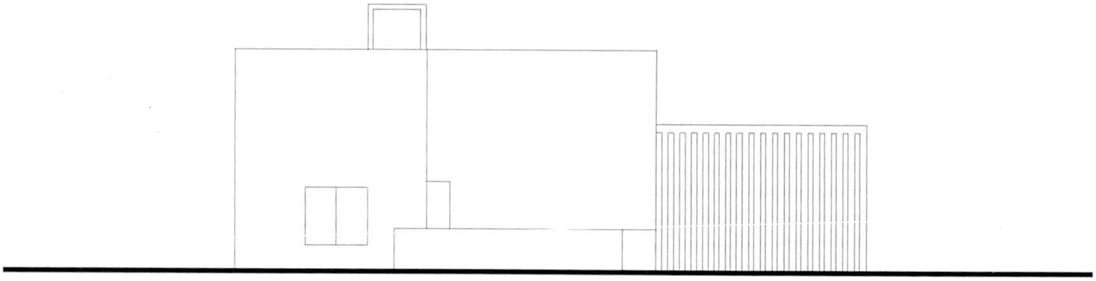

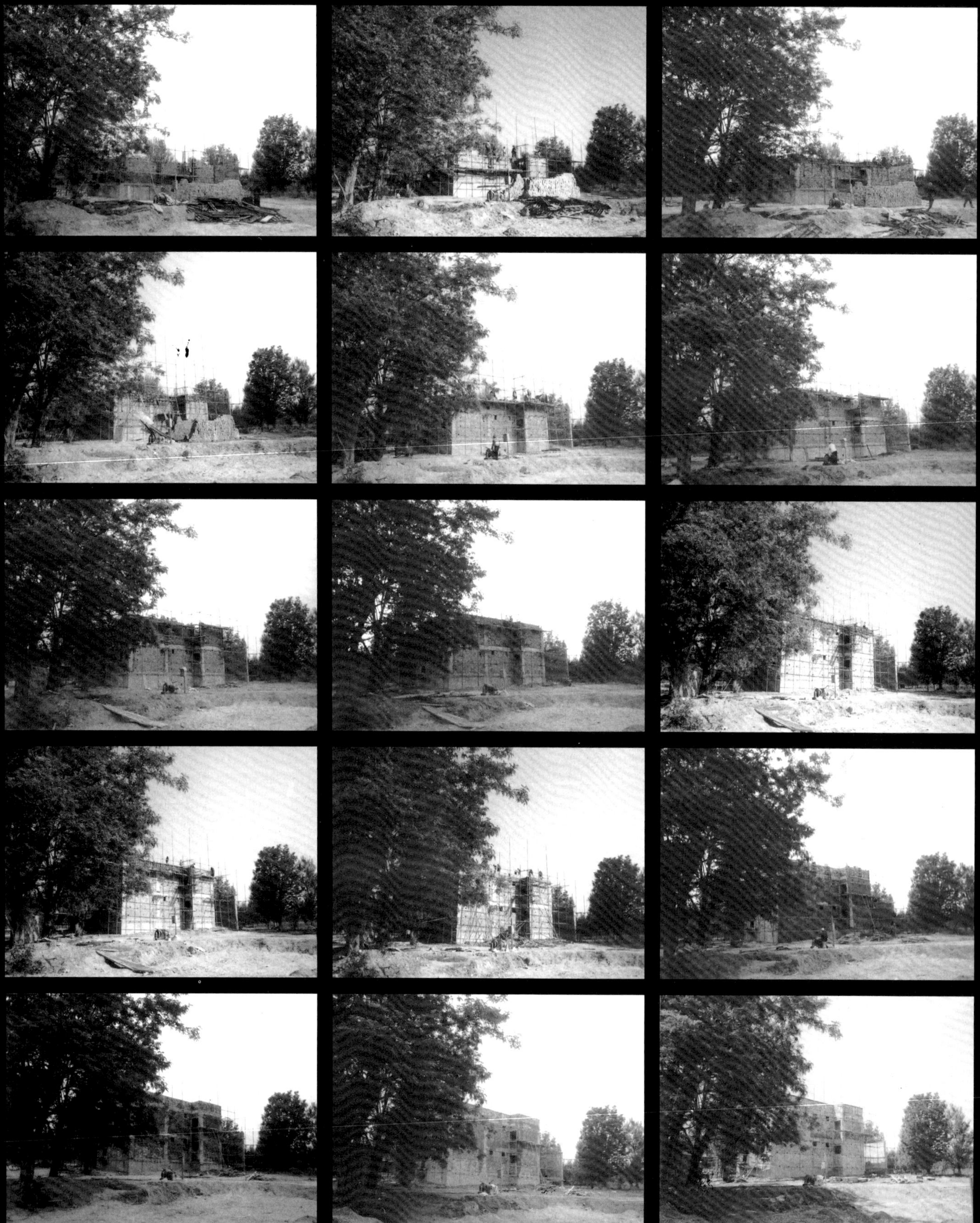

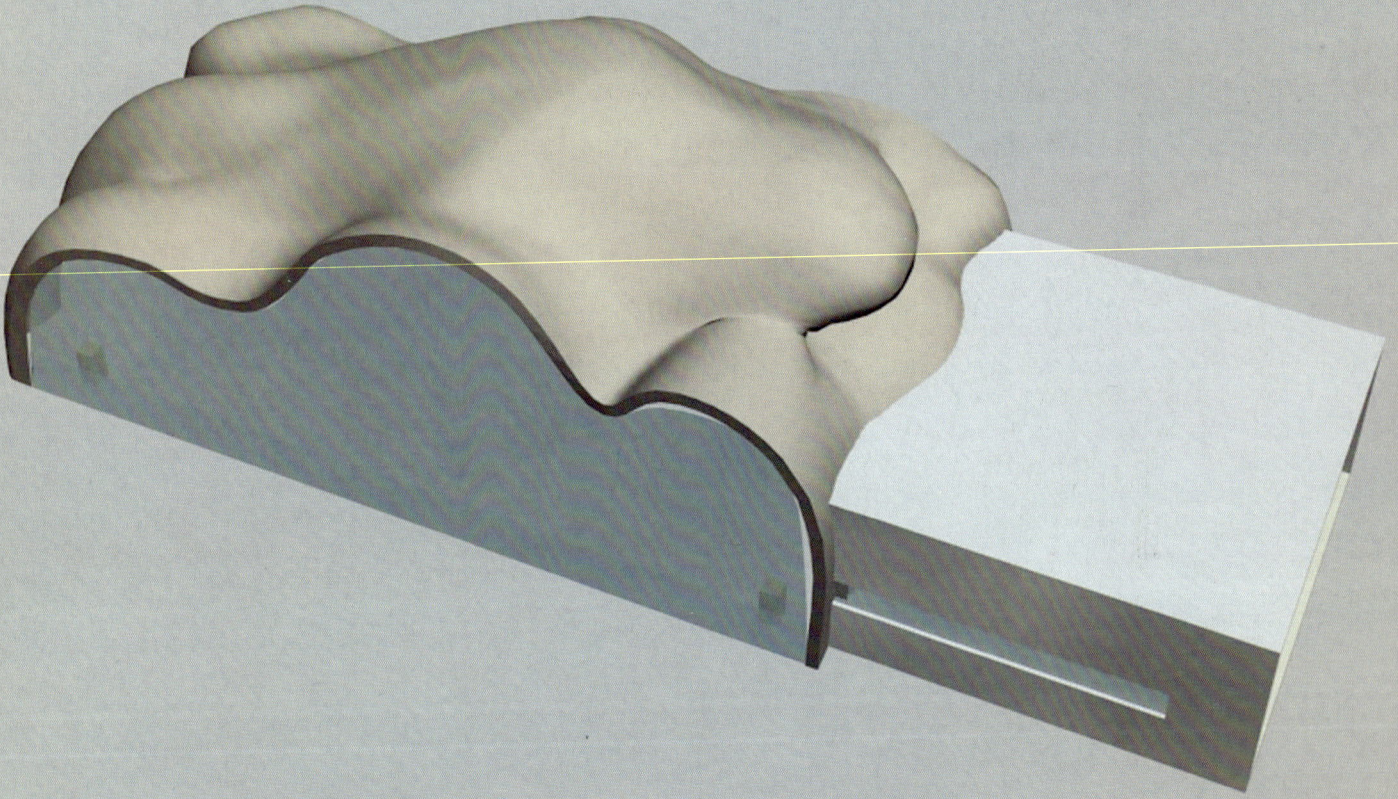

2 太湖石系列04.1

TAI-LAKE STONE 04.1

□周春芽

ZHOU CHUNYA

1955	生于重庆
1982	毕业于四川美术学院
1988	毕业于德国卡塞尔综合大学自由艺术系
	现任四川省美术家协会副主席
	油画艺委会主任
	成都画院副院长

主要个展

2002	"周春芽个人作品展"，314 国际艺术中心，挪威
2002	"周春芽作品展"，IRENTO 当代艺术博物馆，意大利
1997	"周春芽作品展"，北庄艺术中心，台北，中国台湾
1994	"周春芽作品展"，小雅画廊，台北，中国台湾

主要联展

2003	"ALORS, LA CHINE"，蓬皮杜艺术中心，巴黎，法国
2003	"6个面孔——中国当代艺术巡回展"，波兰
2002	"首届广州当代艺术三年展"，广东美术馆，广州

2002	"观念的图像2002——中国当代油画邀请展"，深圳美术馆
2002	"首届中国艺术三年展"，广州市博物院
2001	"当代绘画新形象"，中国美术馆、上海美术馆、广东美术馆、四川美术馆
2001	"首届成都双年展"，成都现代艺术馆
2000	"20 世纪中国油画展"，中国美术馆、上海美术馆
1998	"在西方相会的东方"，美国旧金山 LIMN 画廊
1997	"红与灰——来自中国的八位前卫艺术家"，斯民艺苑，新加坡
	"引号——中国当代艺术展"，新加坡国家美术馆
1996 — 1997	"'中国！'展"，德国波恩美术馆；奥地利、丹麦等国巡展
1996	"首届上海双年展"，上海美术馆
1994	"中国批评家年度提名展"，中国美术馆
1993 — 1997	"后89 中国新艺术"，国际巡回展
1992	"广州首届九十年代艺术双年展"，广州
1985	"前进中的中国青年美展"，中国美术馆
1981	"第二届全国青年美展"

■**太湖石系列**

建筑顾问：罗瑞阳，四川省建筑设计院第一设计所

负责人：王玫，国家一级注册建筑师、高级建筑师

周春芽：
贺兰山房之"太湖石"
建筑设计思想

作品构思是从一副油画《太湖石系列》中联想到的。设计中的主体是太湖石的抽象软形体，材质采用泥土。太湖石是中国传统文化的象征，穿插在主体的典型材质不锈钢做成的方盒形体上。

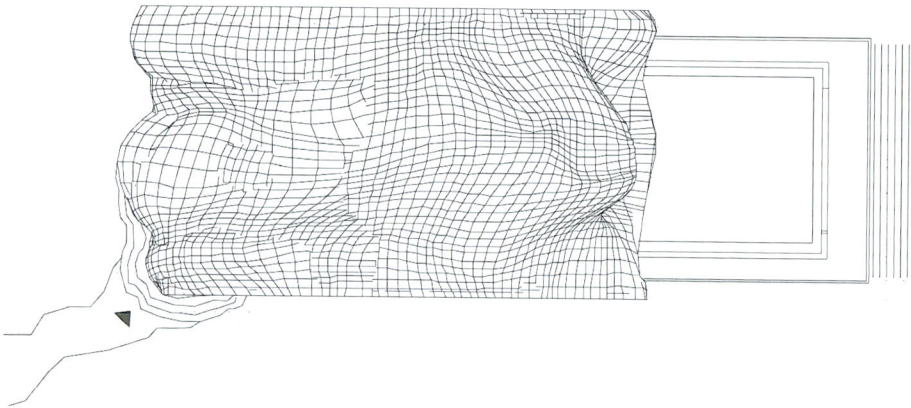

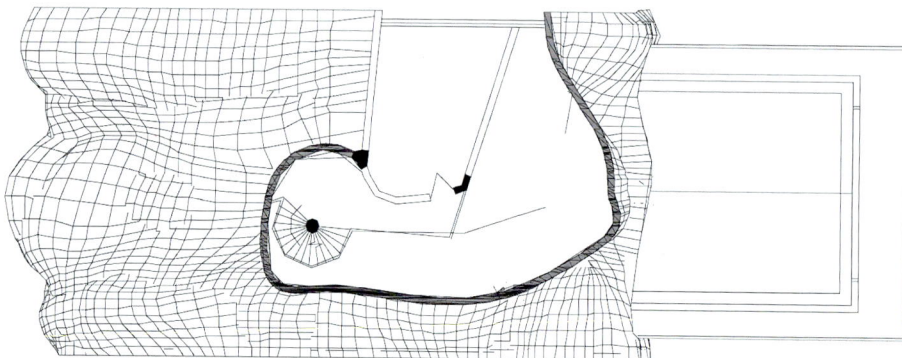

贺兰山房：艺术家的意志

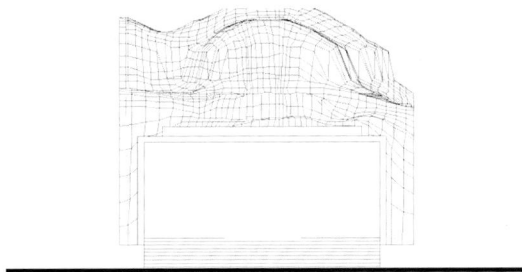

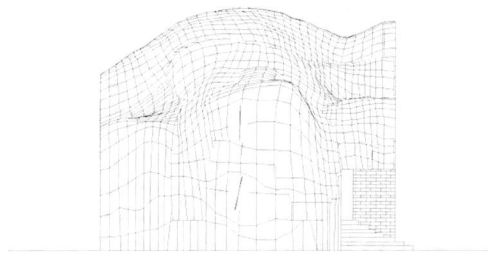

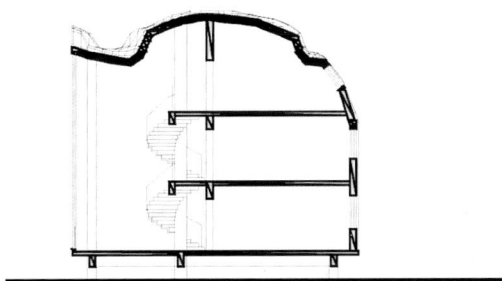

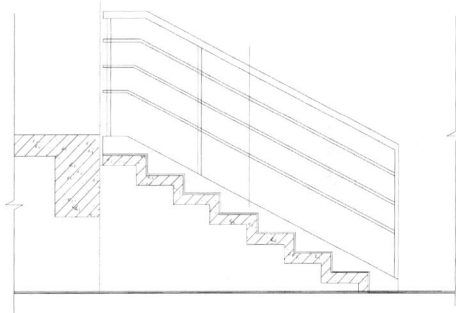

周春芽与"太湖石"施工工人

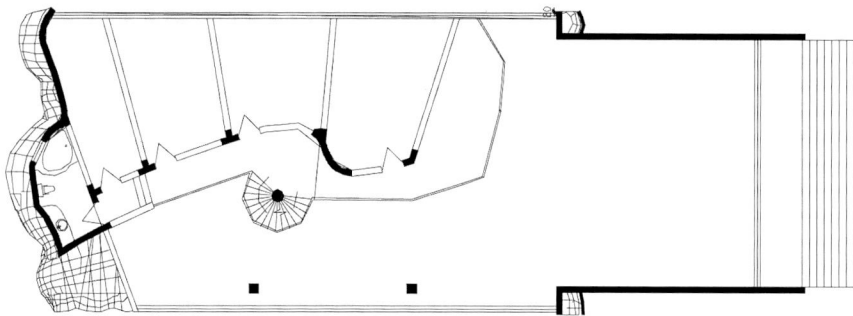

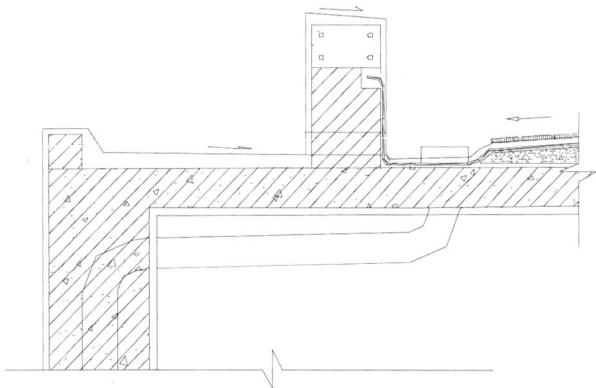

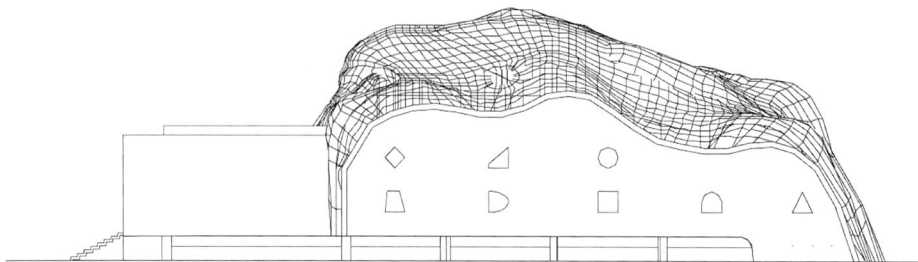

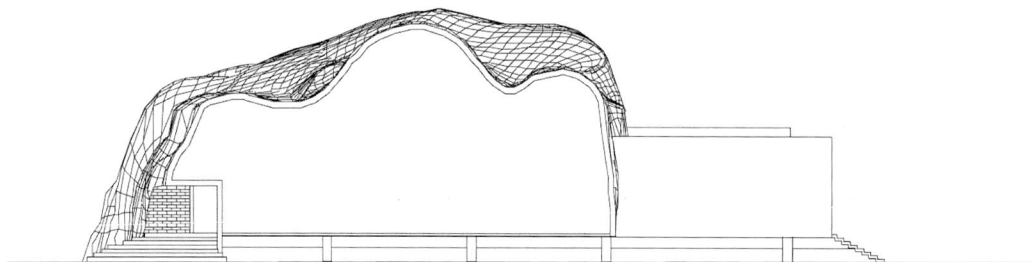

3 餐字高路

MEALWAY

□吴山专

WU SHANZUAN

1960	生于浙江舟山
1986	毕业于中国美术学院
1995	毕业于汉堡艺术学院，获硕士学位

主要个展

| 2001 | "今天下午停水"，森柯思画廊，纽约，美国 |
| 2002 | "今天下午停水"，汉雅轩，香港 |

主要联展

1989	"中国现代艺术展"，中国美术馆，北京
1992	"中国当代艺术展"，世界文化馆， 柏林，德国
1993	"第45届威尼斯双年展"，威尼斯，意大利
1996	"北欧双年展"，阿青现代艺术博物馆， 哥本哈根，丹麦
1998	"柏林—柏林"，柏林，德国
1999	"蜕变与突破——中国新艺术"，PS ONE， 纽约，美国
2000	"全球观念艺术 1950—1980"， 皇后艺术博物馆，纽约，美国
2001	"第三届 M·RCOSUC 双年展"，巴西 "第一届成都双年展"，成都，中国
2002	"芝加哥艺术博览会"，芝加哥，美国
2003	"第一届广州三年展"，广州，中国

■餐字高路

建筑工程师：赵凌，四川众恒
建筑设计有限责任公司（甲级）
结构工程师：夏凡

吴山专：
贺兰山房之"餐字高路"建筑设计思想

1. 本案工作题目为："歺字高路"。

2. 本案设计原则：美丽的中文字。

3. 本案开放中文字：建筑中文字的美，及它的实用空间。

4. 本案的口号："我们又有了一种建筑形式——中文字建筑"。

5. 本案的极简体中文字："歺"。

6. 本案基地：银川市贺兰山金山乡艾克斯星谷。

7. 本案定位：具有多项使用性的极简体中文字"歺"的酒吧空间，实用性雕塑与阿拉伯数字（95）有机结合的建筑。

8. 本案的功能：在美的有用的极简体"歺"字的建筑空间中，实现吃、喝、玩、看、听、闲、蹦……

48m

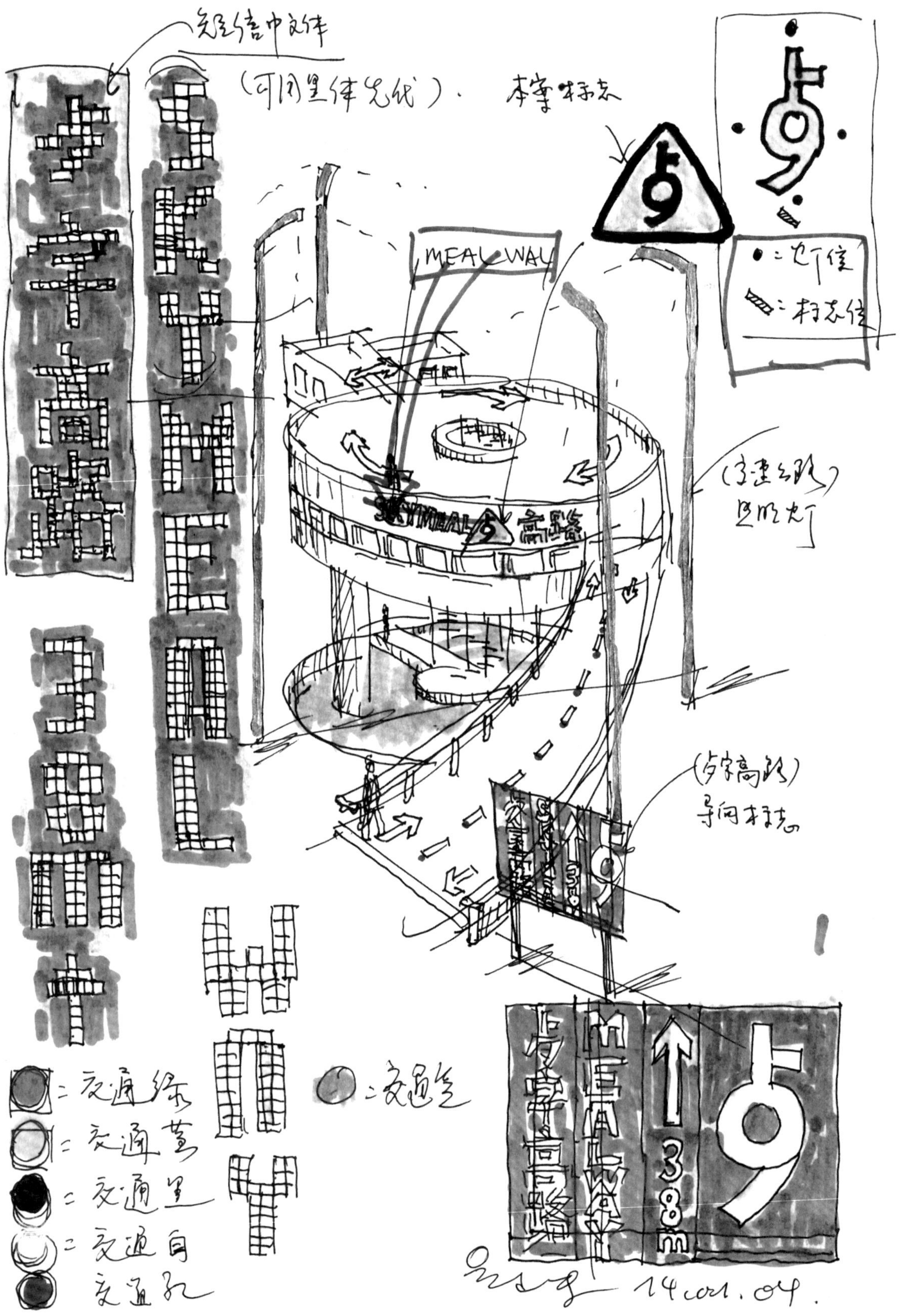
MEAL WAL
SKYMEAL
WHY
= 灯位
= 标志位
= 交通绿
= 交通黄
= 交通黑
= 交通白
38m
14.oct.04

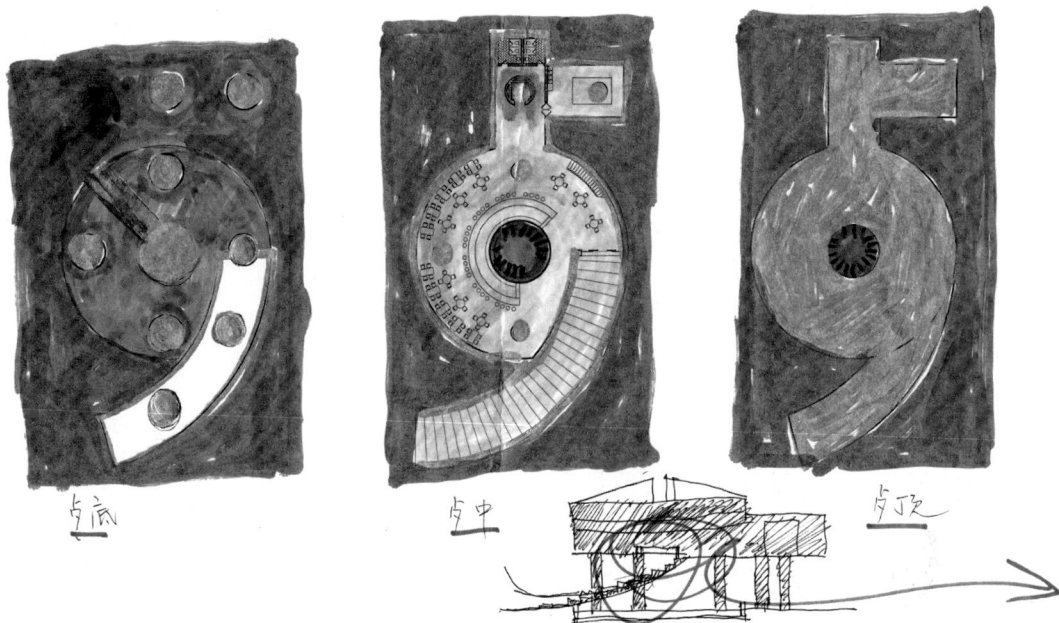

字高路与外部空间分析图 (THE MASS AND THE EXTERNAL SPACE(S)

9、本案目标：以中文字的美为中心，提出"中文主义"（字象主义）精神；以美的空间（2度、3度、超3度）为导向，体现它为人的及物的使用价值。

10、本案理念：文字为人的文化之母亲，中文字是这最美的母亲之一。

11、本案布局：建筑高16米，南北长48米，东西宽24米。主体为2层。局部，一层为立柱，坡道和水池。其中底层立柱高6米，2层使用空间高4米，底层水池直径24米，坡道总长38米。

12、本案内外形（心）态：建筑鸟瞰形状为极简中文体"歩"字，立面为水上空中（东南西北）观景台。在其中，吃喝玩乐看听闲蹓……给人以时间正在流逝而贺兰山还 在眼前的诗境。从石头到混凝土到钢材到木头，加之观景用的玻璃与局部的镜面，将室内室外互化在一个古老的境界之中：内为外，外为内；人为境，境为人；身为心，心为身。如太白："举杯邀明月，对影成三人"的酒彩。用"中文主义"（字象主义）的原则：合理在于一种空间的变化，与另一种本来就在的空间结合，这一空间复合体是有机的；一种造型的变化与 另一种本来就

在的造型结合，这一复合的造型体是有机的，这就是人的有机地对空间造型的理解的使用。这种使用主义是开放的。

13、本案规划指标：建筑总用地3亩，总建筑面积590平方米。

注：中文主义（它的朋友是其他的文字们）。使用主义（它的敌人是不能使用的主义们）。接到"贺兰山房：艺术家的意志"的邀请，任务是要造一个房子，当时我在香港做画册，日期是12月初，2003年。计划中画册的最后一章题为"中文字的'肉'及它的时装"。它的内容有：中文作为，为肉的时装样式结构（以肉〔牛肉〕为中心）的起点；中文作为，为肉的空间建筑的样式结构（以肉为中心）的起点。正好"贺兰山房：艺术家的意志"使我有了把它实现的机会。

中文作为建造人的一种精神空间，成功了。好材料，加上一度空间，建造人的一种实用空间也会成功。

吴山专在贺兰山房
地块上

到银川看建筑场地后，我得知，餐厅是我要设计的建筑物的功能。回香港后，我给吕澎发了短信"餐字的建筑物"……最后，"你的建筑（使用）锁定为酒吧……"吕澎说。

无事时，在香港的街上走来走去。是的，"在路上"。他（她）人的移动中，我觉得过道立交上，必然见来往，"少字高路"诞生了。

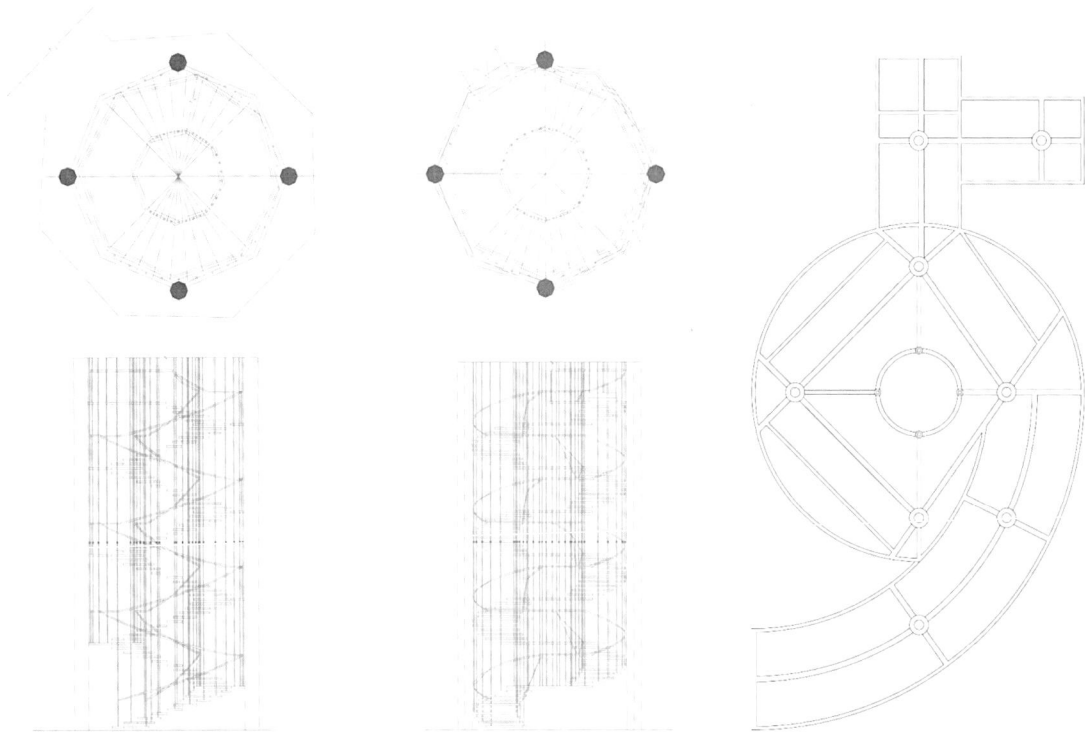

贺兰山房：艺术家的意志

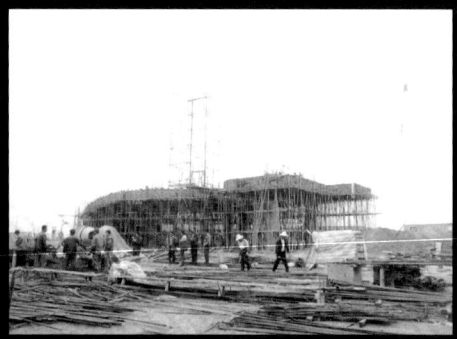

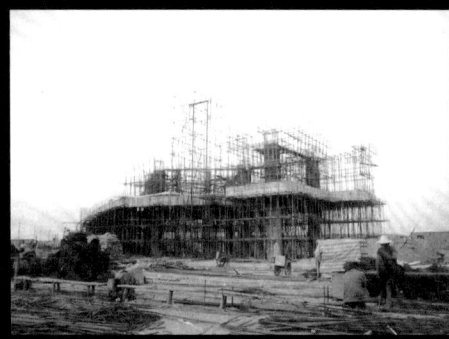

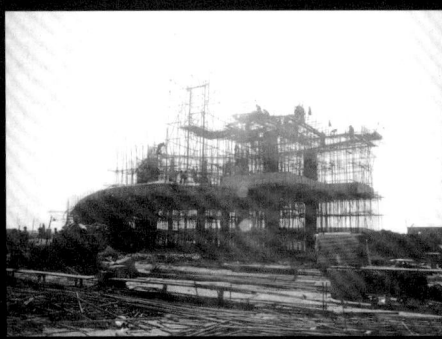

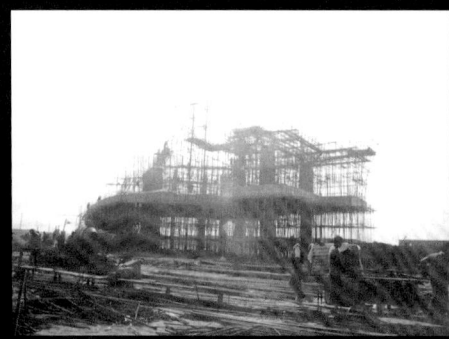

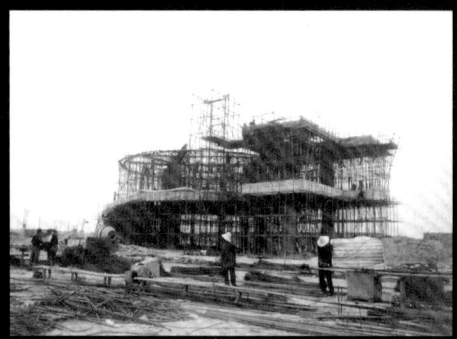

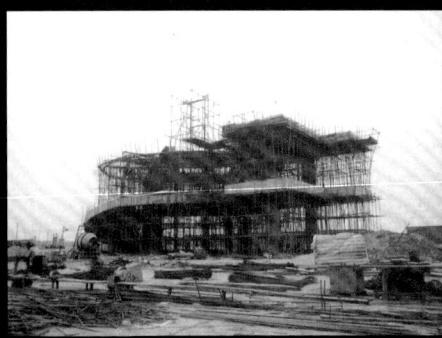

4 意志

WILL

□王广义

WANG GUANGYI

| 1957 | 生于黑龙江哈尔滨 |
| 1984 | 毕业于浙江美术学院（现中国美术学院）油画系，现居北京，职业画家 |

主要个展

2001	"信仰的面孔"，斯民艺苑，新加坡
1997	"王广义个人作品展"，Klaus Littmam 画廊，巴塞尔，瑞士
1994	"王广义个人作品展"，汉雅轩画廊，中国香港
1993	"王广义个人作品展"，Bellef 画廊，法国巴黎

主要联展

2000	"世纪之门：1979—1999 中国艺术邀请展"，成都现代艺术馆，中国成都
	"社会：上河美术馆第 2 届学术邀请展"，上河美术馆，中国成都
	"上河会馆"，中国昆明
	"进与出"，何香凝美术馆，中国深圳
	"20 世纪中国油画展"，中国美术馆，中国北京
	"20 世纪中国油画展"，上海美术馆，中国上海
1999	"新世纪的新现代主义"，Limn 画廊，美国旧金山
	"首届东宇美术馆收藏展"，东宇美术馆，中国沈阳

■意志

建筑设计师：张红
银川市规划勘测设计院
主任工程师

1998	"1998—1999 蜕变突破：华人新艺术"，美国、加拿大、墨西哥、中国香港等地巡展
	"中国制造"，尼古拉斯·索纳画廊，德国柏林
1997	"引号——中国当代艺术展"，新加坡美术馆，新加坡
	"数字与神话——20 世纪艺术回顾展"，国家美术馆，德国斯图加特
	"红与灰——来自中国的八位前卫艺术家"，斯民艺苑，新加坡
	"进与出"，拉萨尔画廊，新加坡
	"1996—1997 中国！"，德国、奥地利、波兰、丹麦等地巡展
	"1996—1997首届中国当代艺术学术邀请展"，中国美术馆，中国北京
	"1996—1997首届中国当代艺术学术邀请展"，香港艺术中心，中国香港
1996	"回望"，路德维希美术馆，德国科隆
	"第 2 届亚太地区当代美术 3 年展"，昆士兰美术馆，澳大利亚布里斯班
1995	"从国家意识形态出走——中国新艺术"，国际前卫艺术中心，德国汉堡
	"来自中心之国——1979 年以来的中国前卫艺术"，圣莫尼卡艺术中心，西班牙巴塞罗那
	"艺术——斯沃琪"，建筑艺术博物馆，芝加哥，美国
1994	"第 22 届圣保罗国际艺术双年展"，圣保罗，巴西
	"汉建都 600 年国际艺术邀请展"，国家当代艺术博物馆，韩国汉城
	"1993—1997 后 89 中国新艺术"，国际巡回展
	"1993—1994 中国前卫艺术"，德国、荷兰、英国、丹麦巡回展
1993	"第 45 届威尼斯双年展"，意大利威尼斯、"'毛'走向波普"，当代艺术博物馆，悉尼，澳大利亚
1992	"广州·首届 90 年代艺术双年展"，中央大酒店展览中心，中国广州
1991	"Coart——后波普国际邀请展，比昂卡·皮莱特画廊，米兰，意大利
1990	"我不与塞尚玩牌"，亚太艺术博物馆，美国加州
	"今日艺术"，东京画廊，日本东京
1989	"中国现代艺术展"，中国美术馆，中国北京
1987	"首届中国油画展"，上海展览中心，中国上海
1984	"第 6 届全国美展"，中国广州

王广义：
贺兰山房之"意志"
建筑设计思想

对于非专业的人而言，建筑是一个梦想。在我的专业领域里，一般地讲，我的艺术属于那类关心"公共话语"的及在"人民之手"的帮助之下完成的。那么在设计这个"房子"时，我设想一个旅行者在经过长途行走之后，需要一个休息的地方，而这个休息的地方，从某种意义上来讲不是"长途货车"感受的一种延续……人——作为一个"物体"在不断被移动之后的平静的感觉，绝对的安全感的渴望……并且带有某种宗教情绪的简单的空间占有，在这里应当只能吃到很简单的食物，满足最基本的需求，而且每个人在这个"房子"里都不应当待很久……

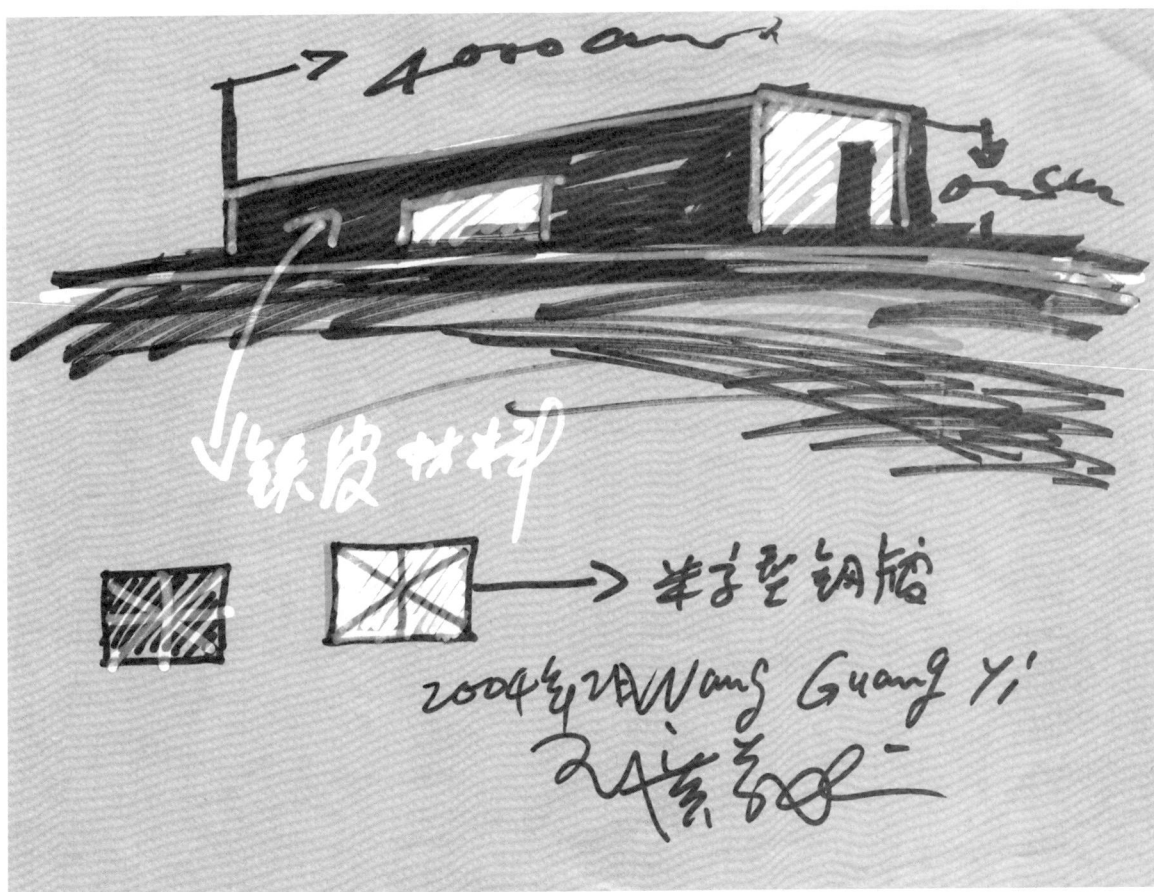

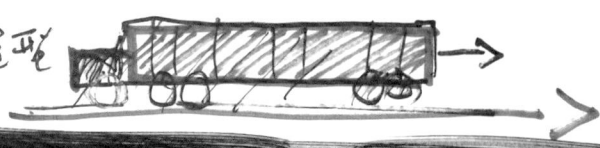

→构思来源：長逢货运卡車的造型

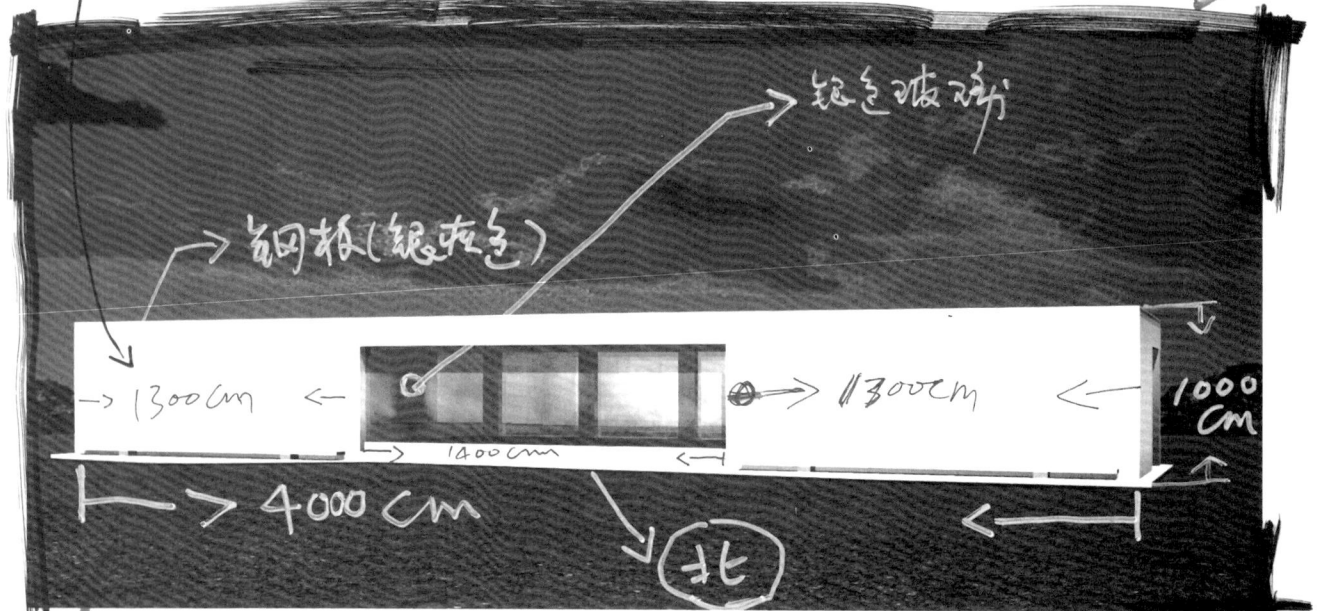

→银色玻璃

→鋼板（銀灰色）

→ 1300cm ←   →1300cm ←   1000 cm

→1400cm

→ 4000cm ←

北

↓ "钢快意志" 设计策 —→ 最輦长的建筑圆素

→总面积400平米

2004年元月第一稿 孔流義

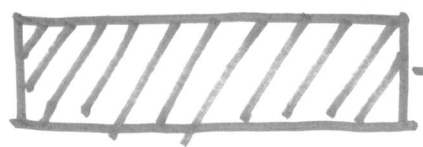

→鋼板结构（銀灰色）

→ 4000cm

总面积400平米

2004年元月 孔流義   （意志）

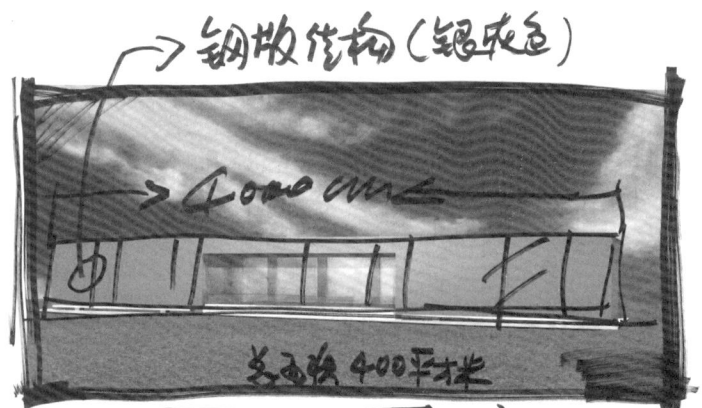

→室内可從此处進去（三排停车位3台車）

→鋼板（銀灰色）

4000cm

→银色玻璃

1000cm

南

→总面积400平米

2004年元月第一稿 孔流義

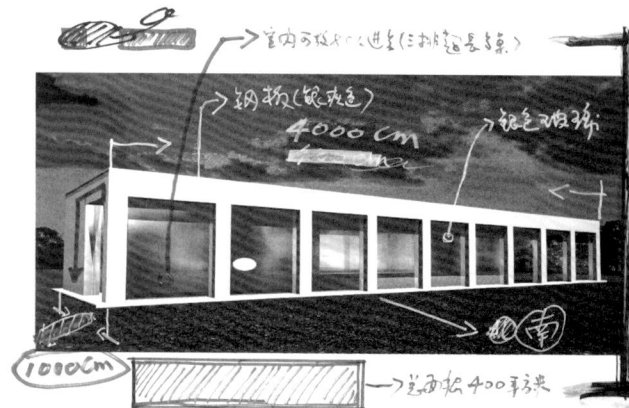

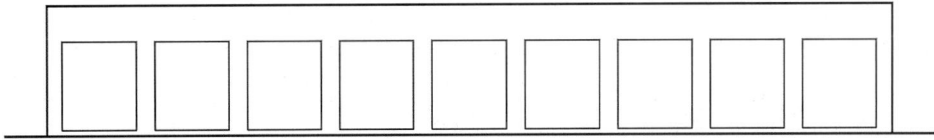

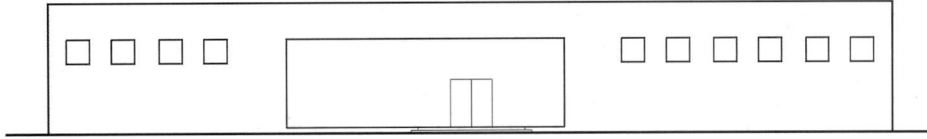

1

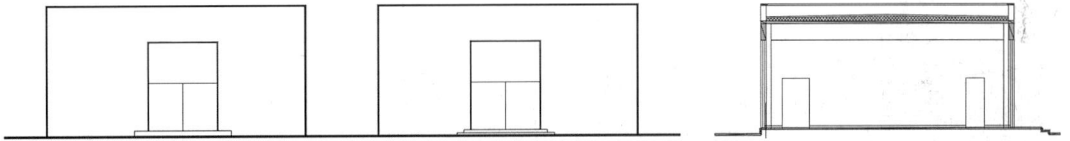

5 草叶间

VILLEGE HOUSE

□叶永青

YE YONGQING

出生于云南昆明
现任教于四川美术学院

三次国家级美术作品优秀奖，十二次省金银奖和优秀奖

1991	获美国肯色斯州艺术博物馆《世界15名艺术家》奖金提名
1997	获英国国家艺术理事会奖金
1998	《亚州艺术新闻》列为二十年来二十位最具活力的中国前卫艺术家之一
1999	获英国艺术访问署奖金
2001	出席印度德里亚太国际艺术组织者年会、并作专题发言
2003	主持国际艺术工作展示在丽江项目

在昆明创办上河会馆和上河创库艺术家主题社区
欧、美、亚洲和大洋洲各艺术博物馆、画廊、艺术中心举办个展和参加展出
作品被介绍于美《时代周刊》，德《时镜周刊》，香港《亚洲周刊》、《明报》，英《远东经济观察》，法《解放报》，《独立报》，美《纽约时报》、《世界日报》，德国电视一、二、三台，英BBC，日本电视台，美国NBC等国际性传媒。国内重要的艺术刊物均有专栏介绍

公共收藏

　中国美术馆、上海美术馆、广东美术馆、东宇美术馆、上河美术馆、新加坡美术馆、美国古根海姆博物馆、亚太艺术博物馆、德国波恩文化基金会、比利时欧共体总部、英国三角艺术基金、新加坡斯民艺苑、德国西门子公司、香港汇丰银行、比尔·盖茨微软公司、上海浦东银行、昆明商业银行科技分行、台湾中华文化推广会、随缘艺术基金会、帝门艺术基金会。

■草叶间

结构设计工程师：储然
高级工程师、国家一级注册
结构工程师

叶永青：
贺兰山房之"草叶间"
建筑设计思想

这栋建筑位于银川郊区靠近贺兰山脉的一片平坦的戈壁上，这座小建筑群（约1100平方米）坐落在荒芜的平地之上，周围环境中最重要的是基地西面的贺兰山影和约100米外的树林。

昔日"金戈铁马克开封，掳宋二帝至金朝"的历史传奇早已被埋没于大漠黄沙之中，生命的痕迹也只能在仅存的树木之间坚强生长，我想到以"草叶间"来做房子的名称以改变最初的命名"IYC国际青年中心"。以宋徽宗赵佶的书法和西夏文字来连接南亚风格的内部空间，并提示出一种错综、多意和不确定时间的记忆碎片对于建筑性格的影响：赵佶在历史上是亡国之君，政治上腐败无能，但却在艺术和书法中独树一帜，其创造的"瘦金体"挺劲飘逸，笔法犀利，同时又有柔媚轻浮的缺陷，脱胎于中原汉字的西夏文字，仍具有鲜明的西域雄浑大气的民族特色和创造性。二者在历史中形成的不同文化，实际上一直并存和潜伏于我们的生命中，对于长期生活在南方的人来说，与西北的自然地貌和生活环境的巨大差异，迫使我们对居住和生活的含意进行新的理解，迫使我们不得不在一草一叶之间进行找寻，以获得和重建对于居所的定义，哪怕这个建筑的结果仍是充满矛盾、反差、冲突和表里不一。

这栋住宅被构想为既是恶劣沙漠环境中旅行者的避难所，又是一处开阔的营地，在一个混合了不同文化的居住元素的住所中，我希望设计出一种多功能的表里如一的综合体，并建立起那些业已消失的集体生活的原型，积极地提供出一整套方式，便于我们建立种种联系。找一个居住的要素不过是安排我们生活中最重要的基本元素，再赋予它们结构形式，使我们能够在人性与物质的文脉中理解不同的人和文化，以及提供进行交往和活动的场所。西方现代样式的建筑外观，同建筑内部具有南亚风格的内透式空间所形成的差异，外表用材的鲜亮，整体同内庭的柔和与节制的空间容积的处理都体现了上述构想，设计中考虑了客房、通铺、书店、酒吧、

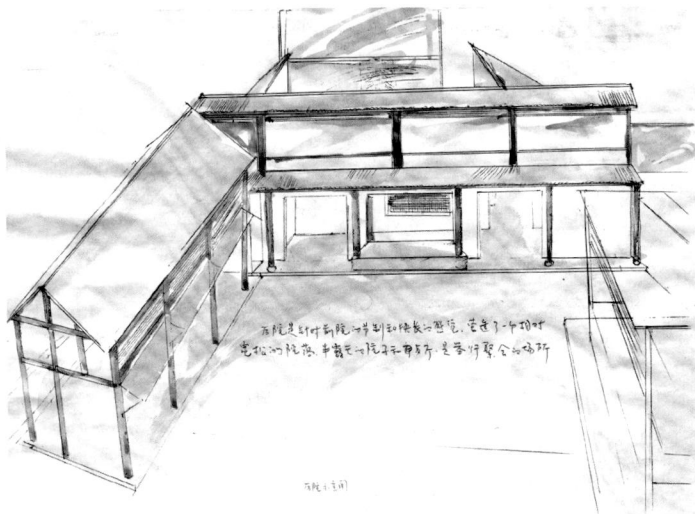

泥墙　　玻璃窗　　竹席　　木柱　　玻璃

青瓦

水泥地　　碎砖瓦石

功能:
一层为公共空间:走廊、庭园、水池和画廊展厅等
二层为客房区:6间标间、二间带公用卫生间和通辅房,大约可容纳25-30人。
三层为多功能会议室:接待及放映采访、会议等

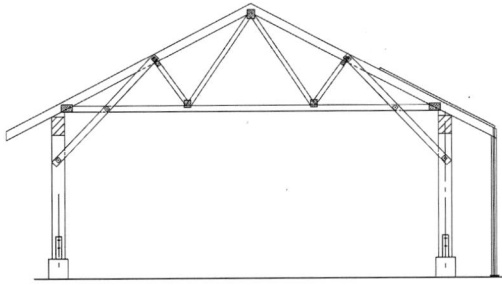
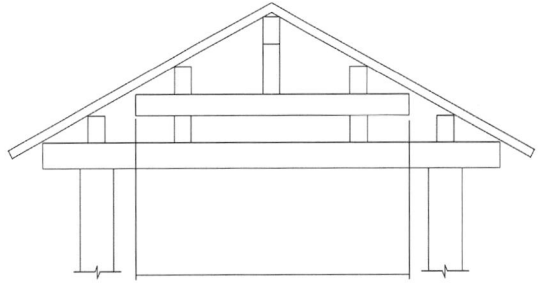

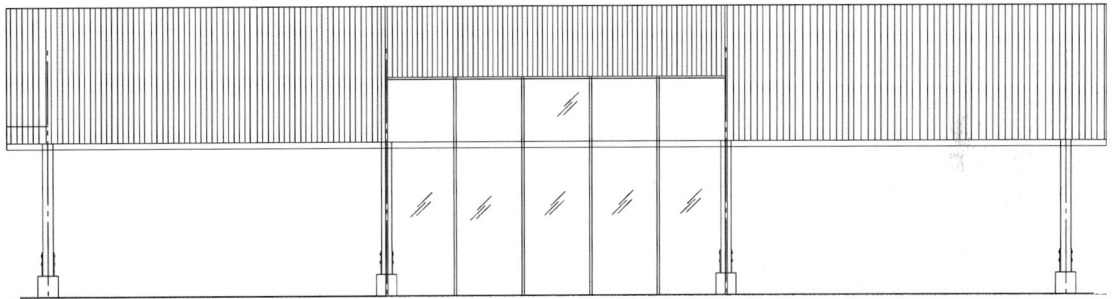

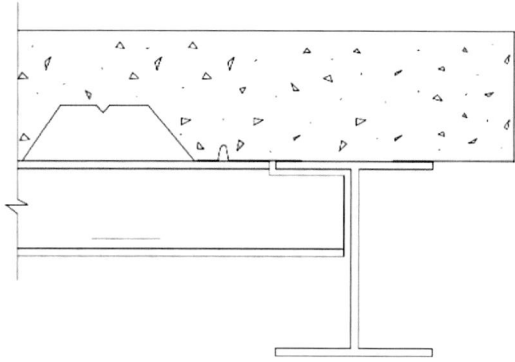

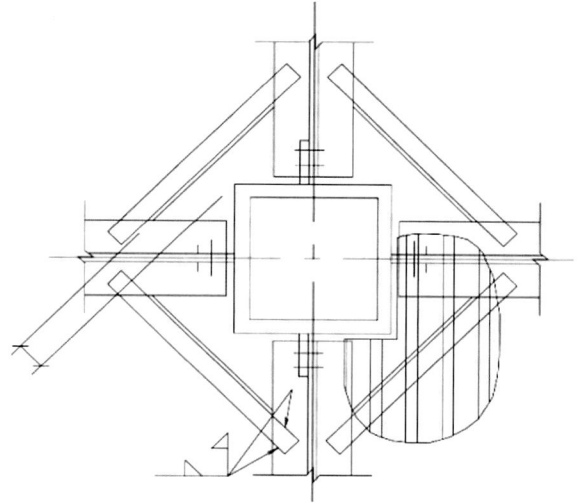

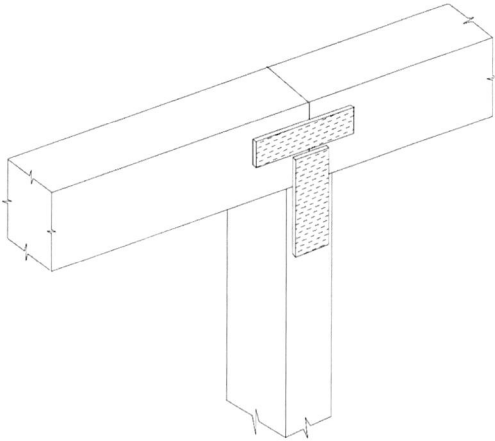

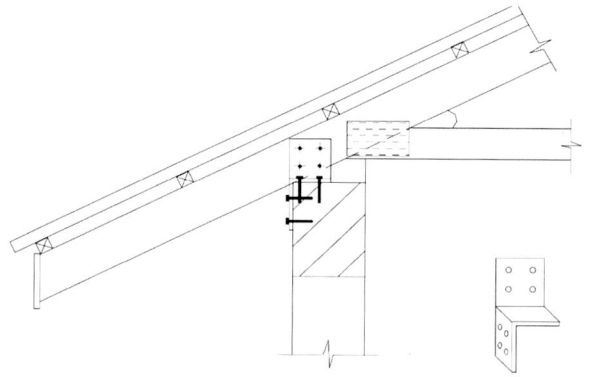

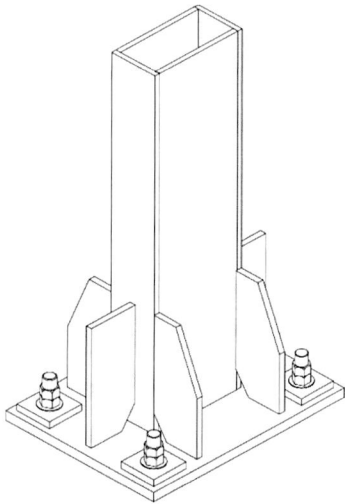

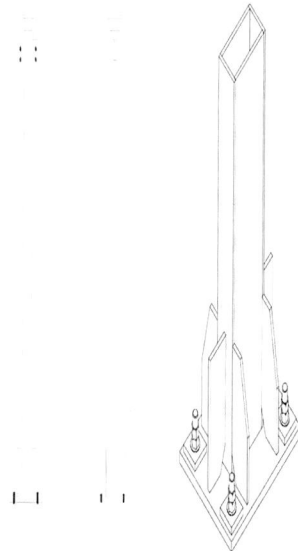

右院走廊

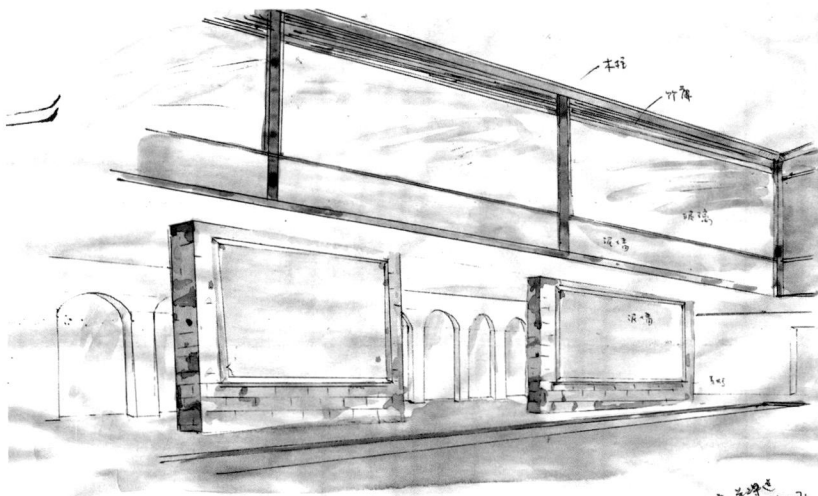

木柱
竹帘
玻璃
演场

前院右西外地接间了5叶斜六神会,草坪道
种住院的工地走吧复和玄二间也的图系但所加了
路灯光向四北左作非创作一美间。

餐厅和替代性的机动展示厅和活动空间、一个小会议室、两个不同风格的庭园和走廊通道,露天的演出场所甚至露营处。因此,"草叶间"在具有了多种用途时,也变成了一个幻想的天地,作为建筑物,它会是入住者对于自身与居住、自然、历史观景和社会限定等一系列问题的相互关系的看法的映射。一旦建筑不被界定为只为庸常生存的平凡的中心,而被看做是一个逃避的地方,一个暂时的中转元素,一个分享不同的处所,那么,关于居住者与居所的积极关系就被建立起来,正是这种美好的愿望,使居住体现出梦想和欢愉的特质。

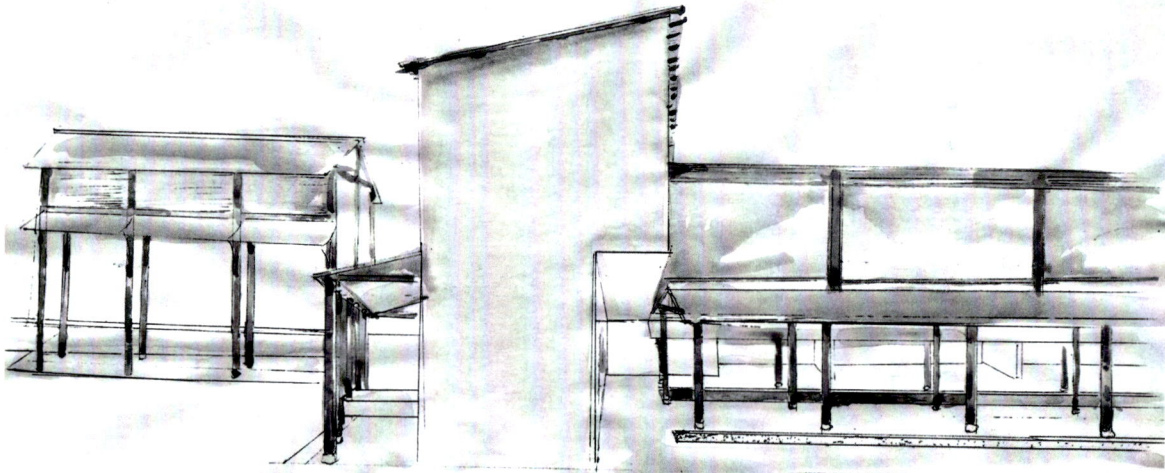

前院 8 右院 剖面图.

由前右院之间 沿走廊 贯穿通和过渡两个院子. 也是贯通这多个
半开 连接 和分隔. 由人们带出 要从 门 楼 看. 二楼 的视野 越过 前院 内
新 角落. 但却 不能 将整个 全景 尽 收眼底.

二楼走廊

玻璃

竹帘

玻璃隔

磨砂玻璃

木台

泥墙

泥墙

大板

青年旅舍（ 竹铺）

走廊

走廊

6 撒福一山房

HOUSE SAVOYE

□宋永平

SONG YONGPING

1961	生于山西
1983	毕业于天津美术学院绘画系
	曾在国家广播电影电视总局管理干部学院任教
	现任教于北京农学院园林艺术设计系,教授

主要个展

1991　"宋永平画展",北京音乐厅画廊,中国北京

主要联展

2003	"中国当代摄影展",布拉格,捷克;巴黎,法国
	"蓝天不设防",中国北京,东京画廊
	"城市的皮肤",中国广州
	"中国摄影展——我是中国",中国北京
2002	"广州三年展",广州,中国
	"中国影像展——伪",艺术加油站,北京,中国
	"中国平遥国际摄影节",平遥,中国
2001	"中国方案—旋转360°",山艺术中心,上海,中国
	"艺术文件夹2001—A",昆明,中国
	"尼斯国际摄影节:中国相册",尼斯,法国
	"第二届亚太当代艺术双年展",热那亚,意大利
	"痕——中国影像展",北京首都师范大学美术馆,中国

■撒福一山房

设计策划顾问:蒋忠杰
总装备部工程设计研究
总院

	"HOT POT",中国当代艺术展,奥斯陆,挪威
2000	"与我有关——中国实验艺术图片展",上海,三亚摄影画廊、云南大学美术馆
	"意图通信——2000中国观念摄影展",意大利
1999	"Global Conceptualism:points of Origin",1950s 1980s,现代艺术博物馆,昆明;纽约、迈阿密、波士顿,美国;中国香港
	"1999中国当代艺术展",LIMAN画廊,旧金山,美国
	"中国当代油画作品展",苏黎士,瑞士
	"Representing The People",英国、德国巡回展览
	"对话1999艺术展",北京,国际艺苑美术馆;天津,泰达当代艺术博物馆
1998	"Double kllseh",美国,纽约Max Proneleh画廊
	"Inside our Chinese Art",美国亚洲协会,PSI当代艺术中心,纽约;旧金山当代艺术博物馆,西雅图;墨西哥,澳大利亚,中国香港
1997	"Two Brothers Views of Hong Kong",汉雅轩画廊,中国香港
1993	"乡村计划1993艺术作品展",北京中国美术馆,中国
1992	"90年代艺术双年展",广州,中国
	"后89中国新艺术展",中国香港;澳大利亚
1989	"中国现代艺术展",北京中国美术馆,中国
1987	"日本浦和国际木板画展",浦和,日本
1986	"现代陶艺展",山西太原,中国
1985	"山西七人现代艺术作品展",山西太原,中国

宋永平：
贺兰山房之"撒福—山房"
建筑设计思想

这是一个对于现成品概念的延续性工作。

"一个走在茫茫沙漠上的人，肩上扛着勒·科布西埃的萨伏依别墅。离开了大地，这座白色的别墅失去了它的物质特征，变成了一整套建筑原则的化身。这幅题为'阿特拉斯的现代主义'的拼贴画，代表着中心建筑事物所（洛杉矶）项目的特征。它质疑了我们与现代主义运动的英雄主义时期的关系。画面中的阿特拉斯已经到了沙漠的边缘，远离了最初发现偶像的田园牧歌式的地方。"（大卫·勒克乐克）

正是这幅题为"阿特拉斯的现代主义"的拼贴画激发了我的最原始的灵感。阿特拉斯前进的终点，那沙漠边缘的边缘就叫银川。在这里，辽阔的天空与大地正期待着一个伟大的精神与之相对应。阿特

贺兰山房：艺术家的意志

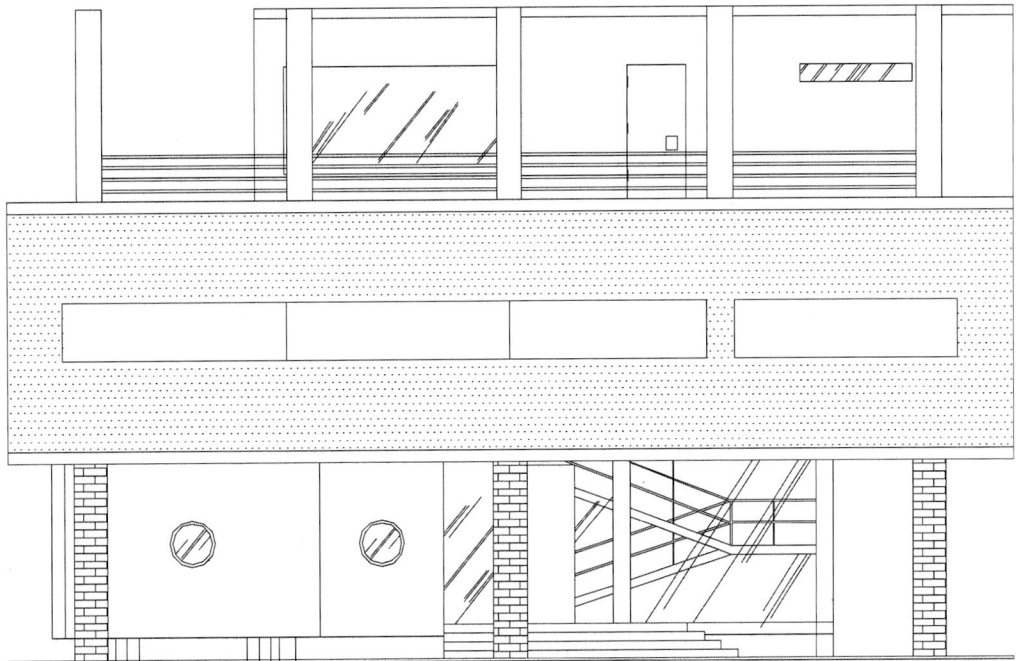

拉斯给我们送来了一个礼物，并以此为立足点，在大地上画出了一个等边三角形，并且给了我们一个向科布西埃表示敬意的机会。

"撒福一山房"源自科布西埃的萨伏依别墅。由于这个建筑所拥有的精神理念以及构成原则，对于近现代以来的建筑领域旷日持久的影响力，以及它在人类文明历史长河中的地标作用，正与"艾克斯星谷"艺术家建筑项目不谋而合，理所当然地成为"艺术家的意志"的首选对象。

基于对科布西埃的敬意和萨伏依别墅著作权的尊重，我们在保留原设计基本要素的前提下，进行了一些必要的修正，以便满足贺兰山房项目在设计意象和使用功能方面的要求：首先，将整幢建筑进行倒置安排，让原建筑承载百年光荣的立柱从负重之中彻底解放出来，伫立于屋顶，把它们全部转换成歌唱的角色；二层外墙采用钢结构与玻璃幕组合；窗户用铁皮与专注工作截然分离。宽敞开放的空间可以最大限度地支持和调度安排功能需求；其他（一层、二层）墙体采用原装科布西埃的粗野主义的方法来处理。一层的立柱外表用清水红砖作表面装饰，使立柱与主体建筑形成风格上的差异，造成与主体分离的局面。一层地面悬空离地60cm，一方面是为了防洪，同时更加突出了泊来的房子和海市蜃楼的意象。

与此同时，保留原建筑的体量和外观造型：内部空间连贯宽敞，外立面无装饰，横排的窗户保持独立的结构；保证最大限度的自然采光和空气流通；仍然要有屋顶花园和观景平台，并且以坡道连接楼层的交通，理论上讲，让摩托车跑道延续到屋顶花园！

海德格尔说：人，诗意地栖息于大地上。

我说：建筑是供人出入的文化器官。

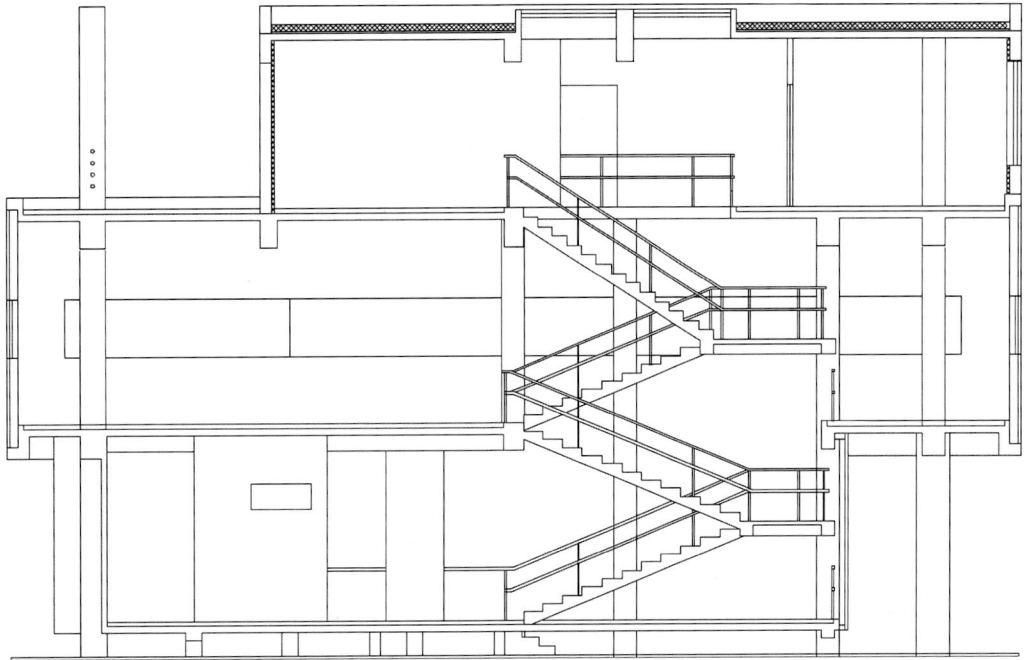

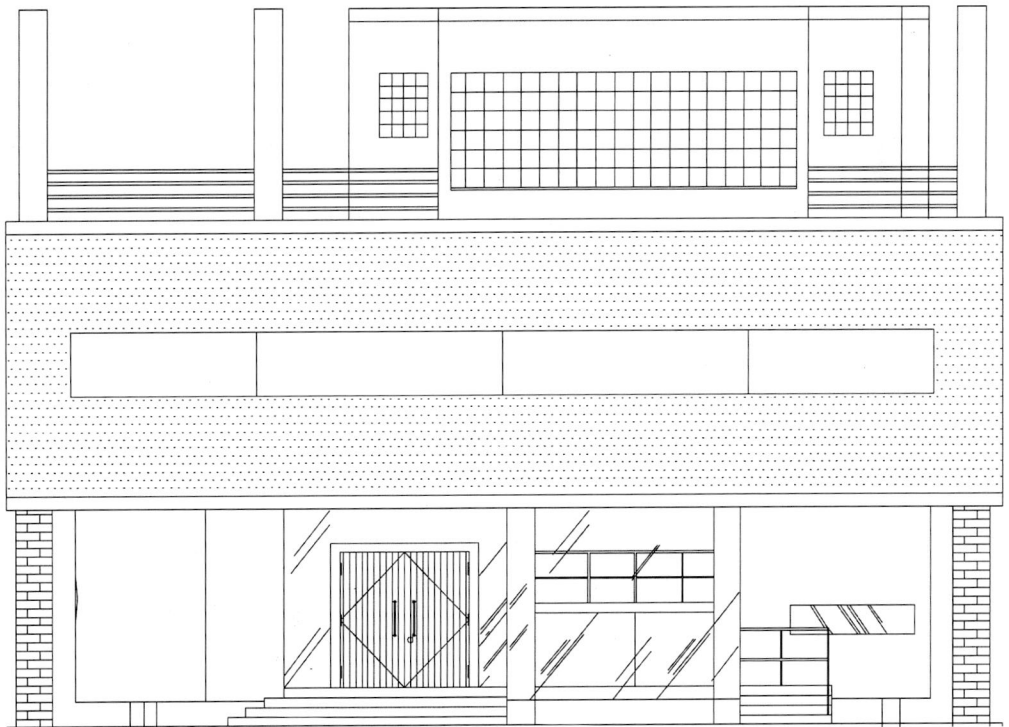

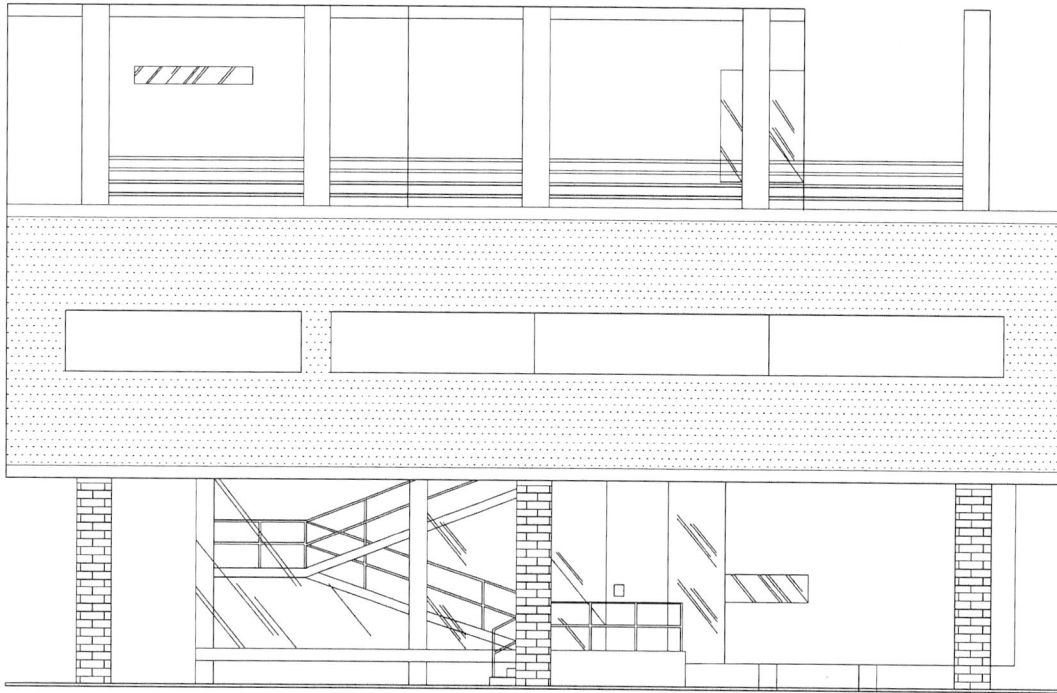

宾仲山蕃仕伊别墅

宝仲山的王冠

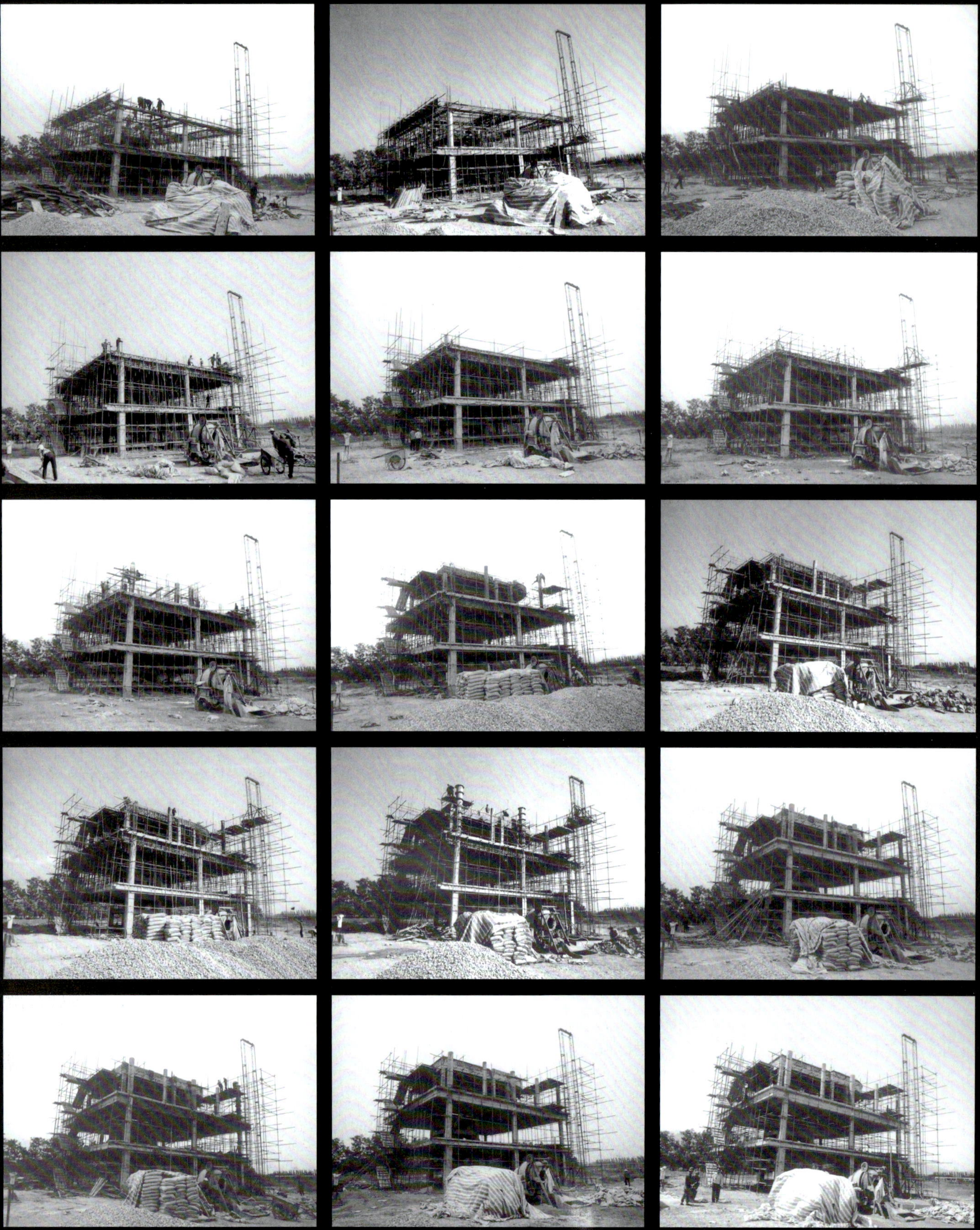

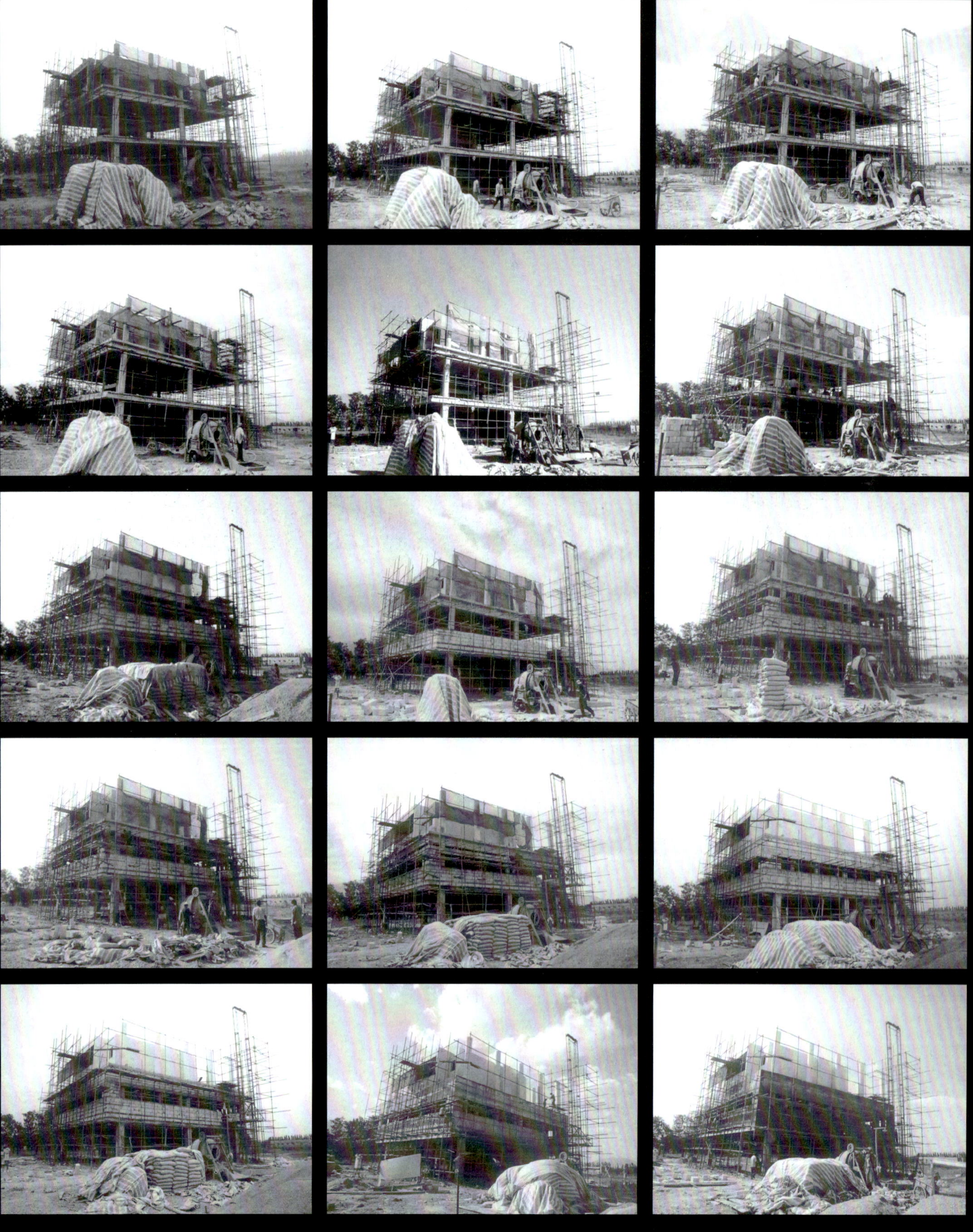

7 它屋
OTHER-HOUSE

□ 曾　浩

ZENG HAO

1963	生于中国云南省昆明市
1979 — 1983	就读于四川美术学院附属中学，重庆
1985 — 1989	就读于中央美术学院油画系，获学士学位，北京
1989 — 1993	任教于昆明教育学院，昆明
1993 — 1996	任教于广州美术学院油画系，广州
1998 —	定居北京

主要展览

2003	个展，loft 画廊，巴黎
	"再造798，生态时空"，北京
2002 — 2003	"ChinArt ——中国当代艺术巡展"，Museum Küppersmühle Sammlung Grothe 博物馆，杜依斯堡，德国；罗马当代艺术博物馆，罗马，意大利；路得维希博物馆，布达佩斯，匈牙利
2002	"第25届圣保罗双年展"，圣保罗，巴西
	"首届中国艺术三年展"，广州艺术博物院
	"二零零二当代油画邀请展《观念的图像》"，深圳美术馆
	"CHINA CONTEMPORARY ART"，MAB 美术馆，圣保罗，巴西
	"广州三年展"，广州美术馆，中国

■它屋

谢珂珩（曾浩助手）：
从事建筑规划设计和相
关管理工作

2001	"中国制造"，Enrico Navarra 画廊，巴黎，法国
	"Hot Pot"，Kunstnernes Hus，挪威
	"当代绘画新形象 (Towards a New Image)"，中国美术馆，北京；上海美术馆，上海；四川省美术展览馆，成都；广东省美术馆，广州
	"男孩女孩"，上河车间，昆明，云南
	"下一代／当代绘画 D'asie"，法国，Pssage de Retz
	"五位前卫艺术家"，ARTSIDE 画廊，汉城，韩国
	"第一届成都双年展"，成都现代艺术馆，成都
2000	"社会：上河美术馆第二届学术邀请展"，上河美术馆，成都
	"皮肤与空间"，当代艺术中心，米兰
	"中国当代绘画展"，帕多瓦，意大利
1999	"'Transience' 二十世纪末中国实验艺术展"，The David and Alfred Smart 美术馆，芝加哥大学，芝加哥
	"China 1999"，Limn Gallery，旧金山
	"现代中国艺术基金会展"，比利时
1998	"Three Young Faces"，香港—台北，汉雅轩
	"Confused"，Canvas World Art & Gallerie Serieuze，阿姆斯特丹
	"上河美术馆首届收藏展"，上河美术馆，成都
	"两性平台"，泰达当代艺术博物馆，天津
1996 — 1997	"China-Recent Works from 15 Studios"，慕尼黑、巴塞尔、东京
	"中国首届当代艺术学术邀请展"，中国美术馆，北京
	"曾浩作品展览"，北京，中央美术学院画廊
1994	"广州美术学院油画系作品双年展"，广州美术学院，广州
1992	"第二届中国当代艺术文献资料展"，广州
	"90 年代中国艺术油画双年展"，广州

曾浩：
贺兰山房之"它屋"
建筑设计思想

这栋"它屋"别墅笼罩在一个由型钢和透明玻璃组成的盒子里。盒子里零乱地穿插了一些房。房间和空间显得虚幻和空透，在戈壁滩上构成一种脆弱和不安。

这栋别墅试图传达在当代社会中人与环境的不确定关系，营造一种孤寂而疏离的状态，让人在这种氛围中去重新感受自身的意义。

贺兰山房：艺术家的意志

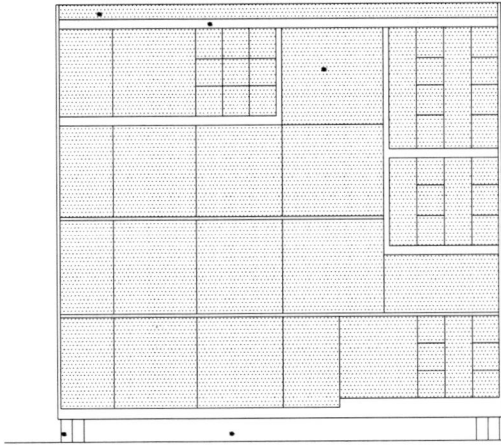
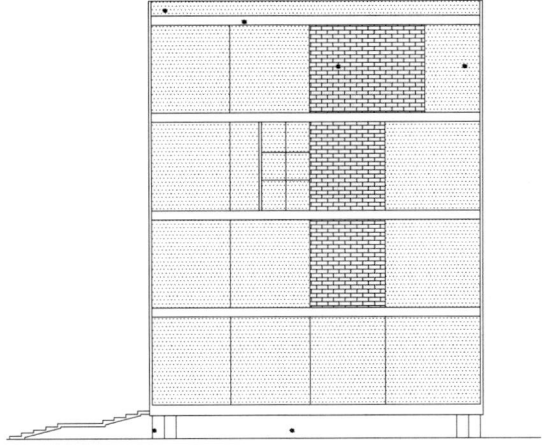
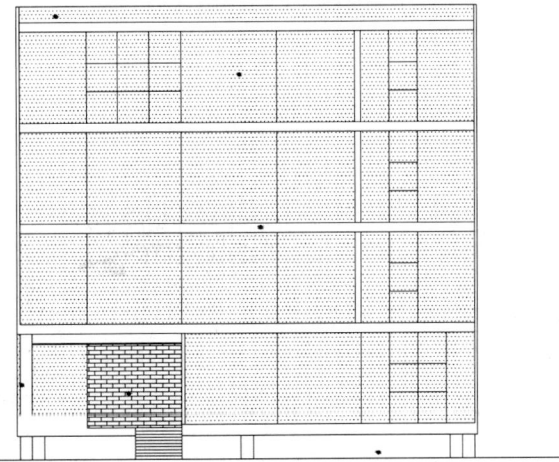
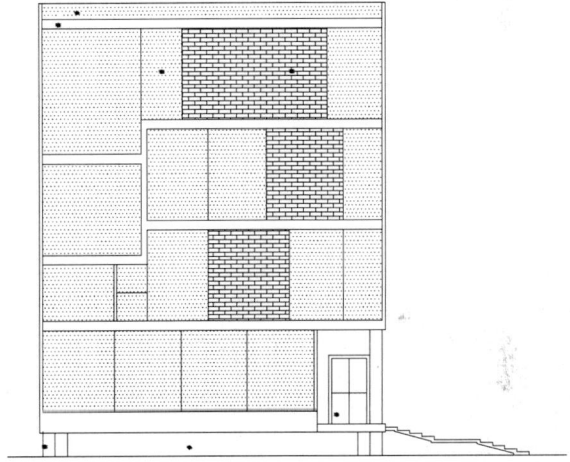
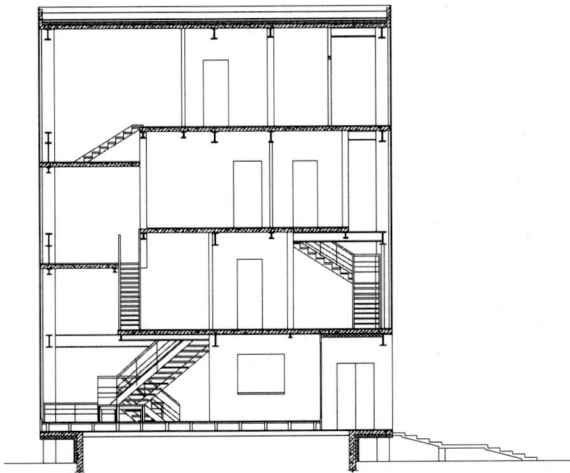
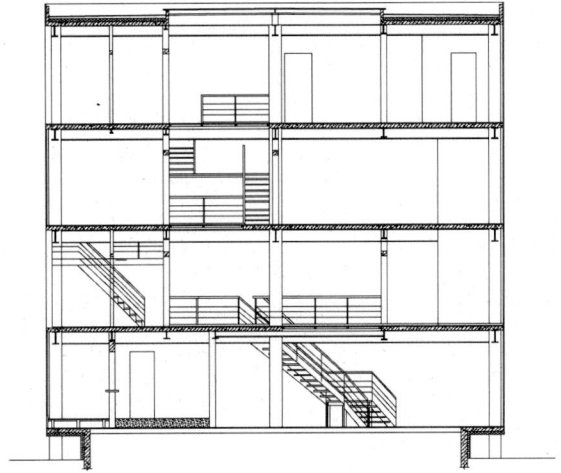

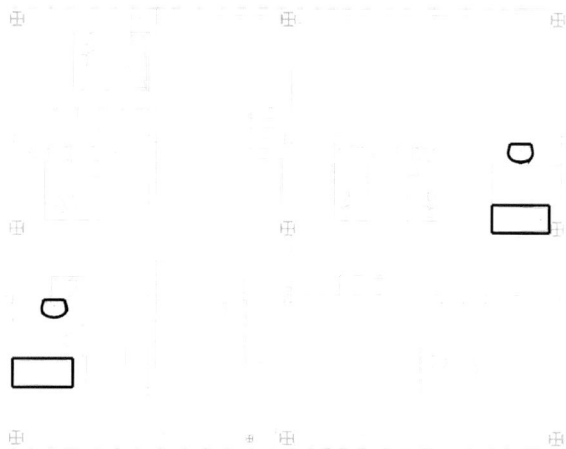

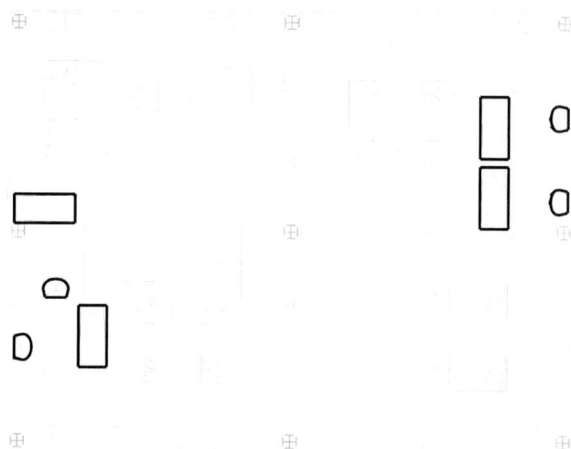

曾浩在贺兰山房地块

贺兰山房：艺术家的意志

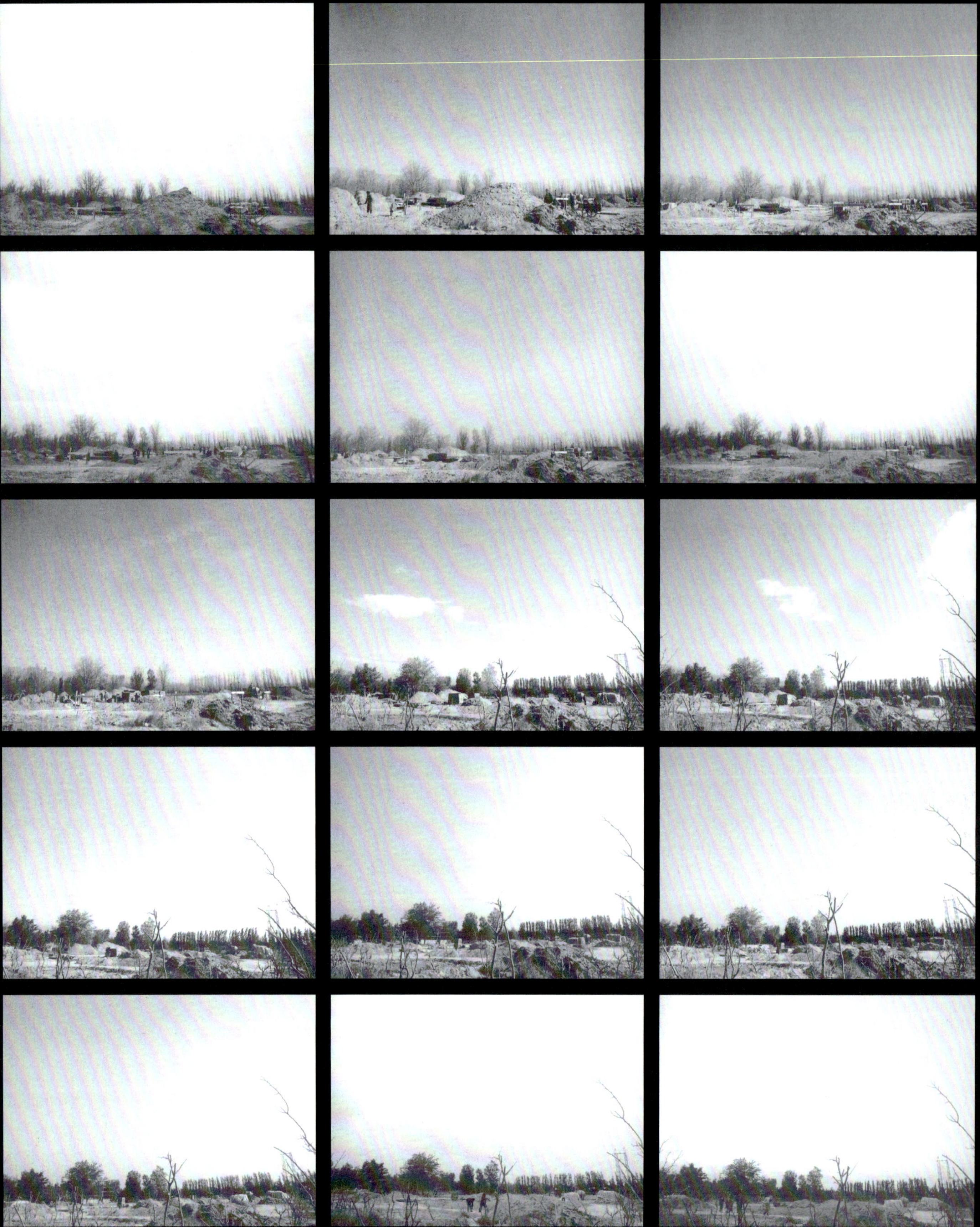

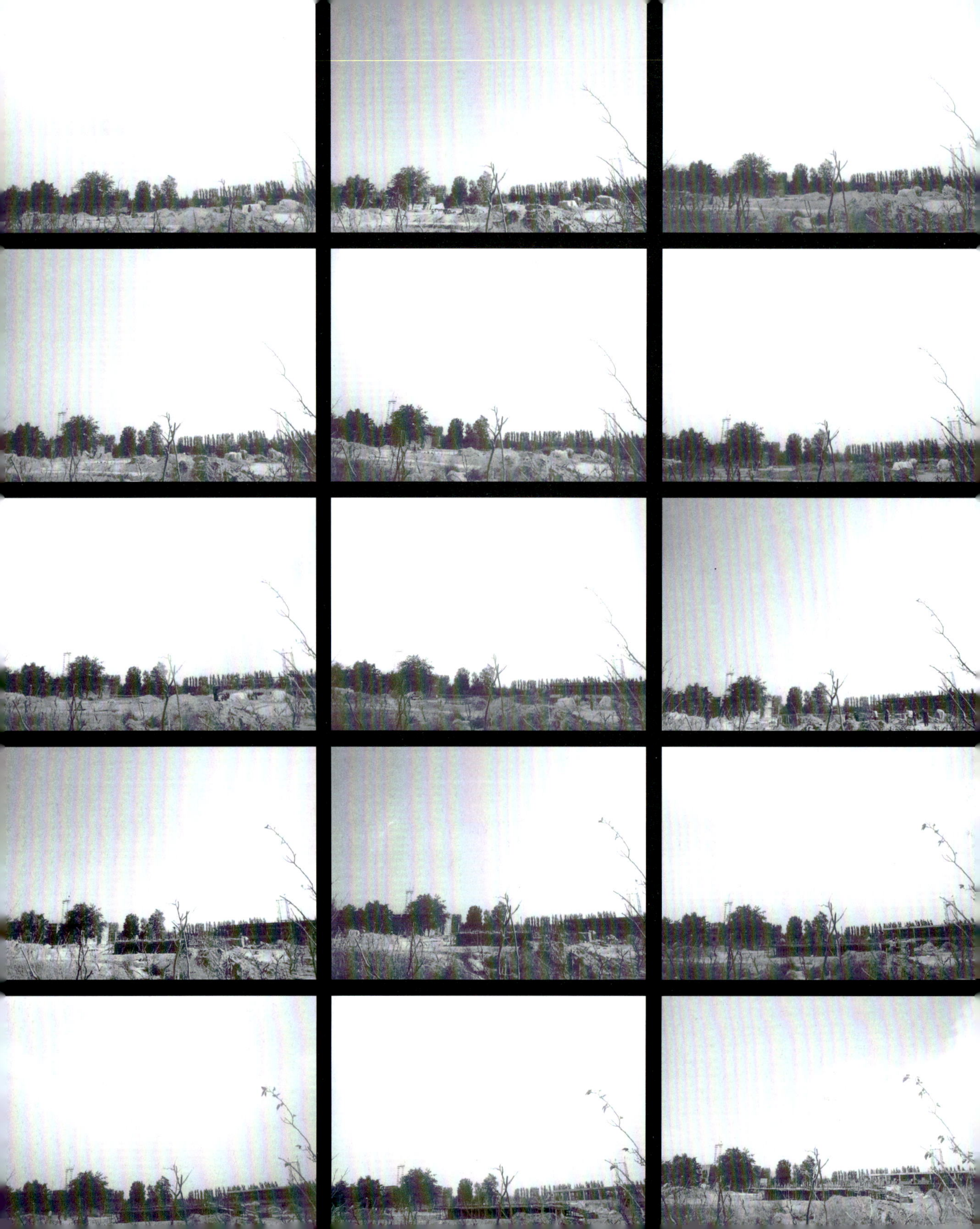

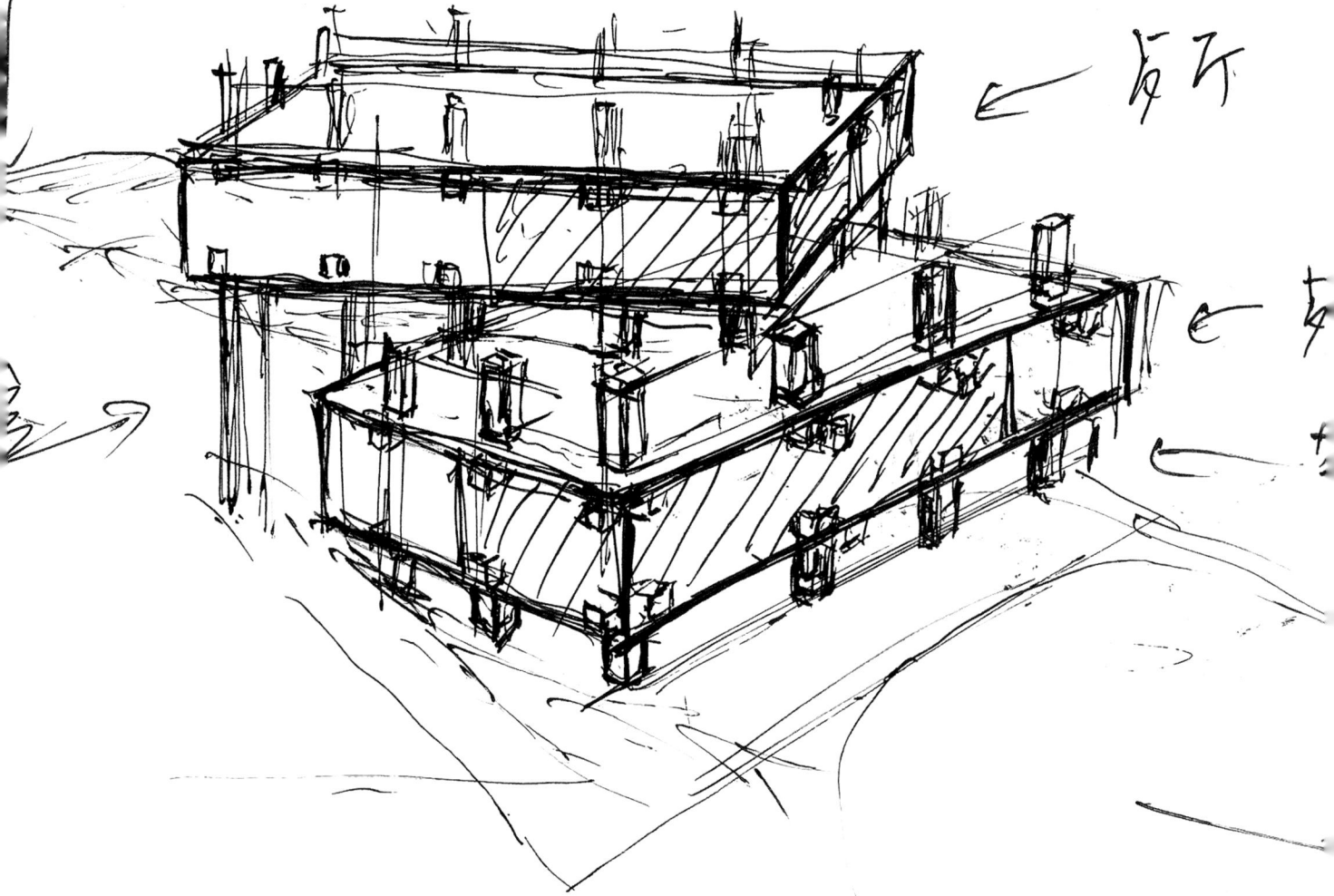

8 洗尘阁

INN RE WASHING ROOM

□张培力

ZHANG PEILI

1957	生于杭州
1984	毕业于中国美术学院（原浙江美术学院）油画系，现住杭州，就职于中国美术学院新媒体艺术中心

主要个展

2000	"马德里当代艺术博览会（Arco）艺术家空间"，"艺术与公众"画廊，瑞士
1999	纽约 Jack Tilton 画廊
1998	纽约现代艺术博物馆
1997	维也纳 Krinzinger 画廊 曼谷 Chulalongkom 大学美术馆
1996	"巴塞尔第 27 届当代艺术博览会'录像论坛'"，"艺术与公众"画廊，瑞士
1993	世界文化宫，圆点画廊，巴黎 巴黎 Crousel-Robelen 画廊

主要联展

2002	"暂停，韩国"，光州双年展
2001	"电视——视觉的梦幻"，维也纳艺术宫，奥地利 "生活在此时"，国立汉堡火车站当代美术馆，柏林 "中国当代艺术"，国立美术馆，新加坡 "复眼，中国录像艺术"，拉萨尔艺术学院卢明德艺术馆，新加坡
2000	"'媒体——城市'媒体艺术 2000"，大都会博物馆，汉城，韩国

■洗尘阁

建筑设计师：赵敏
现就职于浙江省华业建
筑设计研究院

	"上海双年展"，上海美术馆，中国 "穿墙人，中国当代艺术"，亚眠美术馆，法国
1999	"全面开放，第 48 届威尼斯双年展"，Giardini 公园意大利馆，威尼斯，意大利 "回顾与展望，2000 莱茵河畔的全球艺术"，波恩艺术博物馆，德国 "起源点：1950—1980 年代全球观念艺术"，Queens 艺术博物馆，纽约，美国 "表皮—深度，当代艺术中的外观与外表"，以色列博物馆，耶路撒冷，以色列 "首届亚洲当代艺术三年展"，亚洲美术馆，福冈，日本 "第三届亚太当代艺术三年展"，昆士兰美术馆，布里斯班，澳大利亚
1998	"每天，第十一届悉尼双年展"，澳大利亚 "内外：中国新艺术"，P.S.1 当代艺术中心，纽约，美国 "张培力和谷文达（'江南'艺术计划之一）"，不列颠哥伦比亚大学 Morris and Helen Belkin 画廊，温哥华，加拿大
1997	"第四届里昂双年展"，里昂 Reunion 国立博物馆，法国 "移动的城巾—1"，分裂博物馆，维也纳，奥地利 "另一次长征，中国九十年代观念和装置艺术"，布雷达 Chasse Kazerne，荷兰
1996	"作品选展"，艺术与公众画廊，日内瓦，瑞士 "图像与现象"，浙江美术学院画廊，杭州
1995	"来自中国的艺术"，圣·莫妮卡艺术中心，巴塞罗那，西班牙
1994	"走出中心"，波里艺术博物馆，芬兰
1993	"第 45 届威尼斯双年展——东方之路"，威尼斯 Giardini 公园威尼斯馆，意大利
1989	"中国现代艺术展"，中国美术馆，北京
1986	"池社活动"，杭州
1985	"85 新空间"，浙江美术学院展厅，杭州

主要收藏

美国纽约现代艺术博物馆
法国国家造型艺术中心
法国蓬皮杜艺术中心
日本福冈亚洲美术馆
美国帕萨蒂纳亚太博物馆
新加坡美术馆
澳大利亚昆士兰美术馆
梁洁华艺术基金会

张培力：
贺兰山房之"洗尘阁"
建筑设计思想

建筑从根本上说不应是设计师的私有财产，它应该属于那些使用它或进入它的人。因而，我不想将任何"风格"强加给我所"设计"的建筑，而只试图体现它的最基本的要素和功能。我将很多柱子暴露在外，使它看上去像一座没有建完的房子，这决不是为了装饰。一般说来，一座没有建完或可以被改变的建筑很难被看做真正意义上的建筑，但在我看来，一座没有建完或可以被改变的建筑可能比那些已经完成的建筑更富有生命。

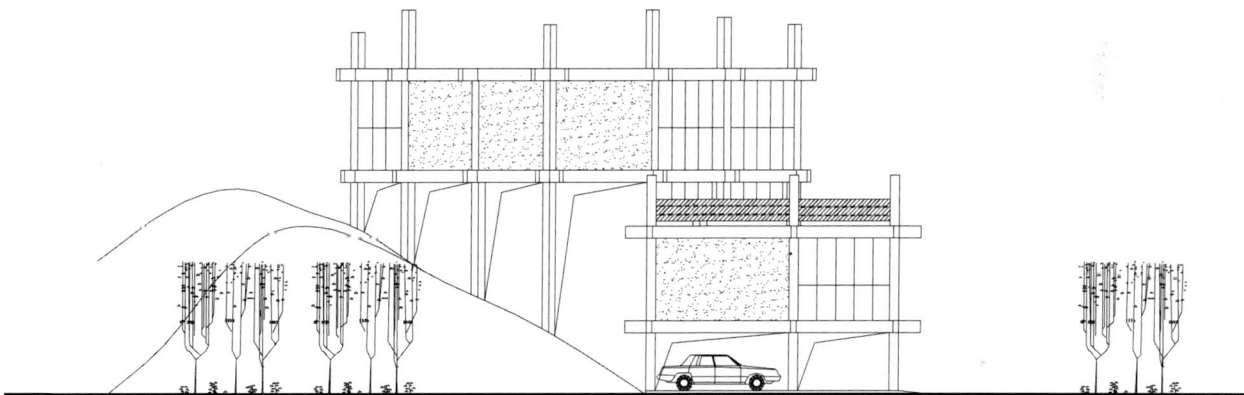

张培力、王广义、毛同强
在贺兰山房地块

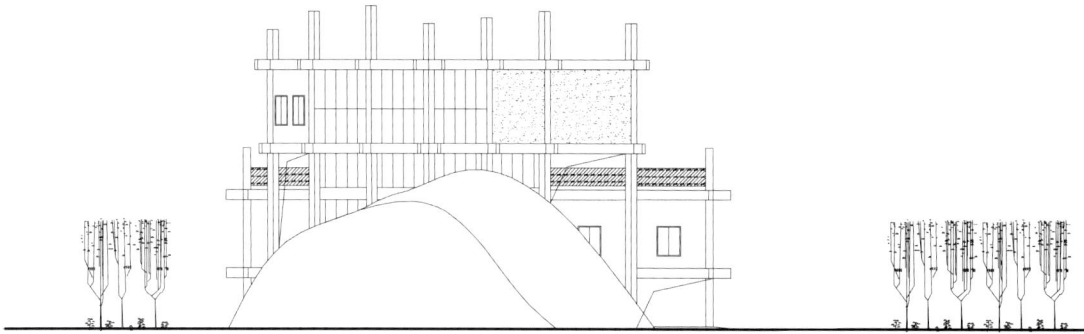

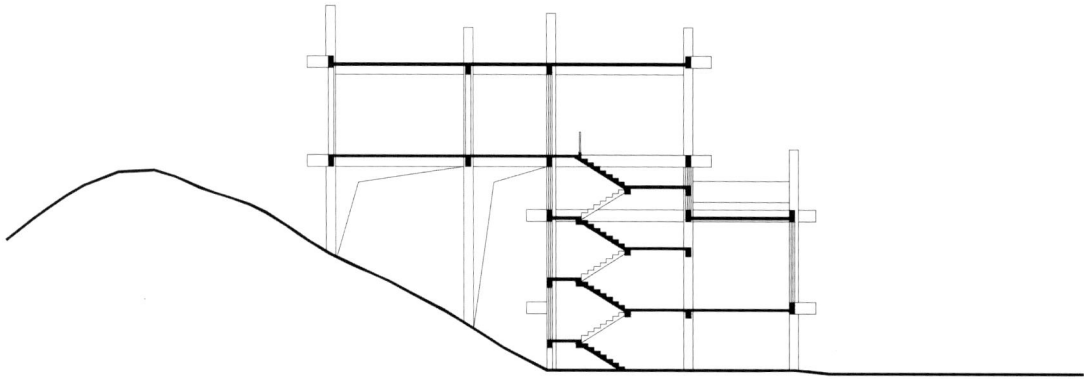

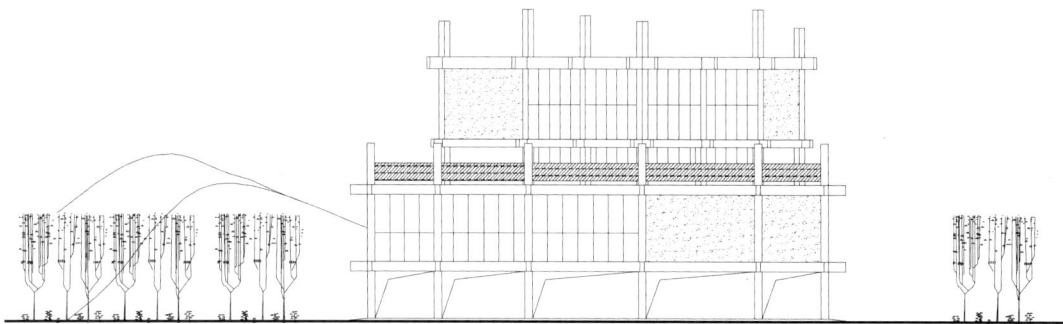

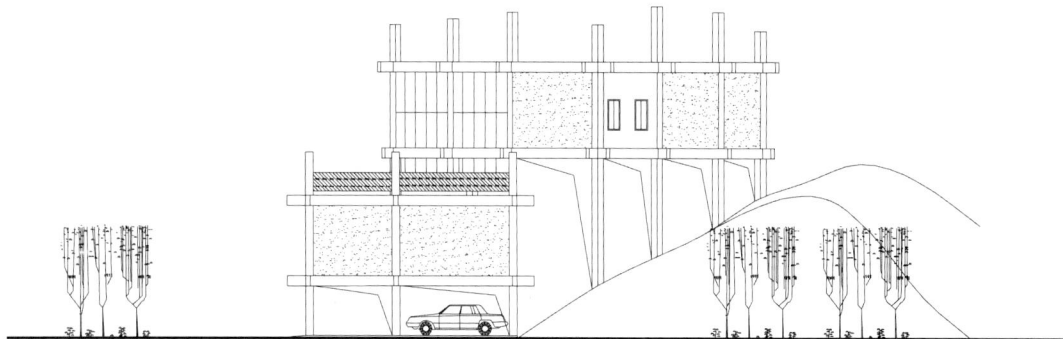

贺兰山房：艺术家的意志

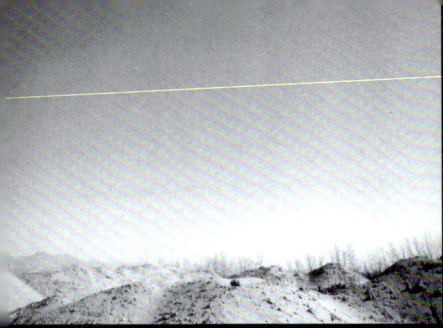

9 几何体

SOLID GEOMETRY

□ 耿建翌

GENG JIANYI

1962	生于中国河南省郑州市
1985	毕业于杭州浙江美术学院艺术系油画专业
	（现在的中国美术学院）

主要展览

2003	合成现实，远洋艺术中心，中国，北京
2002	第四届光州双年展，光州，韩国
1999	《超市》，香港广场，上海，中国
1998	《来自中国的两位当代艺术家（与周铁海）》，Presentation House画廊，温哥华，加拿大
	《Inside Out：中国新艺术》，由高明潞和亚洲协会共同策划的选自中国大陆—台湾—香港的艺术展，亚洲协会／PS1，纽约，和旧金山现代美术馆，美国
1997	《移动中的城市》，由Hans-Ulrich Obrist和侯翰如策划，分离派美术馆，维也纳，奥地利
	《中国当代摄影展》，Neuer Berliner Kunstverein，柏林，德国
	《不易流行——长江流域的中国当代艺术》，麒麟美术馆，东京，麒麟广场，大阪；Altium，福冈，日本
	《另一次长征》。
1997	《中国观念艺术展》，Fundament基金会，Chasse Kazerne，布雷达，荷兰，1996
	《形象与现象，15位艺术家的影像作品展》，中国美术学院画廊，杭州，中国
	《中国现在，Littmann Kunstprojekte画廊》，瑞士，巴塞尔
1995	《来自中心的国家——1995年以来的中国前卫艺术展》，巴塞罗那圣莫尼卡艺术中心，西班牙
	《1995年度Omi国际艺术家工作室》，Omi，Ghent，纽约，美国
	1993《45届威尼斯双年展·东方的路》，威尼斯，意大利
1989	《中国现代艺术展》，中国美术馆，北京，中国
1985	《85新空间》，浙江美术学院展厅，杭州，中国

■几何体

建筑设计师：胡海鹰
浙江省毕业建筑设计
研究院

耿建翌：
贺兰山房之"几何体"
建筑设计思想

第一次接受建筑外观设计任务首先碰到两个问题：一是没有必要的建筑知识，二是没有这方面的素材储备。正因为如此，这两个问题看似成了一种条件，可以让想像飞翔，意思是考虑方案的时候似乎可以不受任何约束。遗憾的是在最关键的时间里这样的自由没有发挥作用，并没有给灵感提供什么线索。"几何体"的念头是闯入的，我还记得是在对造价和面积的条规反复强调声中接待了这个方向（石膏几何体只用于初级绘画训练）。我期待着第二个出现能供我选择，直到设计期限的底线才意识到我只能接受那个最初的念头，它如此顽强地盘踞在我的脑子里。后来发现认定它也不无理由。显然它是最基本的形式，一想到这一点就令人愉快。无论是建筑还是其他视觉的领域，它都是被抽象出来的基本要素。自然界里的物质形状从不依据它来造型，但它确实是人定义世界的规矩。所以我可以认为它只跟人有关，根据这一点我进一步认为它肯定适合于人。不仅如此，我还认为"几何体"有助于接近它的人对事物作出简明的判断，这就是除了咖啡馆的实用功能以外建筑本身提供的一个功能。

为贯彻石膏几何体所指引的方向，导致建筑外立面完全不像外立面，我愿意把这种形式叫做外立面丢失。它还带来一种错觉，依照彻底单纯的立面，人很难确定是身处一个建筑物的外部，相连在一起

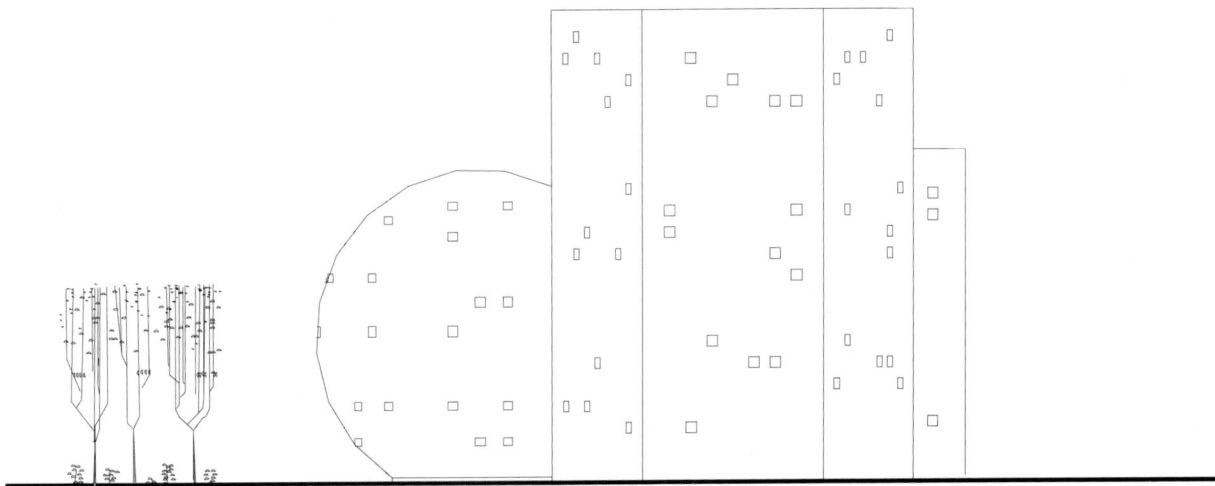

的三个部分更像内部分隔。在无意间产生出功能分区直接外在的趋向，是"几何体"的意外收获。

结构上惟一碰到的难题是圆球体，毫无疑问我想把这个球体完整地摆在地面上，对建筑来说有这样的底部会使人兴奋。另外还暗藏着喷薄欲升之势，如果能那样的话，"几何体"将带有动感。但最终这精彩的部分不得已被埋没在地下。帮我做结构的胡海鹰说，在没有托、垫的情况下，单靠两个支点肯定不行。我只能听他的，因为他对安全负有责任。还有一个现实的原因也没给我固执己见的机会，那就是建筑的造价。这种情况有点伤感情，早年一个工程师的豪言壮语在我心底打上了深刻的烙印，他说只要你能想出来我们就能做出来。这种说法严重地影响了我开始面对半球时的心情，可我不得不考虑圆球的底部要削掉多少，底边这条直线关系到和另外两部分的比例。削去底部虽然心痛，我还是立刻发现这条线所起的作用，它把三个部分牢固地统一在一起，看上去像浸泡在水里的一个整体。水的隐像在这个少雨的地区非常重要，我没想到球底部的处理使"几何体"成了天然的吉祥物。"水"与"利"等同在生意场里不言自明，多数营业场所都安排有"水"的神位。这让我对半球另眼相看，为它自豪。这一过程教育了我的设计态度，一个积极的饱满热情会帮助人保持警惕，发现那些在变化这个要点上展现出来的灿烂形象。

石膏几何体的意向也使我在色彩问题上思想斗争颇为活跃。"几何体"不能考虑其他颜色是必然的，

但建筑上使用白色在银川却很犯忌。主要触犯了两种自然特征：风沙多和日照强。因为白色极易被弄脏也会产生强烈的反射，不能不进行评估。结论是白颜色当然不能牺牲，忌讳不足以动摇"几何体"的中心思想，任何一种颜色在"几何体"上都是侵害，会使它变成一个怪物。风沙不像城市中的化学污染，在银川干燥的气候条件下对白色的影响是有限的。强烈的反射也有它有利的方面，比如它能在一定程度上控制室内温度。在视觉上更有绝妙处，使它看上去像个发光体，即使在夜晚也会有同样效果。

开窗又是件费神的事，窗户的大小、多少及位置决定室内的光效，也会使外观改变。设定30cm×30cm作窗户的尺寸综合了三个方面的考虑，一是尽可能不对外观造成影响，再是应该阻挡强烈的日照，

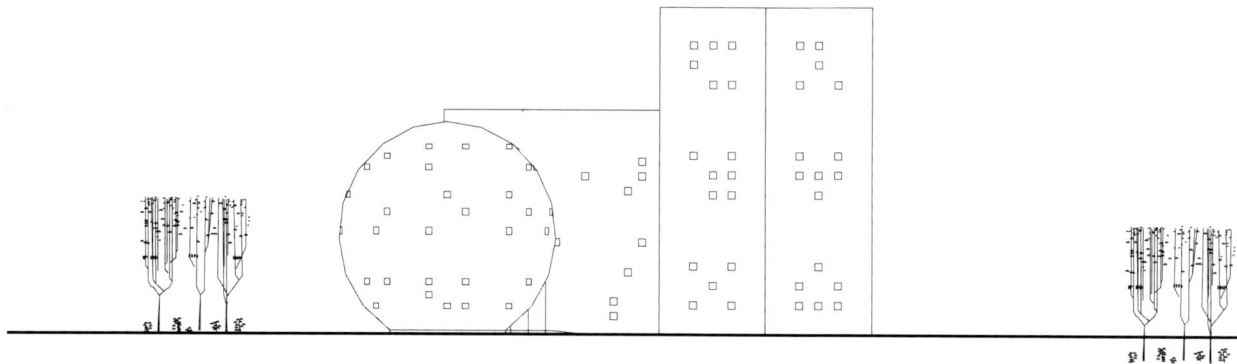

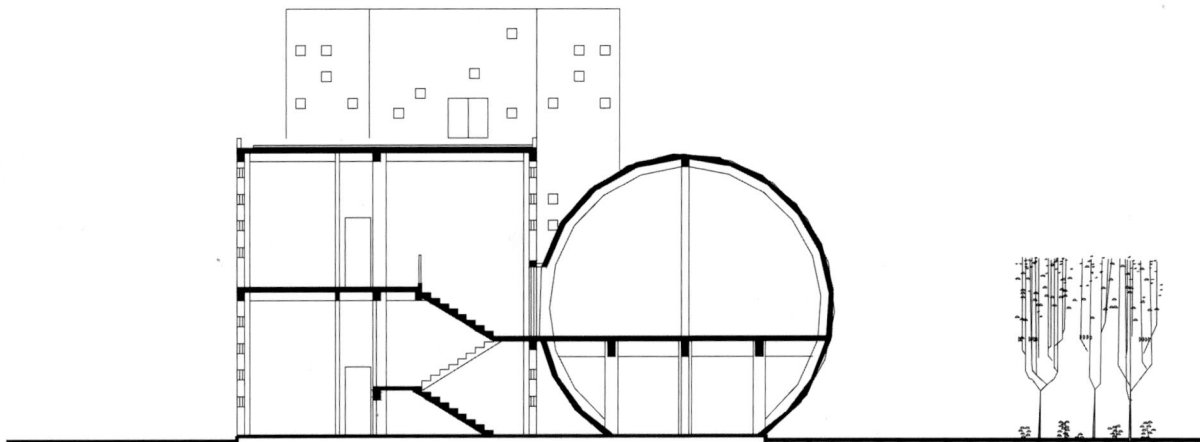

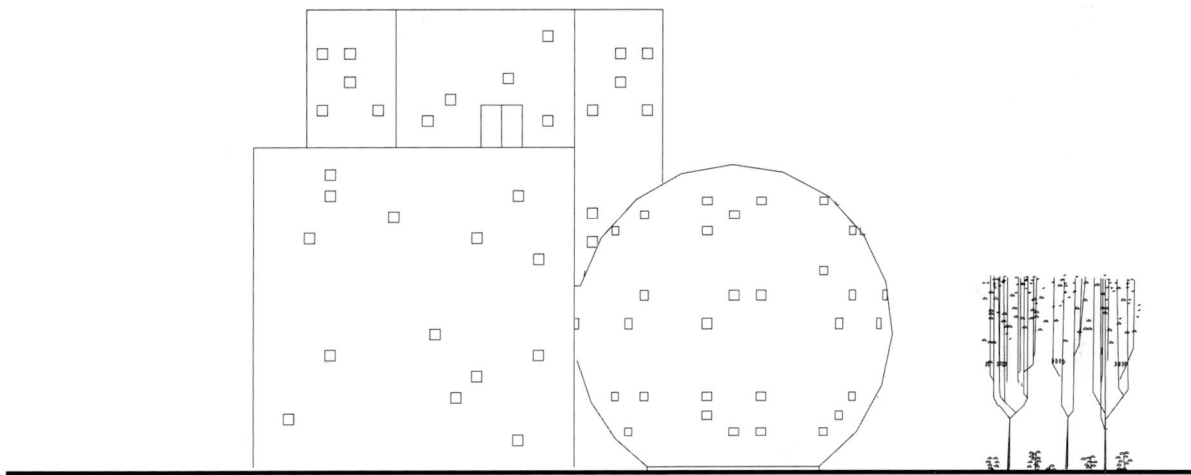

第三也是比较重要的是对人精神上的影响。小尺寸的窗户可以聚集光线，在室内形成光束。光束会把人带入虚幻，在一定程度上有洗去尘劳的功效。由光束营造出的特别气氛，还能拉近人与人之间的距离。这在这个生活方式日趋个体化的社会中，便是一个平衡的杠杆。

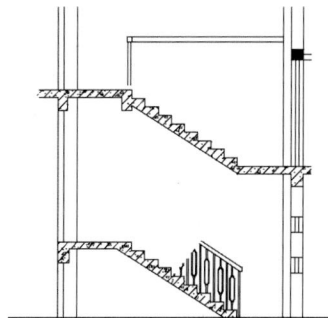

耿建翌、张培力在贺兰山房地块

贺兰山房：艺术家的意志

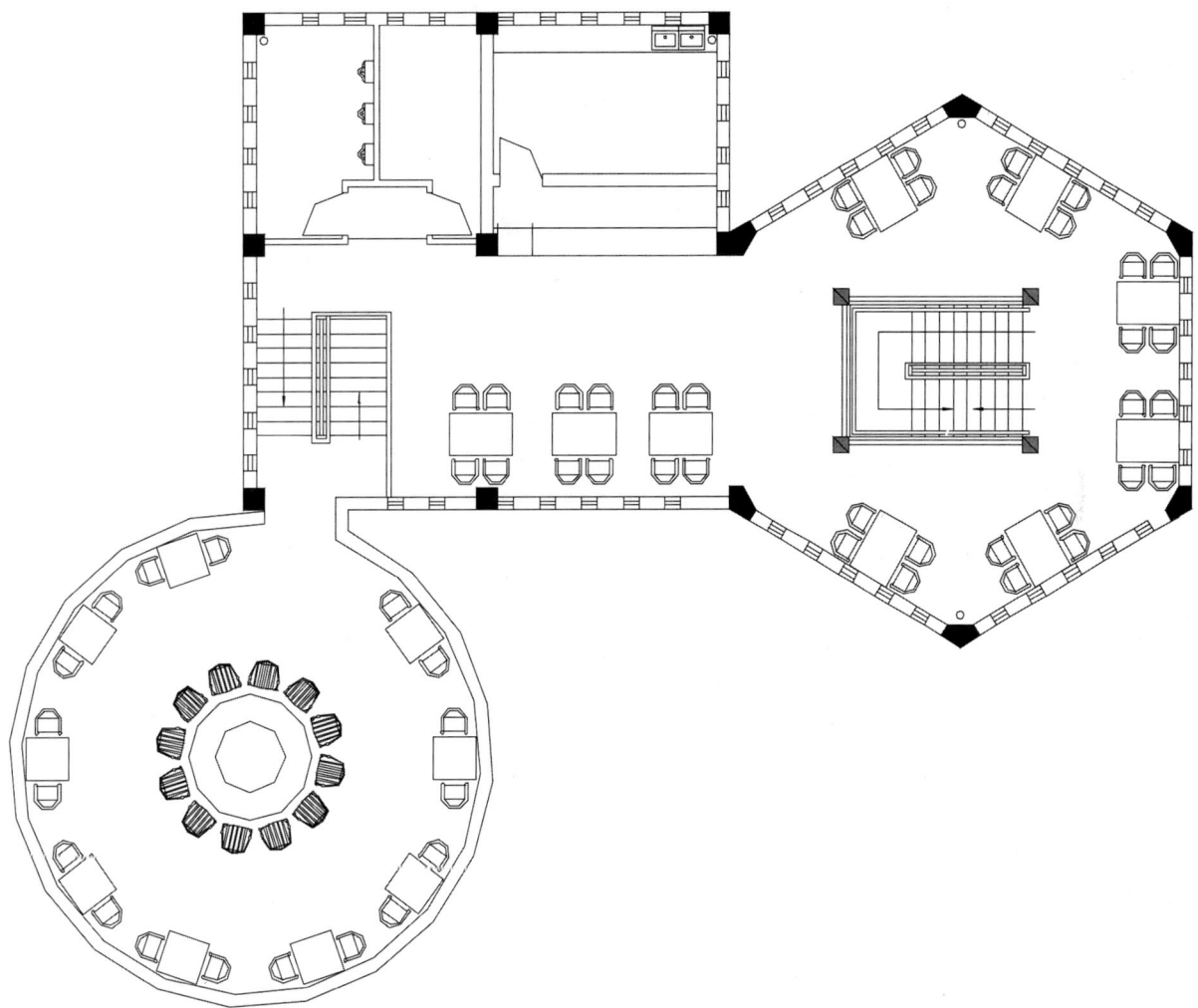

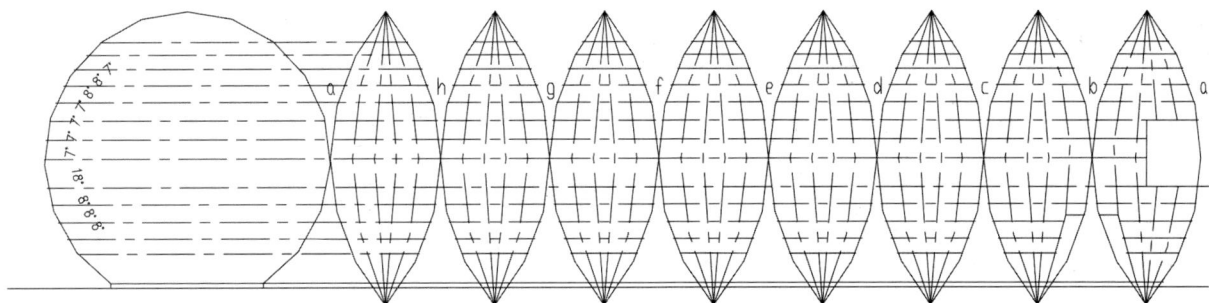

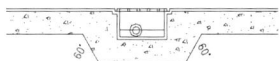

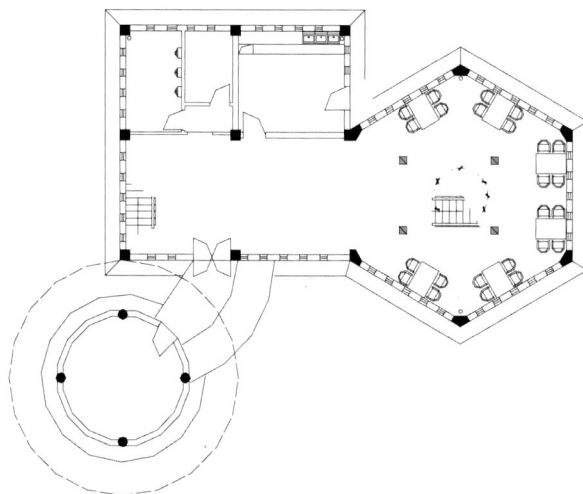

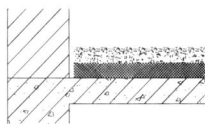

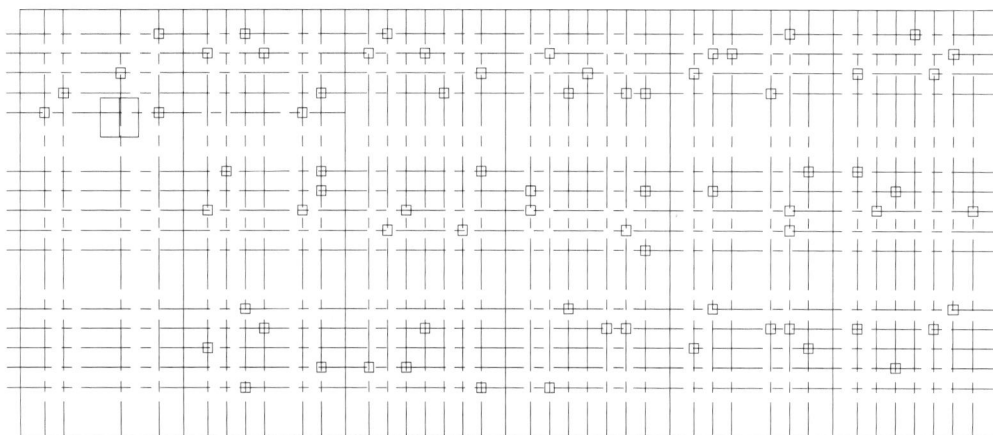

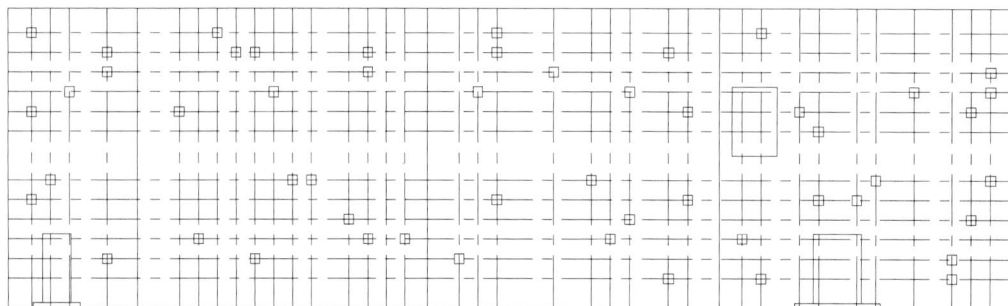

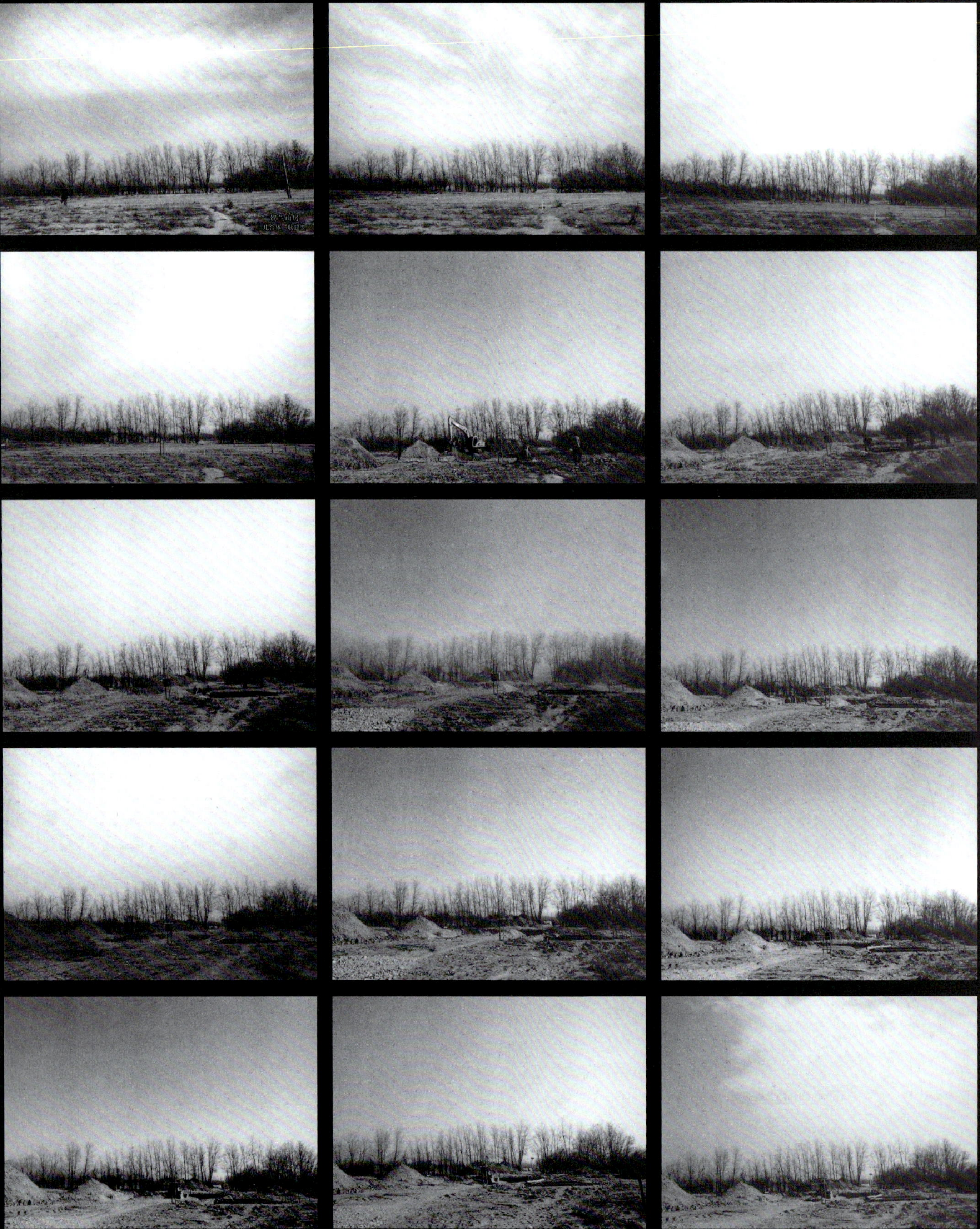

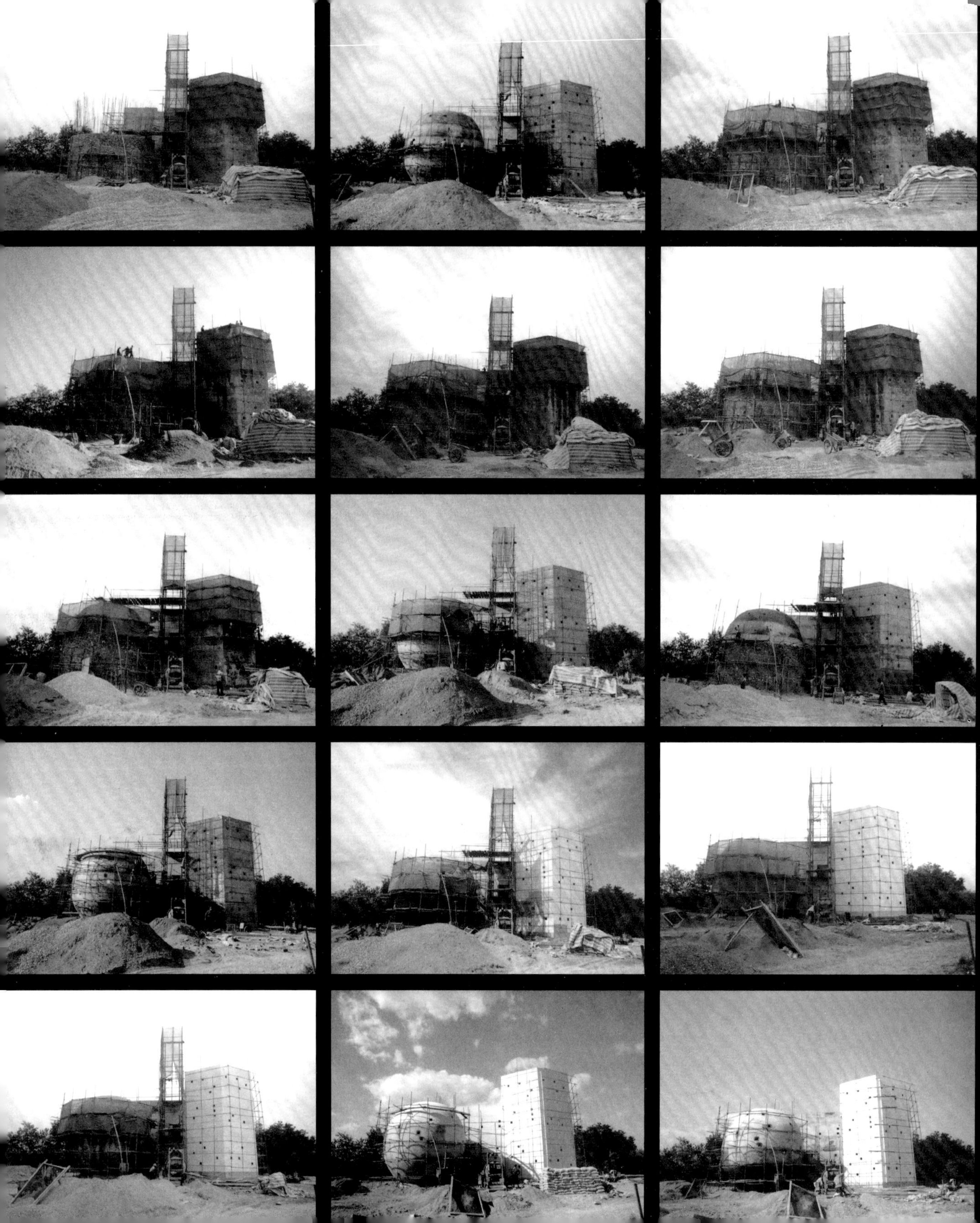

St.Golden House

10 金山房

GOLDEN-HOUSE

□毛同强

MAO   TONGQIANG

1989	第七届全国美术作品展，北京
1990	中国西部油画展，新加坡
	西北风艺术展，阿联酋
1991	西部风情画展，法国
1993	第八届全国美术作品展，北京
2000	成都双年展
2000	上河美术馆第二届学术邀请展，成都
2001	"死亡档案"毛同强—宋永平作品展，北京
2002	"不再边缘"影像展，银川
2002	广州三年展，广州
2003	第三届全国油画展

■金山房

建筑设计师：张红
银川市规划勘测设计院
主任工程师

毛同强：
贺兰山房之"金山房"
建筑设计思想

金山房，顾名思义就是建筑物要建在这个叫金山公社的地方。

围合式的建筑自古以来就在西北地区成为一种特殊的建筑方式。冬天可以挡住寒流和强烈的西北风，夏天又可遮挡住强烈的紫外线。从军事上来讲是易守难攻的，具有高度的安全意味。

选择这样一种方式，主要是想通过这样一种建筑的过程，满足我自己对西北地域性建筑文化在今天能否有效的修正与续延。因为它太有理由在今天依然具有生命了。

金山乡在贺兰山的脚下，远远望去除了一块块乌蓝色的巨大云块从你的头顶一直遮盖到山的背面，

脚下就是起伏的沙丘和戈壁。酸枣树上的尖刺会刺破你的衣裤，然后进到你的肉里。那时你不会有痛苦和烦恼，因为你看到了鲜红的酸枣。这个地方的城堡很多，都是围合式的建筑。先人们很聪慧地将自己居住的房子建成这个样子，厚厚的干打垒的墙体。夏天那高大的墙体挡住了强烈的阳光，深黑色的阴影下面和高温就没有多大的关系了；冬天里无论西北风是多么强大，你都可以在这围合的土城里安静地看着被黄沙抚来抹去的太阳是怎样从你的视线里消失，蓝天是怎样变成黄色的。在军事的概念中，这些建筑也是易守难攻的。银川过去是一个四方城，有西门、东门、南门和双城门。高大的城墙和很厚很结实的木制城门，阻挡了我儿时的脚步。我多少次历尽艰险地爬上城墙，在那高大的城墙上行走。然后翻到城的外面，在野湖里钓鱼。看到过来过去的马车和散落在沙石路上的马粪。那时的街

道和城墙现在都不存在了，没有留下一丝可以回忆的景物。这个城市也随同岁月从你的眼前丢失了，剩下新建的欧式建筑和依然生活在这里的人们。地域特有的文化气质也和这个城一样没有了。

我做的这个建筑说是设计，倒不如说实话，是完成一个旧梦——儿时的旧梦。因为那个旧城给我留下了不知多少可以回忆和现在想起来都感到亲切的一砖一木。我相信地域文化的续延和在今天的有效性。地域的气候和建筑材料及方式都决定了它必须是从这个土地上生长出来的。它是具有生命力的。当代人一定会以今天的思维方式去考虑它的价值和持有对它的修正态度。

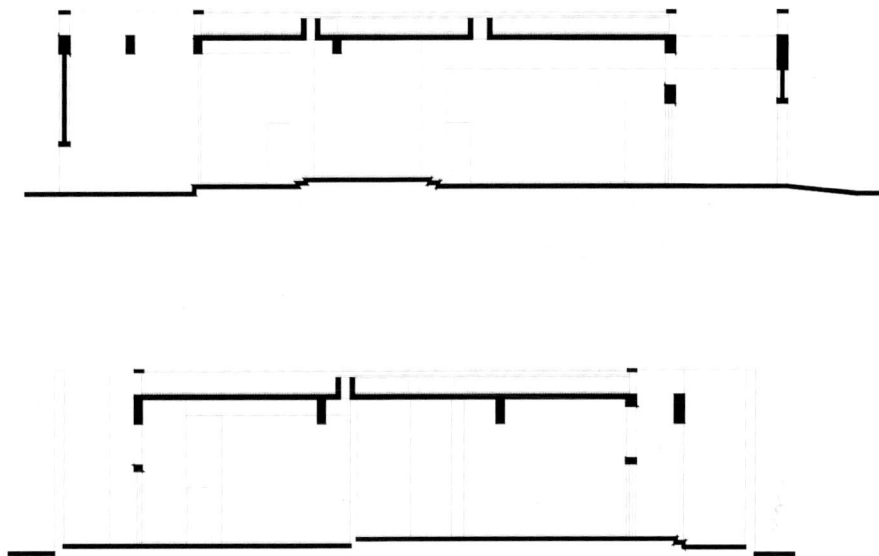

毛同强与意大利批评家
莫尼卡在贺兰山房地块

水之面.

Mao.Ji.a.
2003.12.

北之面.

Mao.J.a.
2003.12.

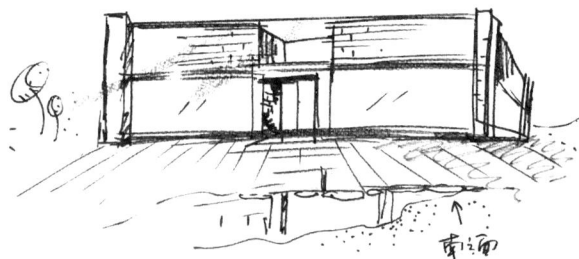

南之面

Mao.Tongxiang.
2003.12.

　　　　贺兰山房：艺术家的意志

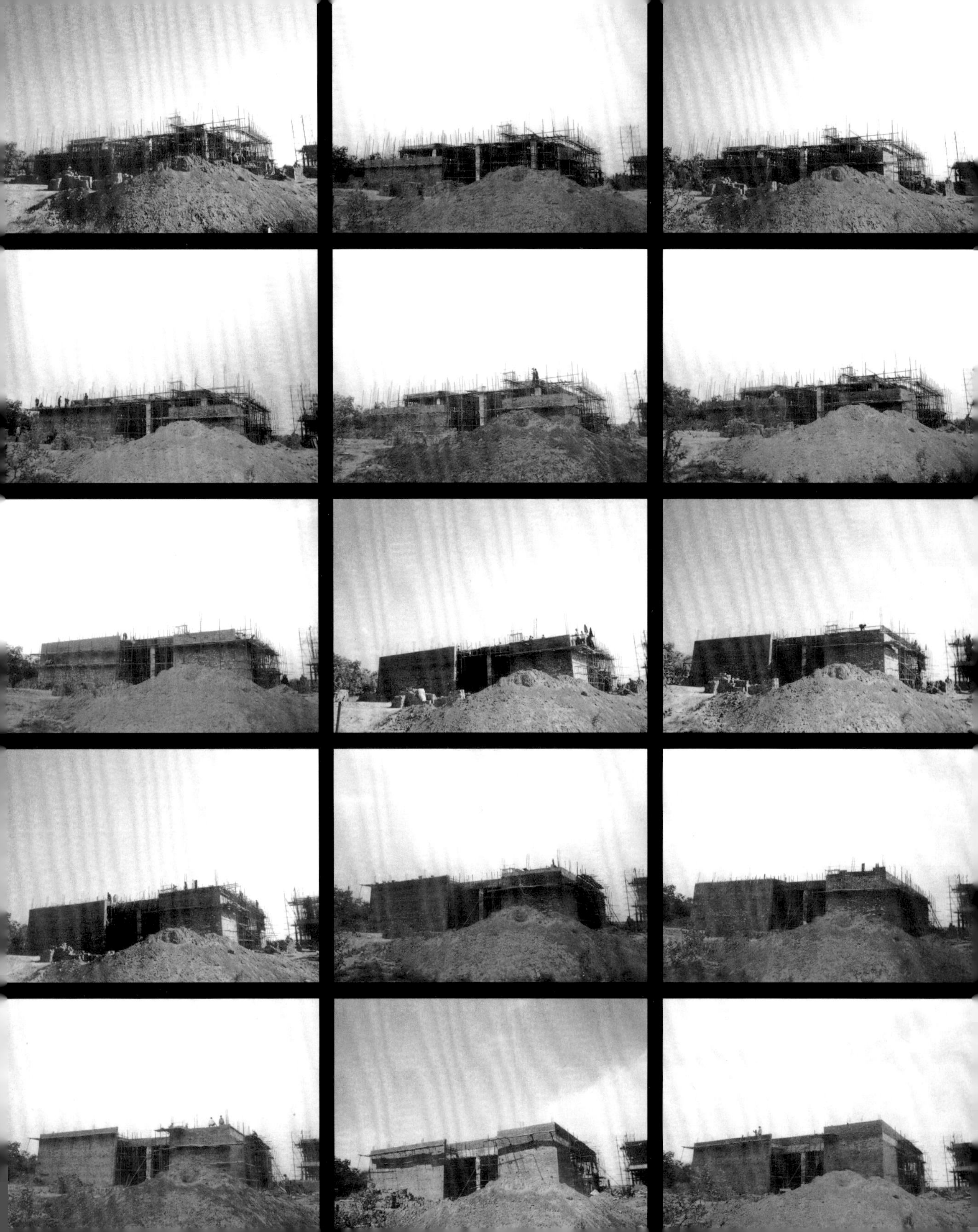

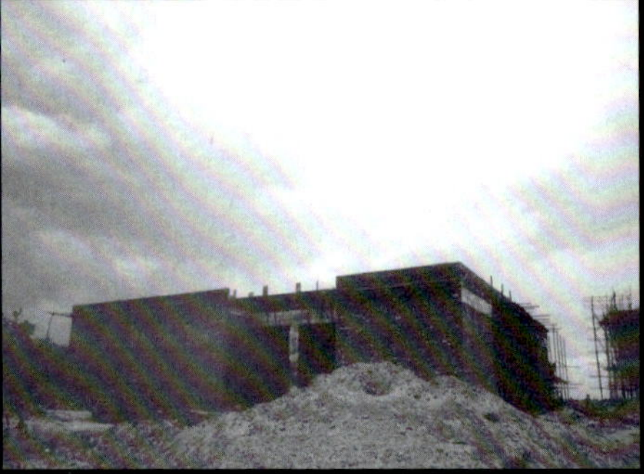
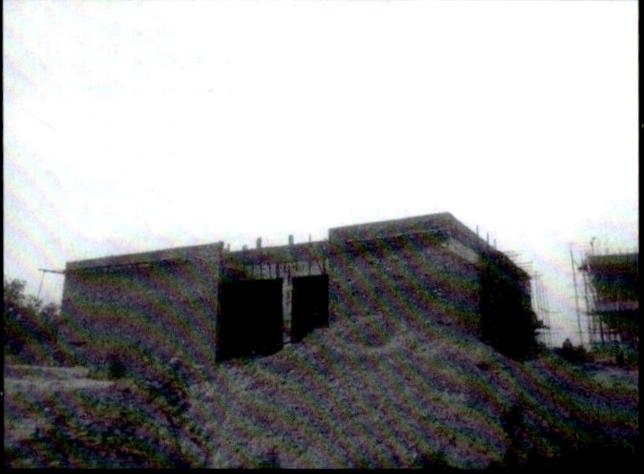
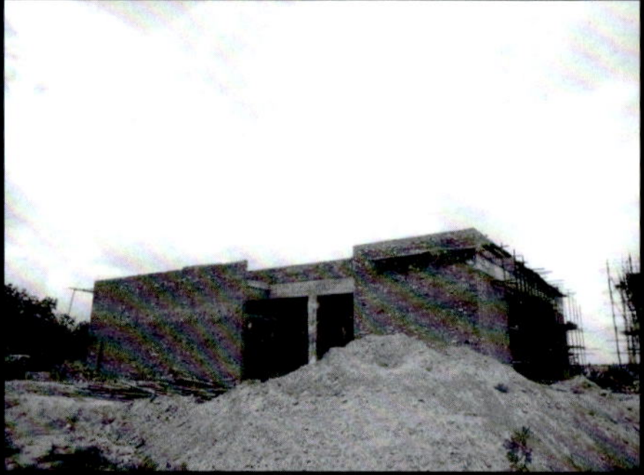
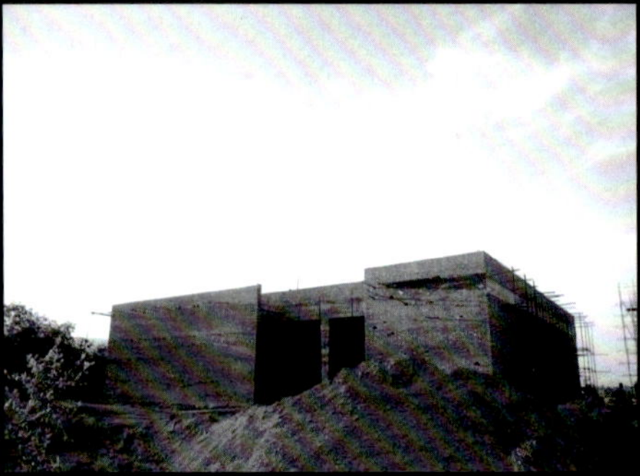
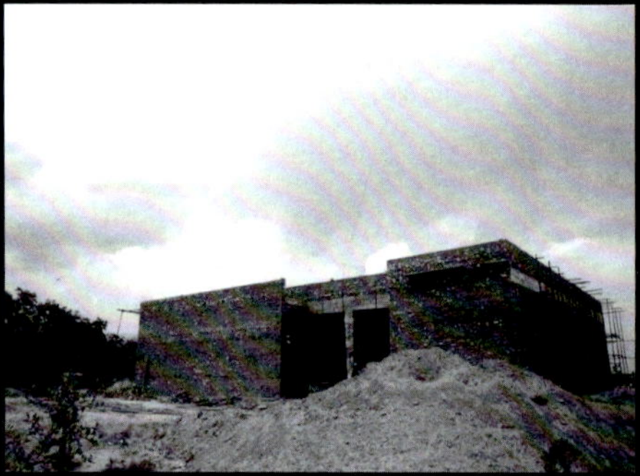
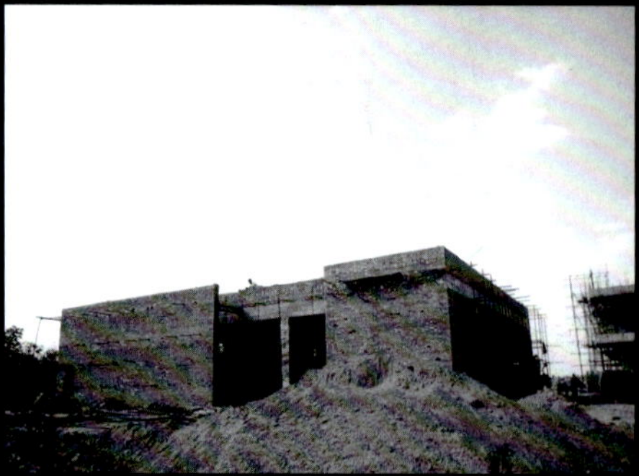
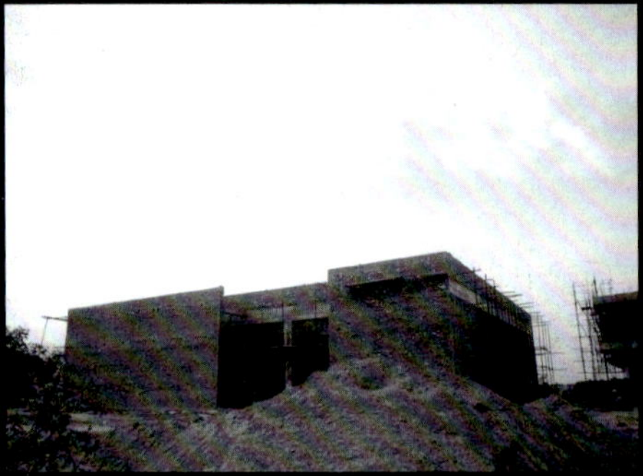
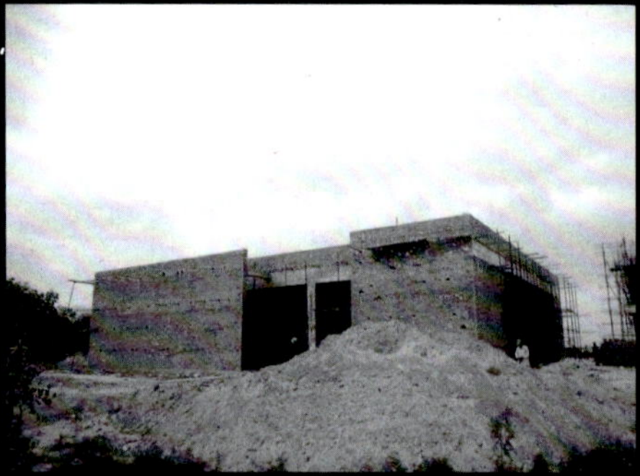
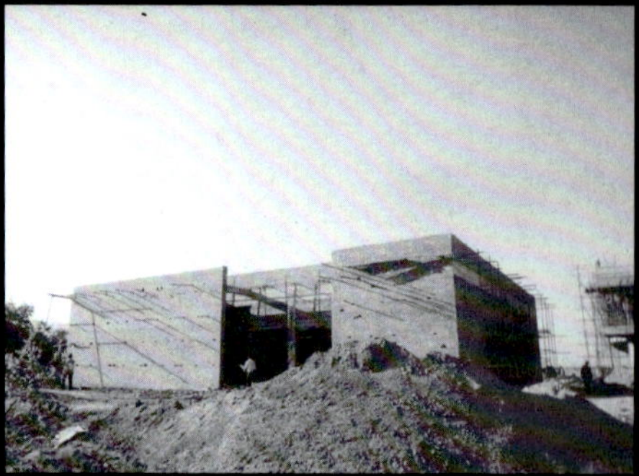
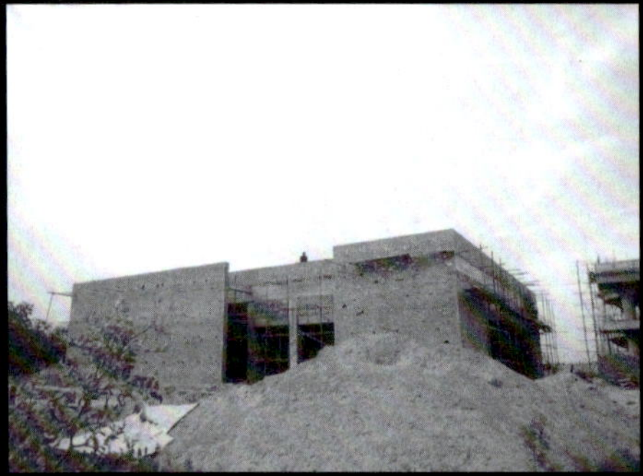
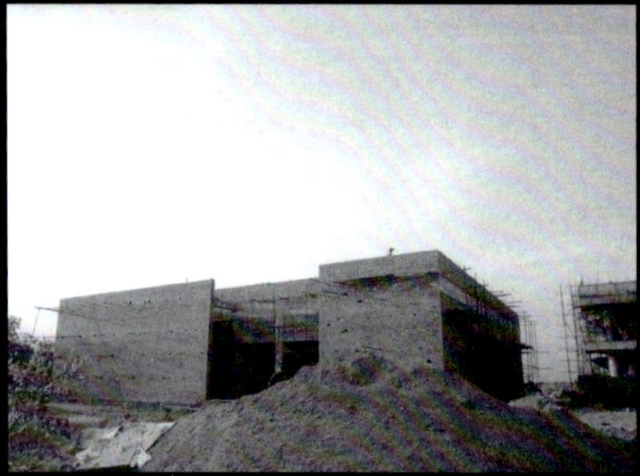
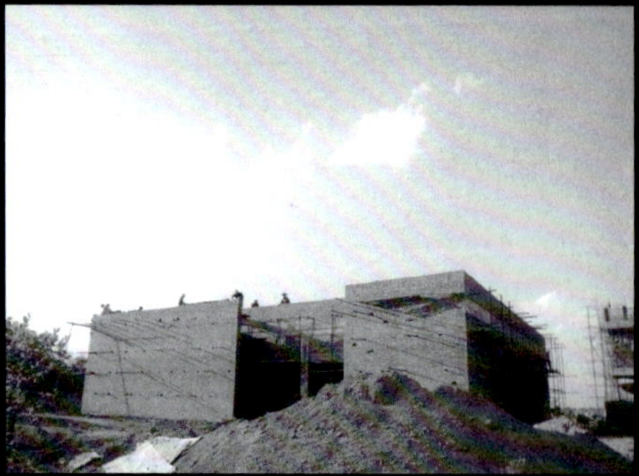
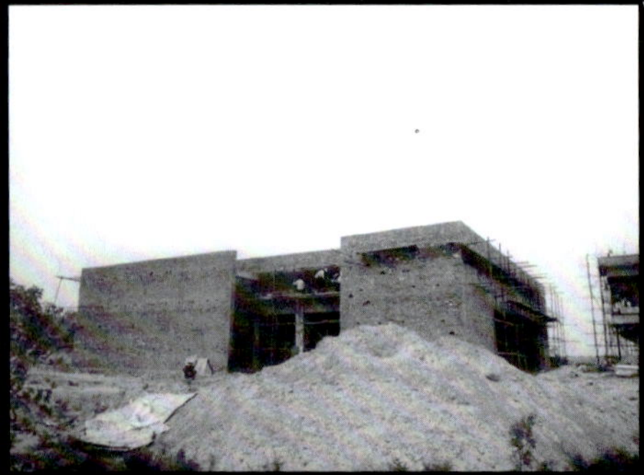
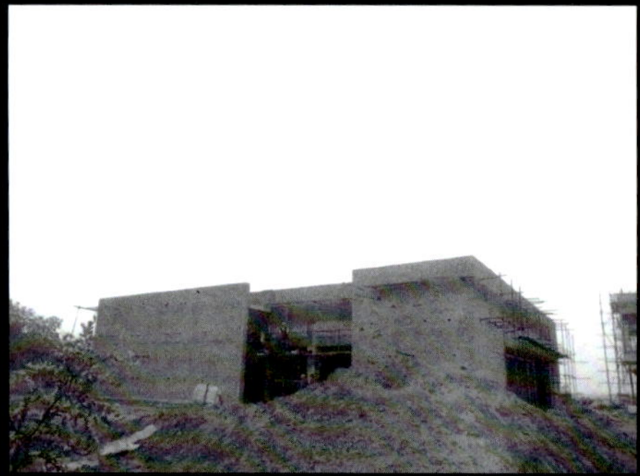
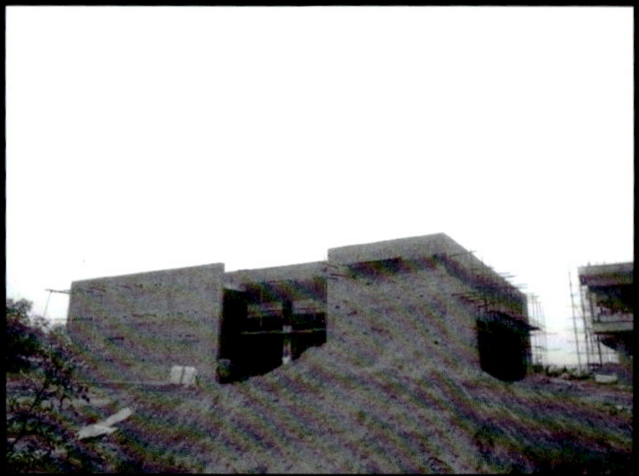

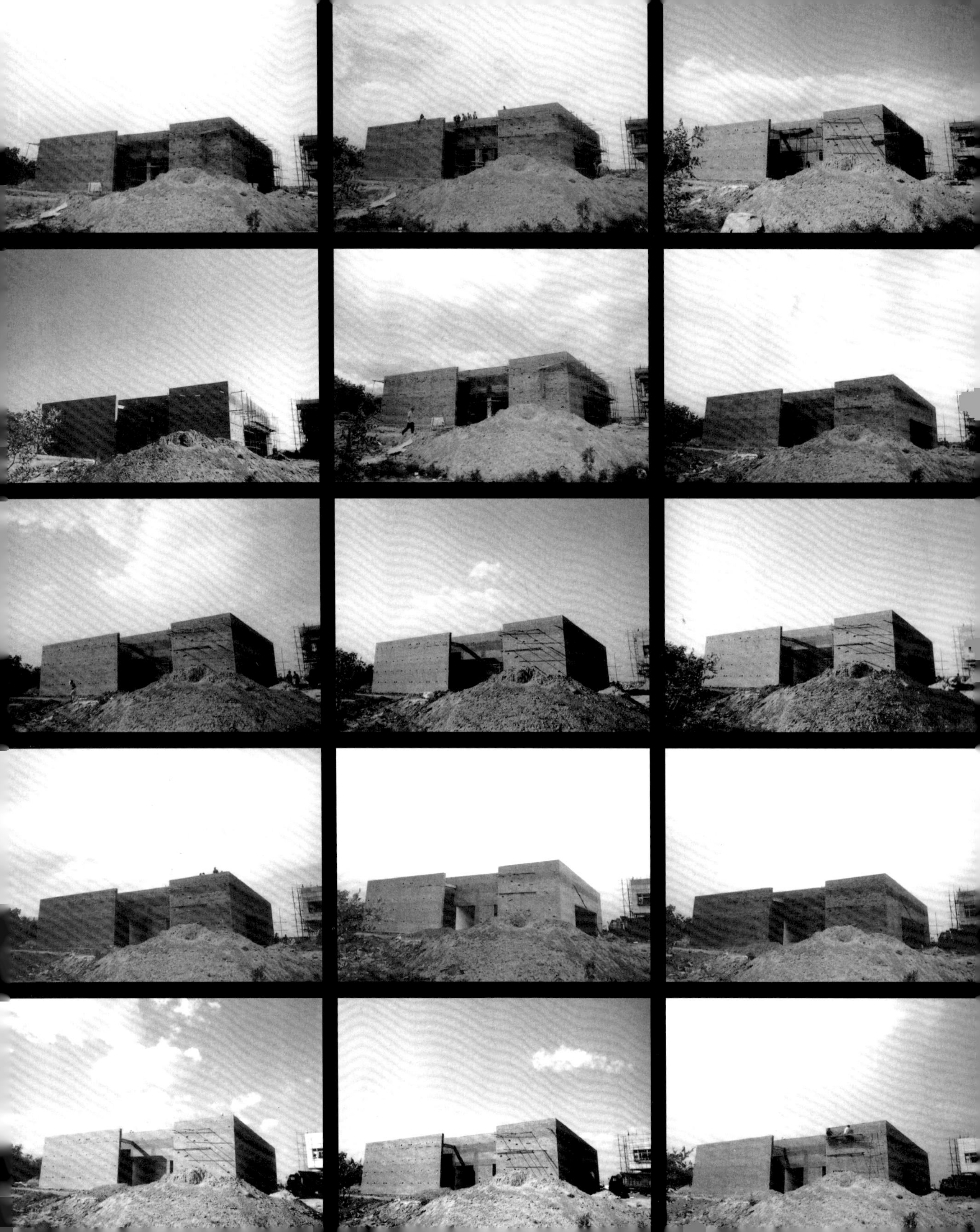

11 台邸别墅

BRIDGE-HOUSE

□丁　乙

DING YI

1962	生于中国上海
1983	毕业于上海市工艺美术学校
1990	毕业于上海大学美术学院
	现在上海市工艺美术学校执教
2001	获德国沃普斯威的艺术基金会工作奖学金

主要个展

2002　"丁乙十示系列"，Waldburger 画廊，
柏林，德国

2000　"丁乙——成品布上荧光"，
中国现代艺术文件仓库，北京，中国

1998　"十示'89—'98丁乙作品展"，
北京国际艺苑美术馆，中国

1997　"1997丁乙作品展"，上海美术馆，中国

1996　"15—红色"，香格纳画廊，上海，中国

1995　"丁乙纸本展"，西西里岛科米索Galleria-
digli Archi 画廊，意大利

1994　"丁乙纸本作品"，广州美术学院，中国"丁
乙抽象艺术展"，上海美术馆，中国

主要联展

2003　"不同的选择——上海60年代出生艺术家
作品邀请展"，上海半岛美术馆
"念珠与笔触"，北京东京艺术工程
"中国极多主义"，世纪坛艺术馆，
北京，中国
"新绘画"，艺博画廊，上海，中国
"节点——中国当代艺术的建筑实践展"，
上海联洋建筑博物馆，上海

■台邸别墅

张小岗，上海大学美术
学院建筑系副教授、上
海同奉规划设计有限公
司总经理，国家一级注
册建筑师

2002　"十字文化——原子"，奥地利昆士兰美术
馆，奥地利
"广州当代艺术三年展"，广东美术馆
"金色的收获"，萨格勒布当代艺术博物
馆，克罗地亚
"东＋西"，维也纳K/haus美术馆，
奥地利
"巴黎—北京"，Espace Pierre Cardin，
巴黎，法国
"首届中国艺术三年展"，广州艺术博物
院，广州，中国
"大象无形——当代华人抽象艺术展"，深
圳何香凝美术馆，广东美术馆
"24:30当代艺术交流展"，比翼画廊，上海
"抽象新世说——2002上海抽象艺术群体
展"，上海刘海粟美术馆，上海
"形而上2002"，上海美术馆，上海，中国
"两个上海抽象艺术家"，香格纳画廊，
上海
"能抓住老鼠的就是好猫"，Munkeruphus
画廊，丹麦

2001　"搜狐现代城的雕塑项目"，北京，中国
"生活在此时——中国当代艺术展"，
Hamburger Bahnhof 美术馆，
柏林，德国
"第一届横滨三年展"，横滨，日本
"OffTriennale"，留日广东会馆，
横滨，日本
"抽象与图案"，贝也勒博物馆，
巴塞尔，瑞士
"新形象：中国当代绘画二十年大型巡回
展"，北京中国美术馆、上海美术馆、四川
省美术馆、广东美术馆，中国
"新画廊落成展"，中国现代艺术文件仓
库，北京，中国
"形而上2001"，上海美术馆，上海，中国
"成都双年展"，成都现代艺术馆，
四川，中国

2000　"看外面，看里面"，密歇根州立大学东方
四边形艺术画廊，美国；
多伦多大学画廊，加拿大
"东亚的位置——中、日、韩现代艺术展"，
上海长宁文化艺术中心，上海，中国
"红色"，顶层画廊，上海，中国
"上海2000"，Walsh画廊，芝加哥，美国
"不合作方式"，东廊艺术画廊，
上海，中国

1999   "'99 年世界财富论坛——当代艺术展"，上海金茂大厦，上海，中国

"本世纪最后五分钟"，东廊艺术画廊，上海，中国

"中国现代艺术基金会藏品展"，根特市卡尔麦斯修道院，比利时

"看外面，看里面"，温尼伯 PlugIn 画廊，加拿大

"不是一个中国展览"，阿姆斯特丹 GateFoundation 画廊，荷兰

"新作品展"，中国现代艺术文献库，北京，中国

"'99 开启通道——首届收藏展"，沈阳东宇美术馆，沈阳，中国

"新上海抽象艺术展"，上海虹桥世家花园车库，上海，中国

"都市抽象"，上海大学美术学院艺术沙龙画廊，上海，中国

"三十届巴塞尔国际艺术博览会"，巴塞尔，瑞士

"玛亚双年展"，玛亚市论坛艺术中心，玛亚，葡萄牙

"概念—颜色—热情"，中国现代艺术文献库，北京，中国

"窥一斑而知全豹——小作品展"，上海香格纳画廊，上海，中国

1998   "Chinesen sehen alle gleich aus"，当代亚洲艺术画廊，柏林，德国

"江南中国现代艺术展"，Charles H.Scott 画廊，温哥华，加拿大

"蒙德里安在中国"，北京国际艺苑美术馆，上海图书馆，广东美术馆，中国

"11 届悉尼双年展"，悉尼现代艺术博物馆，澳大利亚

"八个中国艺术家"，Urs Meile画廊，瑞士"AAA, Anguillara Ad Arte"，罗马，意大利

"正在接近的大陆"，长乐路 13 号，上海，中国

1997   "来自中国的艺术"，Flanders Contemporary Art, Minnetonka，美国

"上海美术馆馆藏作品展"，仁川新世界美术馆，韩国

"上海艺术家作品展"，圣彼得堡美术家协会展厅，俄罗斯

"情结——中国"，上海美术馆，中国，上海

"中国现代艺术的断面"，庆州善载当代艺术博物馆，韩国

"中、日、韩现代艺术展"，大邱市艺术会馆，韩国

"中国抽象艺术二人展"，维也纳 Ursula Krinzing 画廊，奥地利

"回归展"，香港会议展览中心新翼，香港，中国

"当代艺术邀请展"，长宁文化艺术中心，上海，中国

"引号——中国现代艺术展"，新加坡艺术博物馆，新加坡

"中国！维也纳艺术家之屋"，奥地利；
华沙现代艺术馆，波兰；
柏林世界文化宫，德国

"无形的存在——抽象艺术展"，上海大学美术学院画廊，上海，中国

1996   "'96上海美术双年展"，上海美术馆，上海，中国

"中国！"波恩现代艺术博物馆，德国

"直接的艺术——国际沙龙展"，尼斯展览中心，法国

"上海首届国际传真艺术展"，上海华山美术学校画廊，上海，中国

"广州—上海—北京"，中央美术学院画廊，北京，中国

"中国抽象艺术三人展"，墨尔本 Michael Wardell 画廊，澳大利亚

"首届中国油画学会展"，中国美术馆，北京，中国

"今日中国"，不来梅德中心，德国

1995   "变化——中国现代艺术展"，哥德堡艺术博物馆，云雪平市立美术馆，瑞典

"中国新艺术 1990 — 1994"，温哥华市美术馆，加拿大；芝加哥艺术中心，美国

"留下他们的足迹——纸上三国作品展"，北京云峰画苑，中国；
墨尔本莫里迪恩画廊，澳大利亚

"来自中心的国家——1979年以来的中国前卫艺术展"，巴塞罗那圣莫尼卡艺术中心，西班牙

"金色的空气"，雷焦艾米利亚僧侣宫，意大利

"中国现代艺术在哥德学院"，北京哥德学院，中国

1994   "在中国"，慕尼黑 CarolJohnsson 画廊，德国

"1993—1994上海六人展"，ShanghART 画廊，上海，中国

"抽象艺术六人联展"，汉雅轩画廊，香港，中国

"1993 中国前卫艺术展"，柏林世界文化宫，海德舍尔姆美术馆，德国；鹿特丹美术馆，荷兰；牛津现代艺术博物馆，英国；奥丹斯市博郎兹·克雷德法布里克美术馆，丹麦

"'后89' 新艺术展"，香港艺术中心，香港，中国

"45 届威尼斯双年展"，威尼斯，意大利

"亚太地区当代艺术三年展"，昆士兰美术馆，澳大利亚

"上海现代艺术作品展"，横滨美术馆，日本

1991 — 1992   "中国艺术研究文献（资料）展"，北京、南京、重庆、东北，中国

"90 年代中国现代美术资料展"，东京 k 画廊，日本

1989	"中国现代艺术展"，中国美术馆，北京，中国
1988	"今日艺术作品展"，上海美术馆，上海，中国
1987	"美术馆新馆落成展"，上海美术馆，上海，中国
1986	"'86：凹凸展"，徐汇文化，上海，中国
	"上海首届青年美术作品大展"，上海美术家画廊，上海，中国
1985	"现代绘画六人展"，复旦大学，上海，中国

丁乙：
贺兰山房之"台邸别墅"
建筑设计思想

建筑并非仅为理想而设计，它是有目的地融合一系列基本素材的综合意志的营造活动，并暗示它存在的基础。

银川贺兰山房的基地特征是贺兰山传统的泄洪区域，要求设计的建筑物需从地面抬高一米，我希望能真正的抬起建筑，让建筑物搁在某种基础上，使一个层面的建筑体变成一个悬楼，既是形式上的相互对应的关系，又是互为重心的力学撑靠关系。三段横向平行的柱式水泥现浇梁体作支撑基点来搁置二段平行的厢式建筑体，使建筑物离开泄洪水位，并以层叠结构的楼阁概念来呈现"井"字型特征。

两段厢体建筑物的连接部分是过道，地面以及过道厅顶采用双层钢化玻璃的光廊来呼应内外景的关系，并在整体上呈"虚"的空间。

营造本身是一次重新描述环境、人文、比例、体量、人、呼吸、空间、尺度关系的机会，妥当的建筑应该是如同放置在自然界中经过精心筛选的一块石头，使建筑物能完全融入自然中。

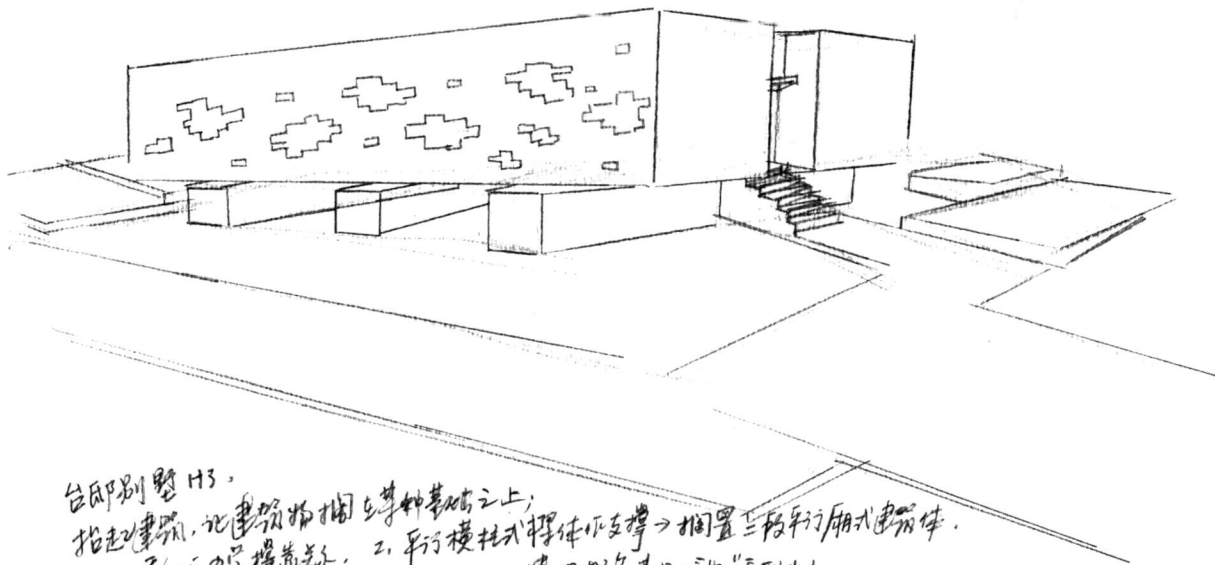

台邸别墅 H3.
抬起建筑，让建筑物搁上某种基础之上；
1.互为重心的力学撑靠关系，2.平行楼柱式梁体作支撑→搁置三段平行厢式建筑体.
3.离开传统泄洪水位，4.层叠结构而接用概念呈现"井"字型制.

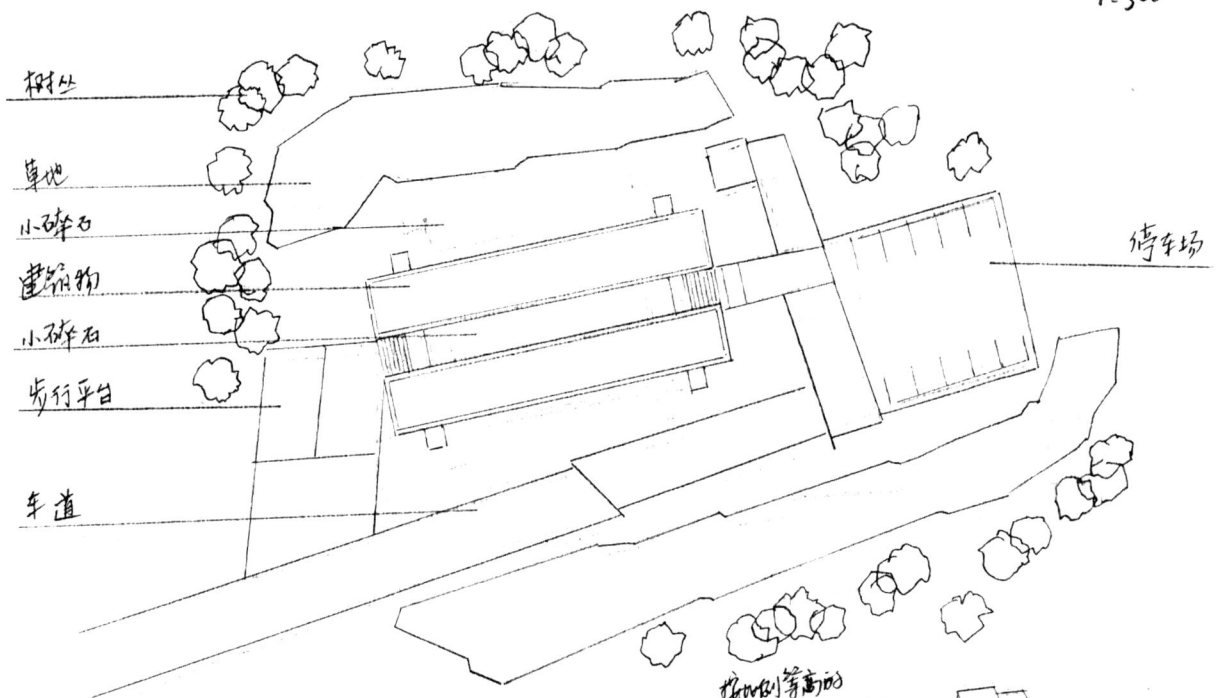

1=300

树丛

草地

小碎石

建筑物

小碎石

步行平台

车道

停车场

景观设计

○ 半围合道院包括车道、停车场及步行休闲区域，区分车道与行人休闲间的美感。

○ 草地铺设为几何与自然形态相结合。

○ 建筑周围小碎石铺设与周边地势景观形成相映景观。

红砖

抽砖式窗户

屋顶、地面玻璃

底部探柱水泥现浇

楼梯水泥现浇
步行平台水泥现浇

车道水泥现浇

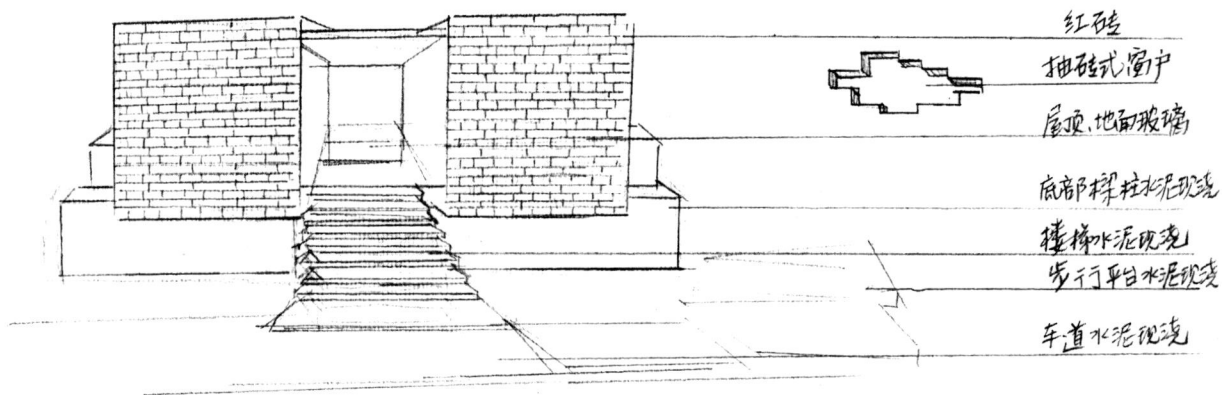

H3别墅为井型
结构
（台阶别墅）

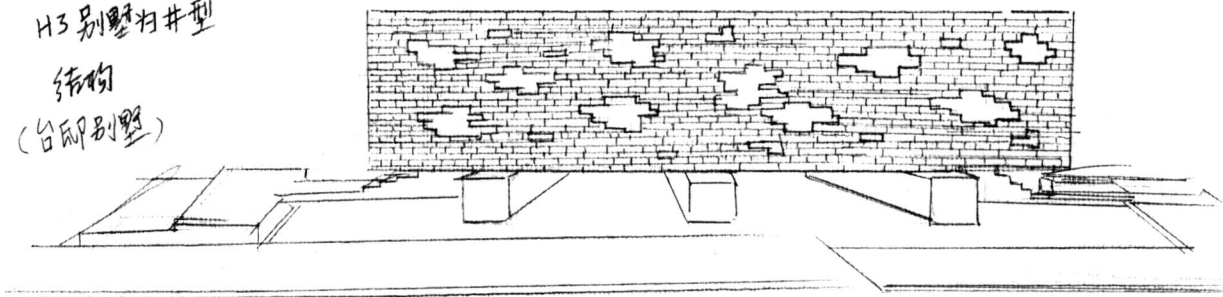

丁乙与工程部及施工单位工程师讨论图纸

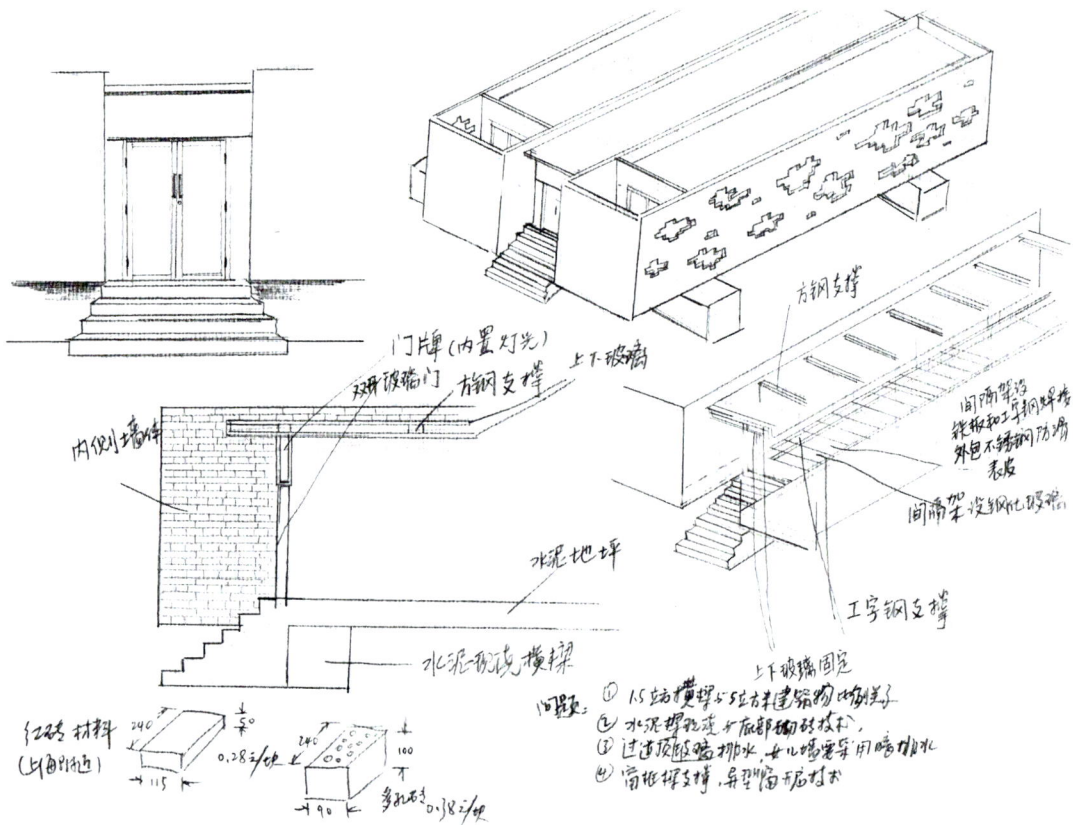

门牌(内置灯光)
双开玻璃门　方钢支撑　上下玻璃
内侧门墙体
方钢支撑
间隔架设
铁板和工字钢焊接
外包不锈钢防滑
表皮
间隔架设钢化玻璃
水泥地坪
工字钢支撑
水泥玻璃横梁
上下玻璃固定
红砖 材料
(比例对比)
240
115
0.28公斤/块
多孔砖 0.18公斤/块
240
90
100

问题：
① 1.5砼模块与5block方建筑物比例样子
② 水泥砼凝结与底部钢筋技术
③ 过道顶板暗排水，女儿墙遮导用暗排水
④ 窗框样支撑，异型窗玻璃材料

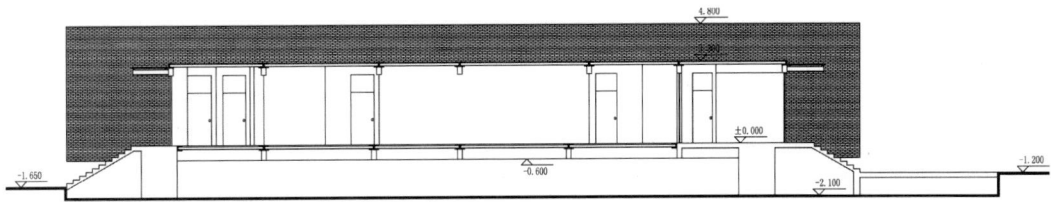

剖面图

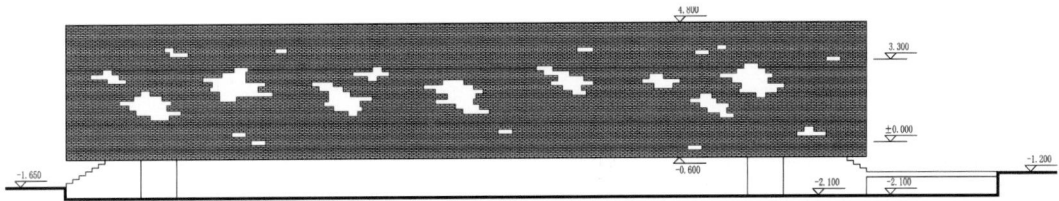

南立面

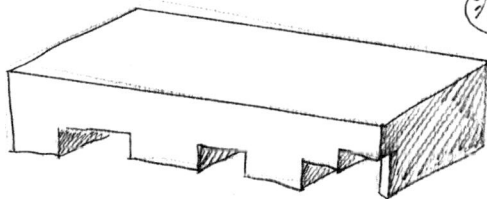

倒置样型，凹凸关系。

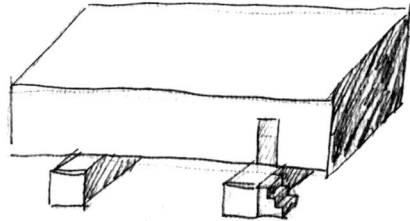

沙漠区域特点

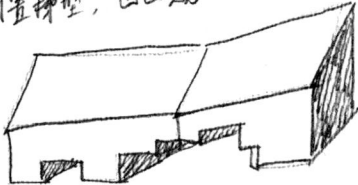

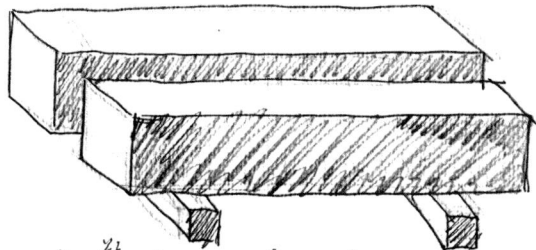

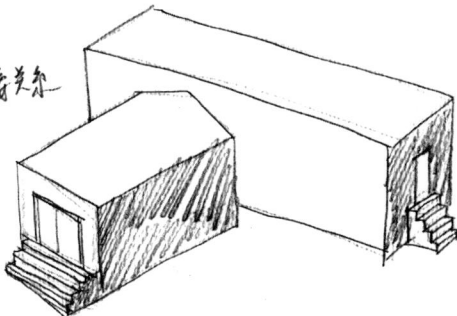

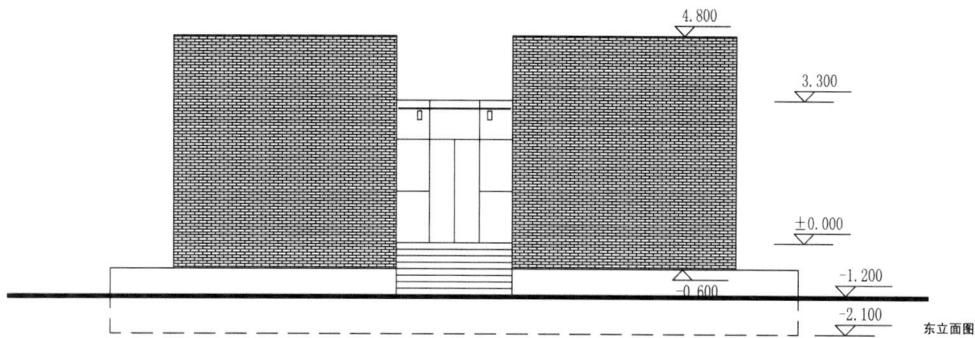

东立面图

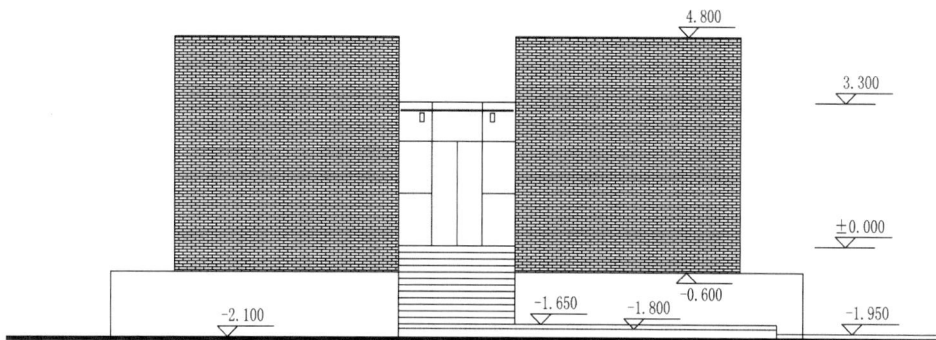

西立面图

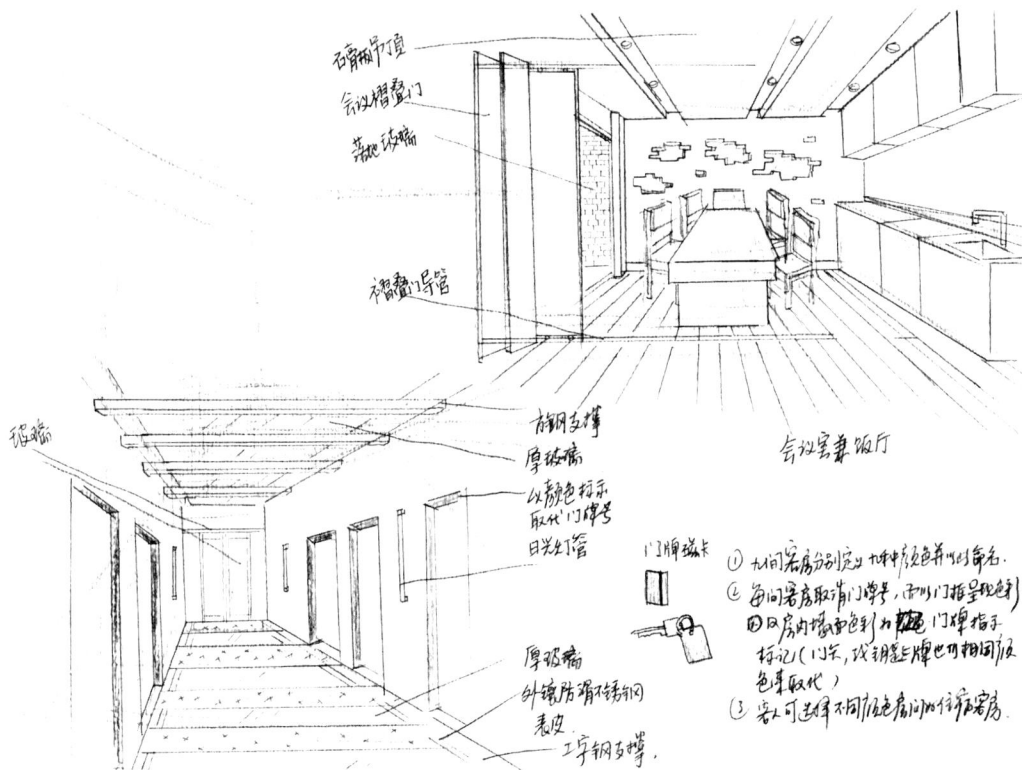

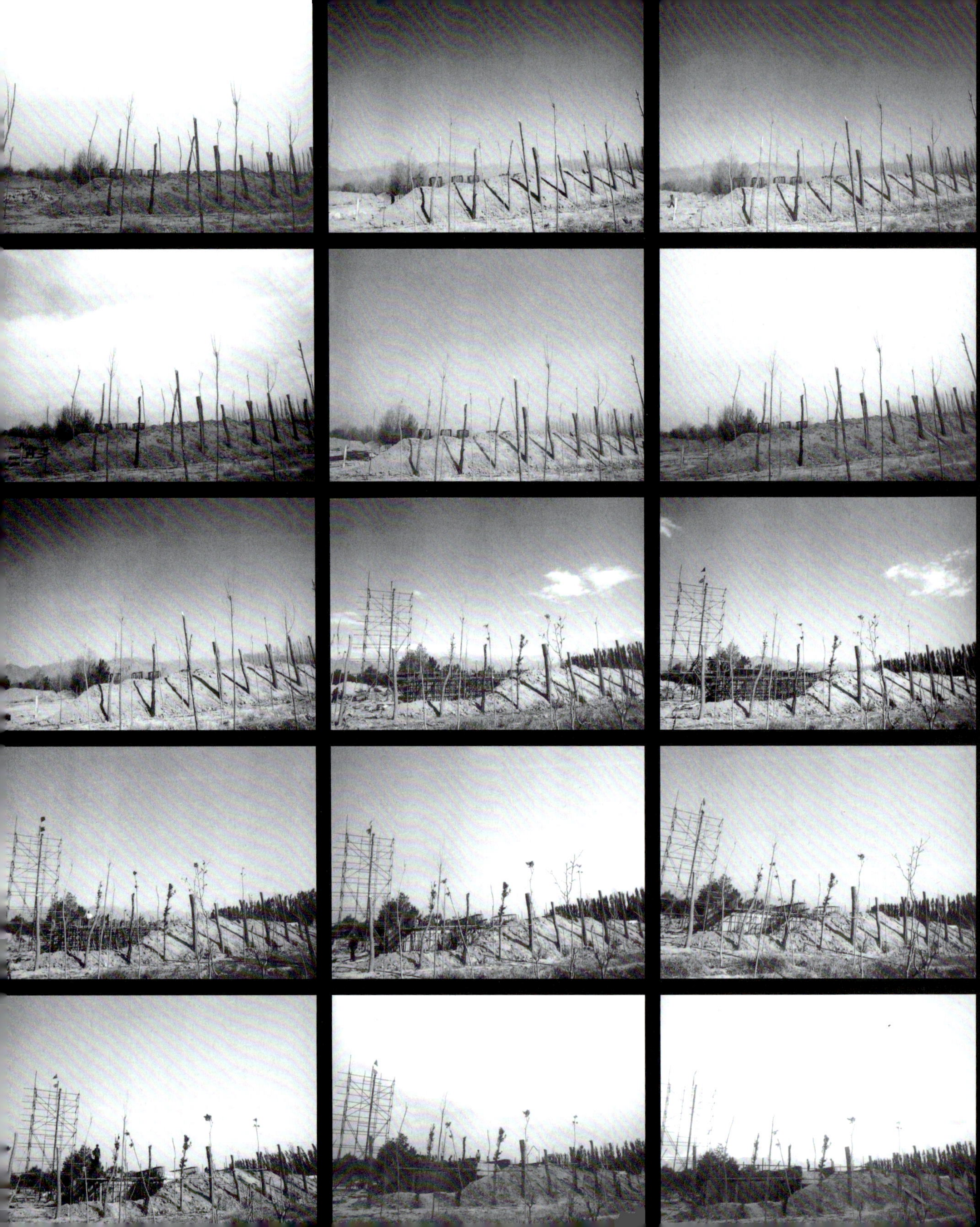

12 曲径闻风山房

A BUILDING ON THE MOUNTAIN HAVE A MAZE AND FLYING WIND

□洪 磊

HONG LEI

1960	生于江苏常州
1987	毕业于南京艺术学院
1993	于中央美术学院学习版画 现居常州

主要展览

2003　"洪磊的江南叙述"，纽约，美国
　　　"阿尔勒国际摄影节"，阿尔勒，法国
　　　"蓬皮杜中国当代艺术展"，巴黎，法国
　　　"中国当代摄影展"，阿湖斯，丹麦
　　　"奇妙天堂——当代中国摄影展"，
　　　布拉格，捷克

2002　"中国肌理——洪磊艺术作品展"，上海，
　　　北京，中国
　　　"新亚洲的未来"，汉城，韩国
　　　"平遥国际摄影节"，平遥，中国
　　　"对话凄艳"中国；西班牙摄影展，
　　　北京，中国

2001　"艺术文件仓库新馆开幕展"，北京，中国
　　　"那尔顿国际摄影节"，那尔顿，荷兰

"柏林艺术博览会"，柏林，德国
"面对矛盾——当代摄影和录像在北京"，
赫尔辛基，芬兰
"错觉时态——今天中国摄影和录像展"，
纽约，美国

2000　"太阳从东方升起——今日亚洲艺术潮
　　　流"，阿尔勒国际摄影节，阿尔勒，法国
　　　"来自身体内部——中国当代摄影和录
　　　像"，纽约，美国

1999　"柏林艺术博览会"，柏林，德国
　　　"面对矛盾——当代摄影和录像在北京"，
　　　赫尔辛基，芬兰
　　　"错觉时态——今天中国摄影和录像展"，
　　　纽约，美国

1999　"创新（一）艺术文件仓库"，北京，中国
　　　"现代中国艺术基金会"，根特，比利时
　　　"爱：中国当代摄影和录像——立川国际
　　　艺术节"，东京，日本

1998　"影像志异——中国新观念摄影艺术展"，
　　　上海，中国

1997　"新影像——观念摄影"，北京，中国

1993　"形而上诗学——洪磊艺术作品展"，
　　　北京、南京，中国

1992　"广州现代艺术双年展"，广州，中国

■曲径闻风山房

建筑工程师：伏元坤
结构工程师：陆飞

洪磊：
贺兰山房之"曲径闻风山房"
建筑设计思想

实际上设计一所房子就是一次精神还乡，所以我几乎是在半梦半醒之时分游走我的房子，我记得首先是行走在走廊，然后来到院落……而且每一个角落都伴着儿时的记忆。

进入这个建筑首先是一个近似天井的小院，院不大，地面铺着间方图案的清水黑砖，西北角落有一棵枣树做着孤独的样子，树后有一面玻璃映衬。向东有一排板式立柱并有玻璃门窗阻隔；推门入室内，是一间敞开的厨房和餐厅，也是一个小憩之隅。灶台处有一线横窗，面南有一扇大窗，屋内明暗有致。稍作休息向内一转便是一通透明的玻璃走廊，玻璃走廊由钢架构成，玲珑剔透，透明的玻璃走道下能看见脚下潺潺的流水，举目四望可观室外的蛮荒气息，还可查看此建筑群落的外观，这个建筑造型

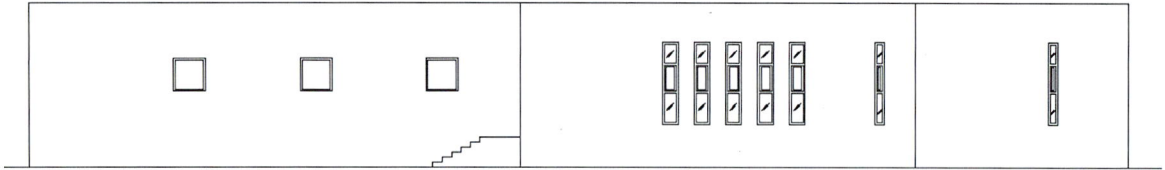

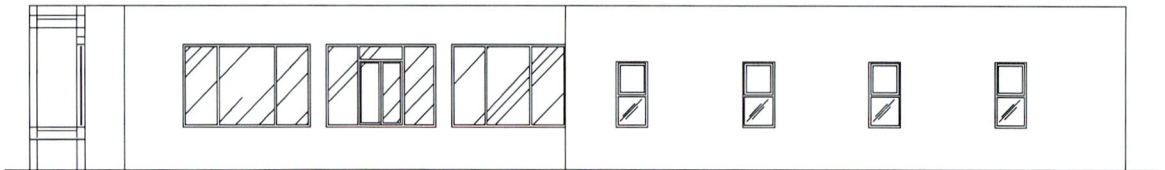

贺兰山房：艺术家的意志

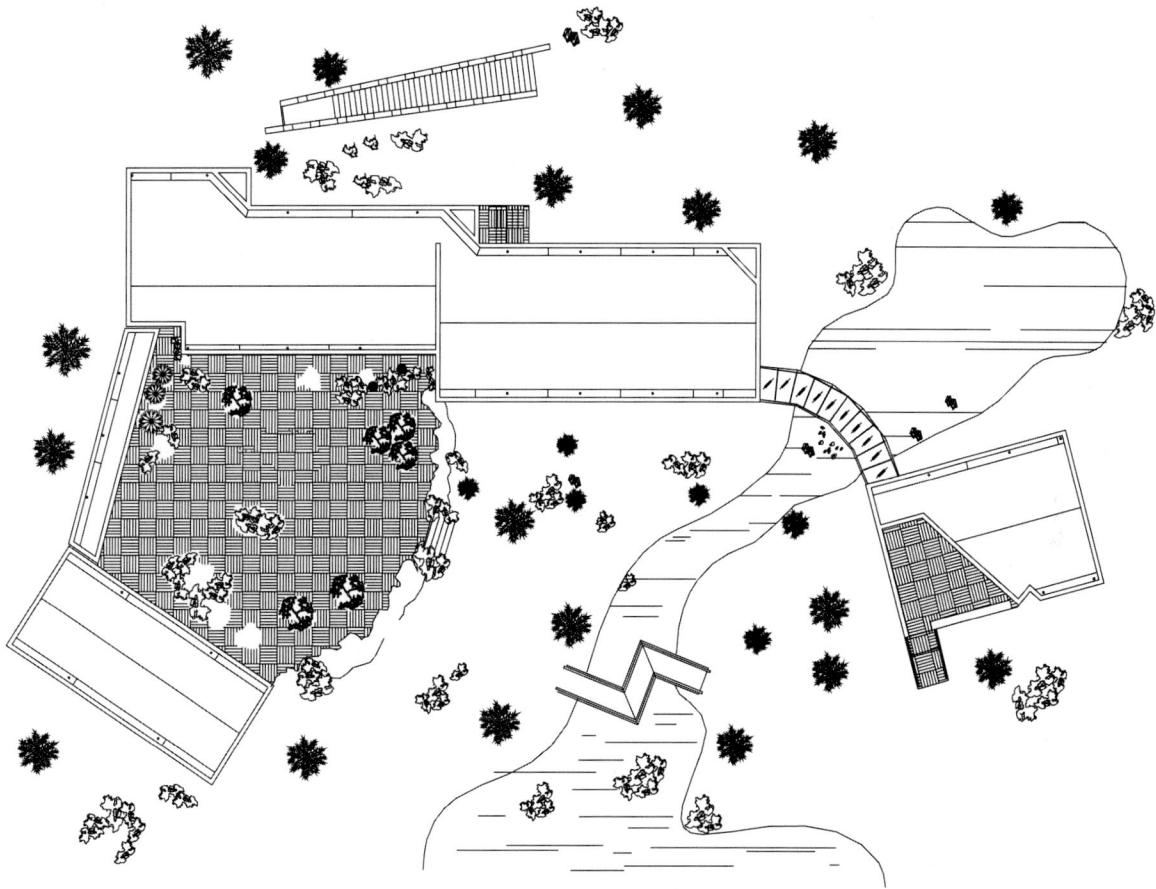

的形态是袭用西北回民的平顶住房的式样，这也巧合了极简主义的样式，所以它的颜色是白色的。在这里传统的风水理念得以运用，所谓风水，即风和水与人的关系。贺兰山房地处塞北贺兰山麓东，风沙频繁，温差悬殊，春夏短，秋冬长，当地民居建筑墙厚，窗小，背阴朝风的方向一般不开窗。这样的建筑形态，正是千百年来当地人经验积累的风水理念。这个方案严格遵循了这样的理念，在建筑外观造型上没有任何的装饰，而且极端朴实。紧接着就迈进迷宫般的长廊，行至数十步便是一拐角，这里也是一个天井，有一株胡杨树矗立，又一束天光

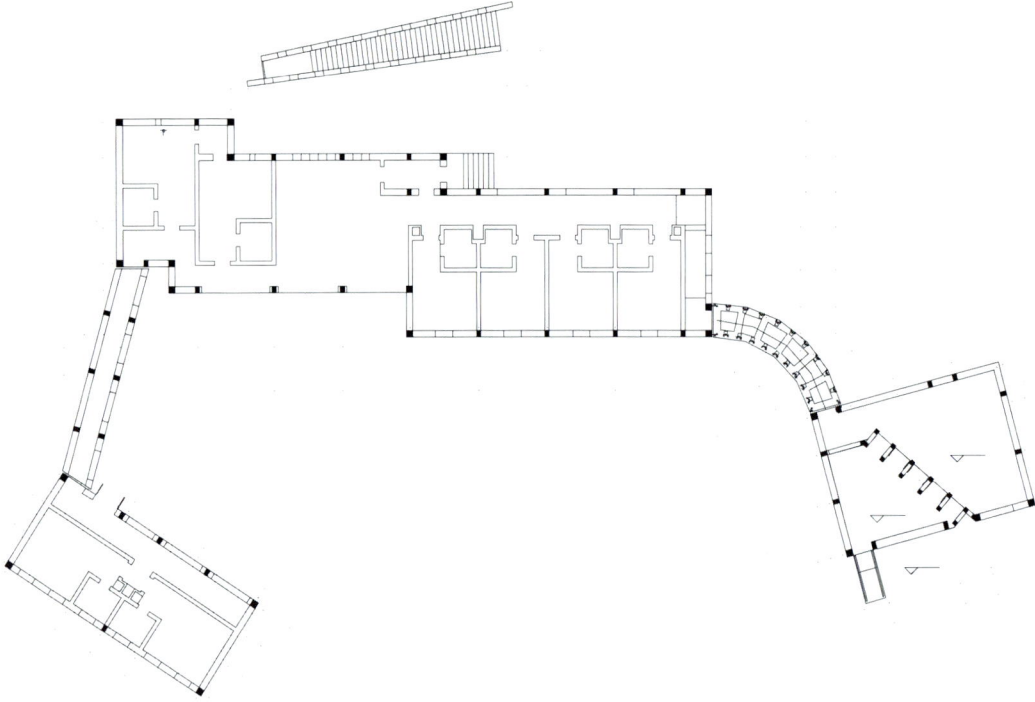

贺兰山房：艺术家的意志

洪磊、何多苓
在贺兰山房奠基仪式上

洒下；左拐是一条漫长的走廊，北窗有光透进，忽明忽暗恍若梦游。所以，我的这个方案，事实上是一个造园的方案，只是江南的私家开放式的花园不适合塞北，只能将走廊全部置于室内，让置于室内的走廊展演时间；于建筑之中，时间便是主题。因为有了时间，空间得以慢慢展演；因为有了时间，光影开始移动；因为博尔赫斯的那部《交叉小径的花园》，还因为芝诺的运动悖论。所以走廊也就是这个方案的主题，走廊的曲折是一种设计出来的心灵静思的体验，窗洞之间的距离以及尺度是对神秘的光在恍若梦中那忽明忽暗的节奏的描写。走廊左侧是四间双人房，为了不让建筑本身单调乏味，便让双人房、单人房、三人房单体分开，形成建筑群，并用走廊相互串联，由此让空间游走，仿佛进入迷宫。

走廊尽头是一堵江南黑瓦镂窗粉墙，沿墙左拐再右拐，便豁然开朗的是一休闲娱乐大厅，这里可走出南面室外一个敞开面向东南的院落，铺着清水黑砖，散落地伏卧着一些贺兰山野石，又有几株松柏挺立，还有几棵桃树，春天可以绚烂盛开。北窗外有一堵高达八米的观山台(观山台造型仿古西夏建筑的部分元素，可从天井外出登台远望贺兰山脉。观山台立于建筑北面，可挡北风，可折射阳光给予休闲娱乐大厅)。如若再往内走，到达两间单人房，然后便可来到碑廊，廊内有四扇落地窗，又可看见那敞开的怡人院落。廊内还有我利用古碑艺术而做的八块观念艺术作品，再往前行则可达三人房。此方案设计，立意于游走冥想，多采摘江南古园林的造园法则，倾注了禅宗臆想，建筑不求奢华，目的在于静思无为。

唐人常建有诗云："清晨入古寺，初日照高林。曲径通幽处，禅房花木深。山光悦鸟性，潭影空人心。万籁此俱寂，惟闻钟磬音。"此处难能听得"钟磬音"，却能日夜听风声，故此建筑取名"曲径闻风山房"。

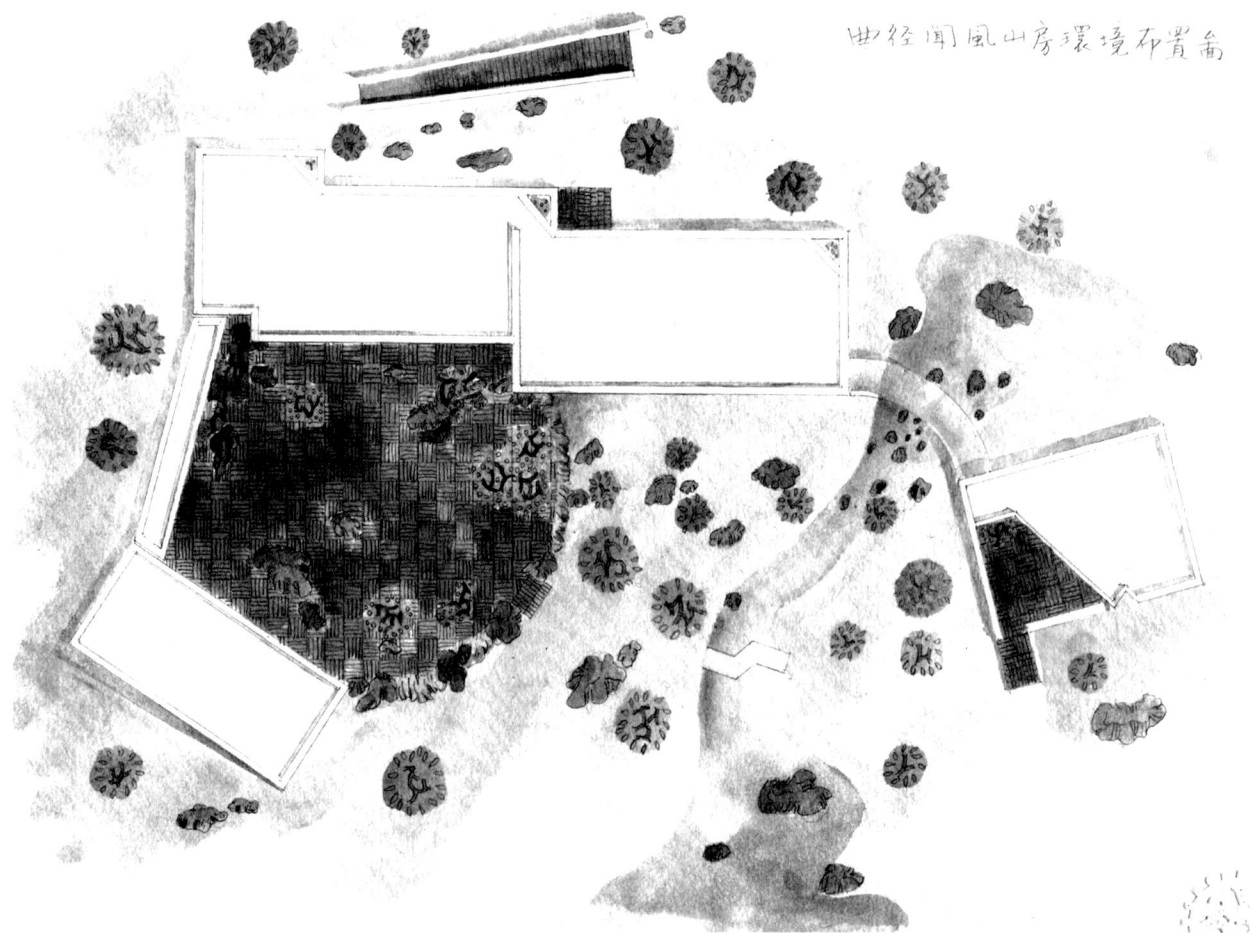

曲径闻风山房环境布置备

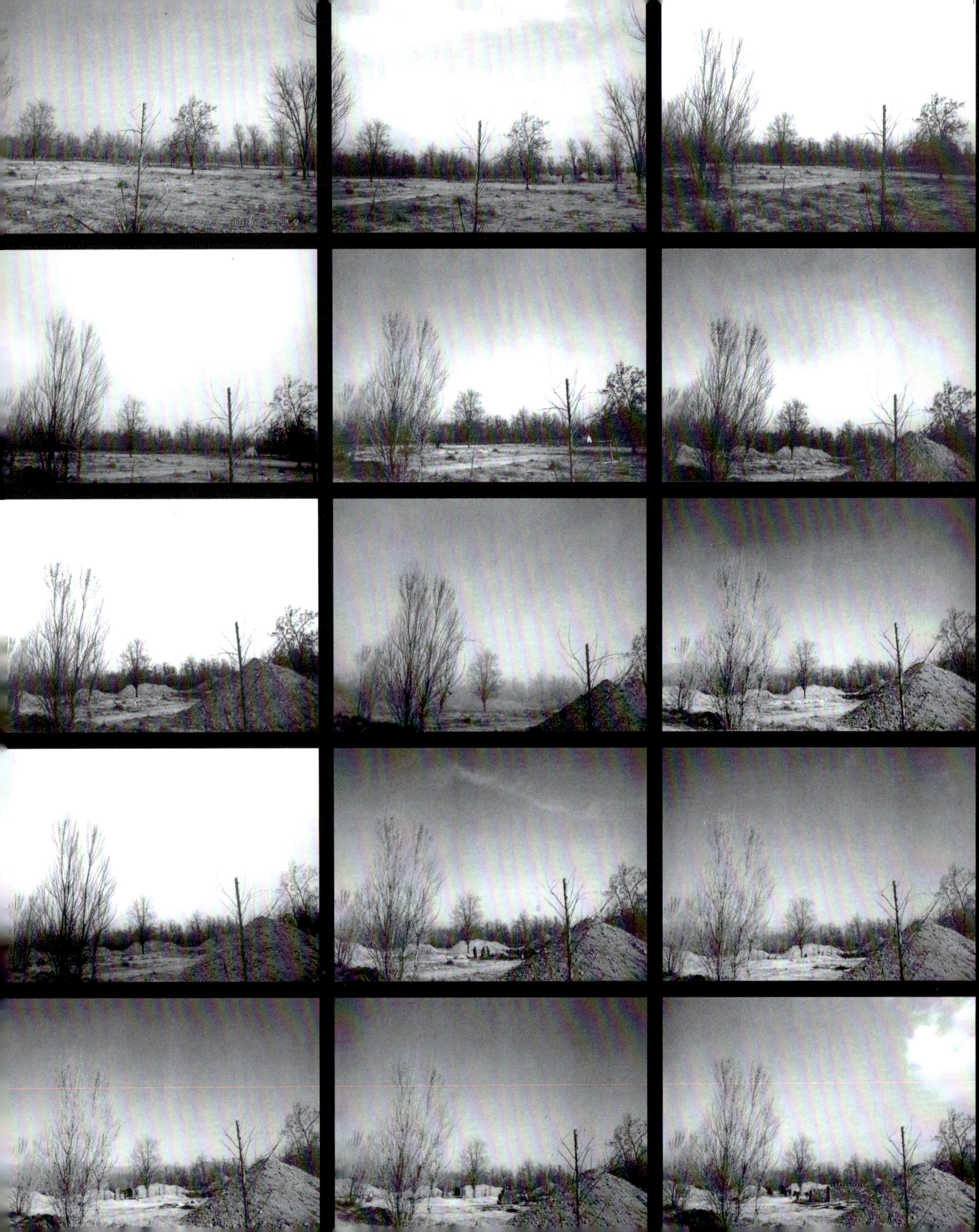

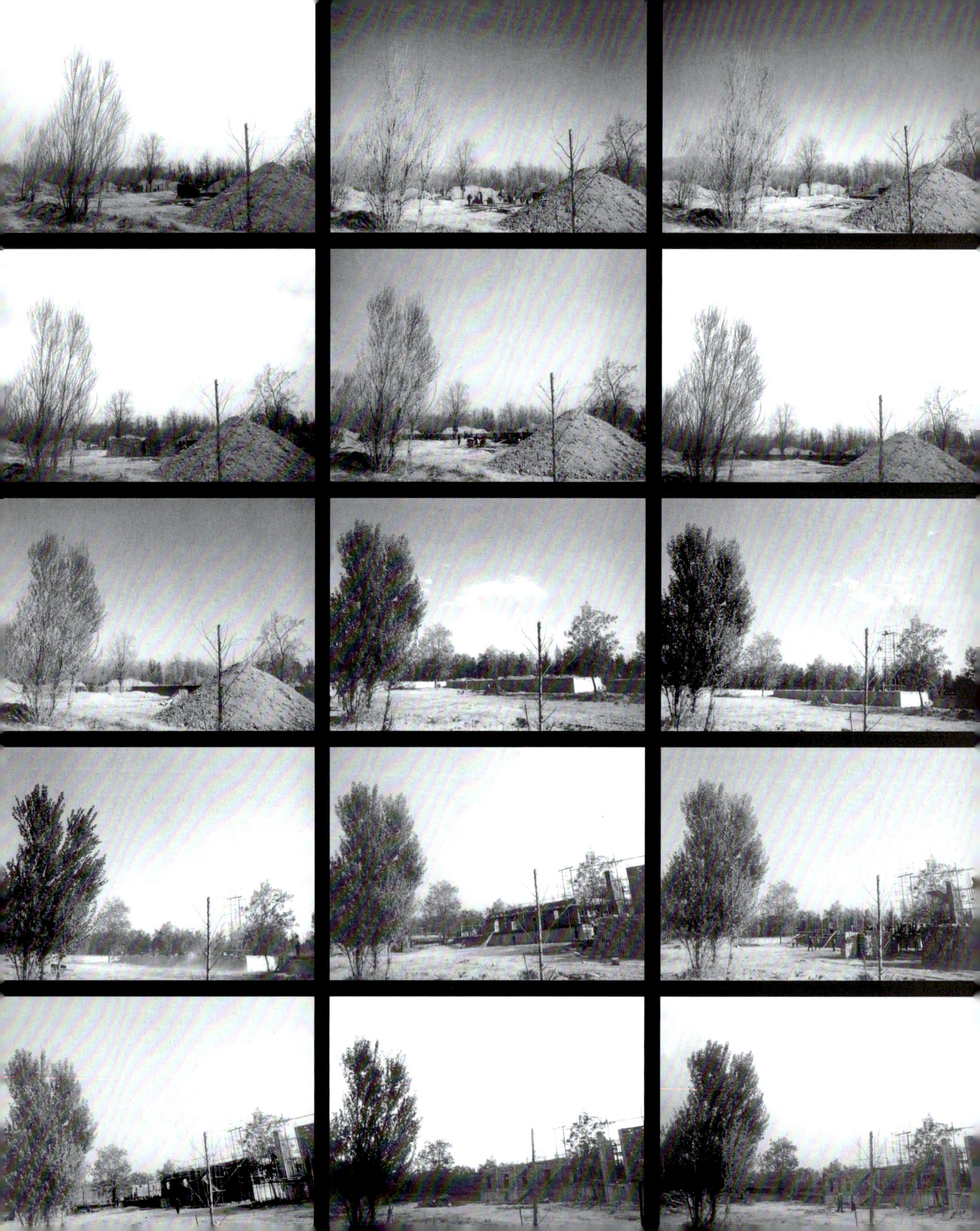

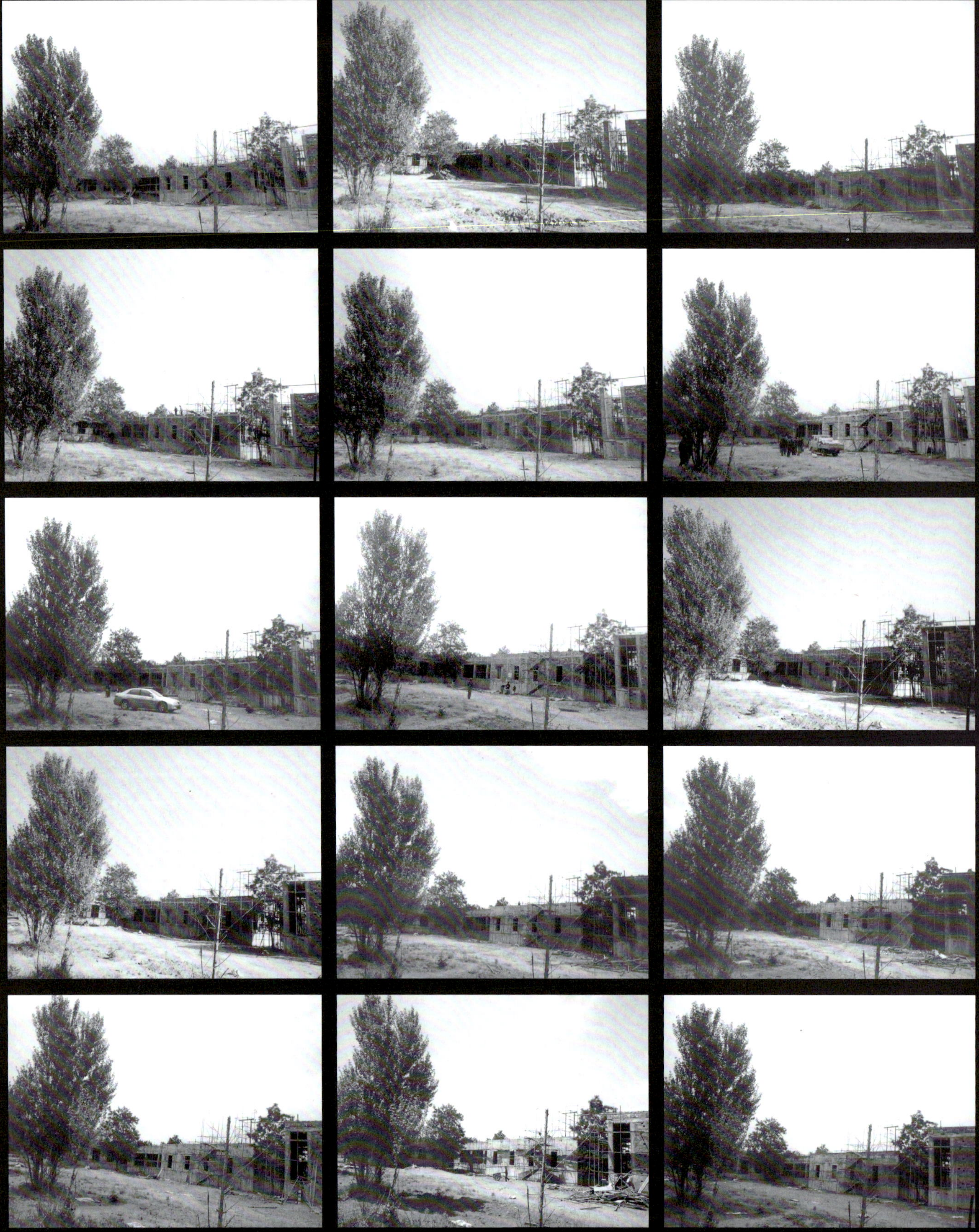

Part 3　第三部分

观点与评论

1

建筑新阶段

王明贤
艺术批评家

中国当代建筑近几年有了迅速的发展，一改原来国营设计院体制下千篇一律的建筑模式，出现了新的气象。有意思的是艺术家介入建筑界的活动，十二位艺术家设计了贺兰山房的十二幢建筑，让人感到当代艺术的力量。这些艺术家对建筑界的影响，不禁使人想到外国建筑师对中国建筑界的冲击。比如2008年北京奥运会一系列体育场馆的建设，使北京建筑发展进入一个新的高潮，在国际建筑界非常活跃的赫佐格和德默隆设计的奥运会国家主体育场"鸟巢"方案是高潮的标志。"鸟巢"和库哈斯设计的中央电视台新总部大楼，同时又成为人们关注与争论的焦点。各种争论很有意思，让我想起马尔克斯《百年孤独》中的一段话，不妨摘录如下：

巨人揭开盖子，箱子里就冒出一股刺骨的寒气。箱子里只有一大块透明的东西，这玩意儿中间有无数白色的细针，傍晚的霞光照到这些细针，细针上面就出现了许多五颜六色的星星。

霍阿布恩茂亚感到大惑不解，但他知道孩子们等着他立即解释，便大胆地嘟囔说："这是世界上最大的钻石。"

"不，"吉卜赛巨人纠正他，"这是冰块。"

我们把那些意想不到的建筑，有时看做钻石，有时看做冰块。看法如何，倒没关系，但它至少表明中国建筑出现了新的因素，人们有了一个在新的背景下讨论建筑的氛围。我们不一定局限在对一些具体建筑的评价，而应当关注这样一个建筑的发展过程，才能发现真正的问题。温故而知新，从中国近代建筑发展的历史和中国近代建筑被认识的历史，或许能看到过程的意义。1985年8月，汪坦教授主持召开"中国近代建筑史研究座谈会"，人们才开始注意到中国近代建筑史研究的重要性。在今天的历史环境里，近代建筑与当年的作者和读者有了距离，却与当代人对话产生了新的意义。正如海德格尔所说："意义是理解的'根据'。某事物作为某物因此而变得可知；它从前见、前有、前设中获得它的结构。"（见《意义的探究——现代西方释义学》，第153页）存在的历史性决定理解的历史性。事物只是在为我所用时同我发生关系，其意义才被揭示出来。伽

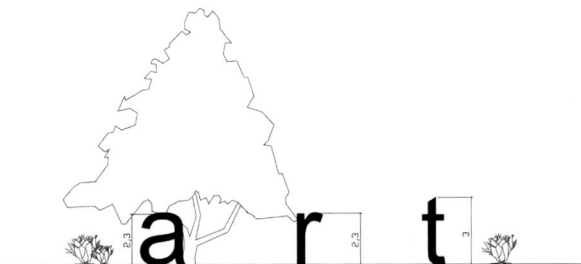

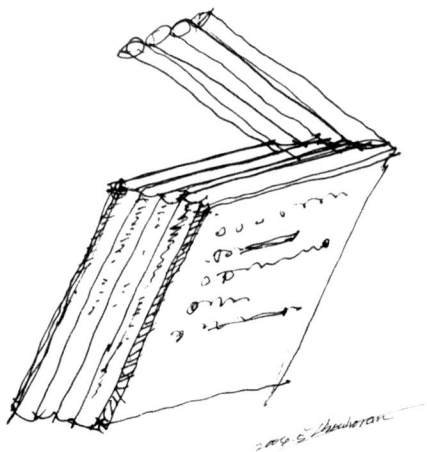

达默尔认为："人类生活的历史运动在于这个事实，即它绝不会束缚于任何一个观点，因此，绝不可能有真正封闭的视界。倒不如说，视界是我们悠游于其中，随我们而移动的东西。"（伽达默尔《真理与方法》，第271页）对近代建筑理解的变化的关键在于视界是一个不断形成的过程。

由于理解的前结构不同，以不同的方式去观察，人们发现了近代建筑的重要性。当代哲学、当代艺术毋宁说是一种强调过程的变化，这种变化的影响使我们的视界进入近代建筑的"过程世界"。近代几乎没有留下名垂史册的建筑（这也许就是它原来不为人们重视的缘故）。然而，作为建筑史，它所反映的中国近代建筑的形成过程，提供了近代文化较为错综复杂的发展线索。打破古代中国建筑的停滞僵局，使中国建筑开始与外国建筑文化交流，近代建筑的形成过程是艰难曲折的进展，这是具有深刻历史意义的现象，颇堪玩味。

随着欧亚航路的发展以及商业资本的发展，西方文化在中国传播，北京、广州、厦门等地已开始出现了完整的西方建筑形式；19世纪中叶以来，全国各地出现为数不少的西式教会建筑、近代工业建筑和城市新型住宅。但当时建筑被视为工程技术，"师夷长技"并没把这些建筑作为新的建筑文化来接受。人们真正注意到新建筑的文化价值，并以建筑来体现生活的渴望，则是在"戊戌变法"之后。

近代中国社会，一方面是清政府腐朽至极，日暮途穷；另一方面是社会内部的变异因素在外来文化的冲击下活跃起来。"19世纪90年代是转折点，当时西方的思想和价值观念首先从通商口岸大规模地向外扩展，为90年代中期在绅士文人中间发生的思想激荡提供了决定性的推动力"。（费正清编《剑桥晚清中国史》〔下卷〕，第314页）1897年由光绪皇帝下令，在总理衙门安排康有为与李鸿章等高级官员的晤谈中，康有为提出要改变"祖宗之法"，中国的"法律官制"必须废除，引起了在场官员的惊愕。尽管"戊戌变法"失败了，但它对中国的社会和文化产生了全国性的影响。中国近代建筑思潮正是在这样的背景下产生的。

1903年，天津北洋大学堂正式成立土木工程科。1910年后，中国早期建筑专业留学生回国，以及一些外国建筑师在华的建筑创作，如1914年美国建筑师墨菲主持制定清华学校校园规划，带来了西方的建筑思想，促使中国近现代建筑设计思想的萌芽。到了20世纪20年代，又一批到西方留学的建筑师陆续回国，使中国近现代建筑思潮正式出场。这些建筑师由于着眼点不同而分裂成两个不同的建筑思想的派别。一派从功能、技术、经济、理性的角度出发，对中国传统建筑持否定态度，创作上表现为对西方建筑文化教育的积极引进与吸收；另一派从民族主义、"中体西用"的立场出发，对西方建筑文化持拒绝、阻抗的态度，创作上表现为对传统建筑的强化与复兴（参阅赵国文《从中国近代建筑史看当前创作的方向》，载《建筑》1986年第6期）。中国近代第一代建筑师都在西方接受建筑教育，他们在中国的实践活动传播了西方的建筑科学和创作思想，在中国创立了建筑学这样一门新学科。20世纪二三十年代出现的"中国固有形式"的建筑活动，则与"整理国故"颇有关系。1929年南京"首都计划"提出，"要以采用中国固有形式为最宜而公署及公共建筑尤当尽量采用"。这一活动对中国新建筑的创造和发展是有负面影响的，但对于学术界来说无疑有所启迪。近代是动荡混乱的时代，还由于中国幅员广大，发展极不平衡，因此，建筑文化的发展过程就显得更为复杂。

尽管步履艰难，中国近代建筑却成长了起来。中国古代建筑体系，基本上是与外界不发生特质和能量交换的理想化系统，趋于平衡态。而中国近代建筑的出现打破了这种平衡态，使中国建筑体系发生了极大的变化。

中国古建筑系的特点不在于单体建筑的突出，而在于它的建筑组群平面布局形成多层次的空间，有开端，有高潮，有尾声，步移景换，在逐渐展开的空间变化中显示了特有的气势。这是一种"四维空间"，有时间因素在内。而西方建筑则有可能被认为是仅注重个体建筑的突出，如哥特式教堂的飞腾动势，似不够含蓄，也缺乏群体的时间空间组织之美。然而如果仅仅这样来认识中西建筑的特征，则不免流于简单化。应该说西方建筑体系以区域或城市来展现建筑空间组合之美，由此形成一种"发展的历史空间序列"。西方城市的街道上可以有各个不同历史时期不同形式的建筑的集合，如罗马式、哥特式、巴洛克式等建筑和平共处，形成一种并非和谐而是具有对比之美的城市空间。在这里，空间因素同样可以转换为时间意识。再如威尼斯圣马可广场，由不同时期不同形式的建筑构成一个很丰富的空间，它被誉为"欧洲最漂亮的客厅"。西方这种建筑关系，构成了发展的城市概念。而中国近代引进西式建筑，其意义还在于引进西方这种发展的城市概念，这样就打破了原有的城市空间结构，改变了城市的面貌。在讲究和谐统一的中国古建筑群中，出现了这样新奇的建筑，构成一个新的系统，尤有意

味。城市作为一个有机组体，建筑的个性与其他建筑间的相互关系，有了一种新的秩序。

中国近代建筑处在"文物文化"与"现实文化"的冲突中，并不断走向现实生活。这种改变预示了一个开端，有可能接近未来的现代生活。

既然我们是把近代建筑作为一个过程来考察，那么我们就不急于寻找它的终点，顺着这一过程，我们将眼光从近代移到当代。当外国建筑师参与当代中国城市建筑设计时，我们简直有点手足无措。其实，我们既不必亦步亦趋，亦不必将它拒之门外。在信息社会里，中国建筑师完全能以世界公民的身份来参与世界的文化活动。有人认为北京是外国建筑师的试验场，痛心疾首；有人认为即使是试验场，也是好事。其实是不是试验场都不必大惊小怪，关键在于有关负责部门，应当对中国建筑发展有一定的思考。比如说奥运工程的建设，是发展中国现代建筑文化的重要机会，应有全盘的考虑。一方面请外国建筑大师参与设计，使北京当代建筑创作达到国际学术层次；另一方面要留一些机会给中国的青年建筑师，有意识地培养中国未来的建筑家。而不是让国外的三流建筑师到中国抢生意，使中国青年建筑师成为画图打工的能手。当然，无论设计什么样的新建筑，在规划上都要保护城市的历史记忆，这是无论如何不能改变的重要原则。

顺便再说几句实话，我对做当代艺术展耗费大量的资金总感到有点不忍心。展览结束了，惟一留下的就是展览材料费、制作费、劳务费的账单（有的上百万、有的上千万元人民币），其余什么都没有了。这样是否太浪费了？也许你会说毕竟留下了一批艺术品，但又有谁能说清楚那是瑰宝还是垃圾呢？而请艺术家做建筑设计，既是一次当代艺术活动，又能留下一组建筑供人们使用，总算是行善积德之事。

2

趣味与立场

吴 亮

文学批评家

吕澎兄：

你给了我一份计划、若干份草图和方案，还附上了你的叙事和阐释，希望我能为此说点什么——这是件很另诡的事：我面对的并非是所谓由艺术家们做的建筑，而是"一堆文本"，以及"一些想法"。

让我先根据地图去想像一番，这些未来建筑将坐落的位置、周围的地貌、连接他们的道路、彼此的距离、远或者近、它们被如何使用、居住或空置，直到有一天成为遗址（也许只是照片才使之长存）……想像是激动人心的，当我在想像它们将以何种面貌出现的同时，甚至还在想像它们终将不存在！

贺兰山房！一个非常诗意（而且是古诗意）的命名，它已经给我某种沧桑感。你的计划是如此现代，简直可以说是时髦——让一群从未涉足建筑的艺术家成为它的设计者。艺术家是那些可以做任何事情的人。因为，无论做好了或做坏了，都能够用艺术去辩护。

专业建筑师把你弄烦了？我不知道。也许吧！某些领域中的专业如今已成为僵化的代名词，对你我而言，如果对此还不至于抱有"公开的敌意"，至少也怀着"明显的鄙视"——但艺术家就一定可靠？艺术家同样是一种专业身份，而且判定他们是艺术家的标准又如此含混。人们会问：一个画动画的、拍照的、做装置的，或者一个总是寻出点奇怪名堂的人，凭什么他就能被相信，可以设计出合格的建筑？是啊，"合格"！房子难道不需要合格吗？当然，他们只需画出一个外形就行，其余的由别的行家去做。房子能否立起来不是他们的事。所谓"合格"，也许仅是指外形上的。这就是艺术家的方便之处了：永远有理论为他们的"合格性"进行不倦的阐释。

从草图上看，那些艺术家的建筑想像没有我想像中的那样惊世骇俗。他们似乎在摹拟某个"原型"，它来自每个人的图像记忆史和个人风格谱系，此外，还能看出一种（程度不等的）向"专业"靠拢的意图——这当然是不可避免的，建筑毕竟最终不是在平面上存在。个人的"原型"不如"历史范本"具有决定性的力量，使他们的建筑狂想曲不至于太离谱。

每个人都有一些标志，没有太怪异的，没有"危险的实践"，有的甚至还相当温和。强烈的风格化好像是被刻意回避了。但尽管如此，它们（我指的是草图文本中所呈现的），或者说它们中的一部分，仍在有意无意中透露出一种"疏离"，似乎要表明它们是艺术家的一件作品，而不只是为了满足某种使用的功能。当然也有例外：俗套的、大路货，常见的——可能正是一种观念？一种"老风格、老艺术化"的观念？我不得而知。反正，阐释能为之进行辩解。你的描述，就是一种辩解。

需要我的描述吗？仅仅依据那些草图？正像许多人都要问的：它们能实施吗？能被批准吗？技术上有困难吗？受到资金限制吗？是不是有点想当然……想当然，对的，这正是艺术家被许可的特权，他们常利用它甚至滥用它——不过无所谓，专业和平庸建筑早已提不起我们的精神，在我居住的城市里，那么多的高楼差不多要让我发疯，谁质问过专业建筑师、专业规划师和专业审批机构？为什么我们必须接受这一切由专业人士强加给我们的巨大物体，不做任何反抗，哪怕是在言论中？我赞成艺术家的业余性"乱来"，我对他们作品（哪怕是建筑）的高下不作评定，只关心这作品能否成为一个话题。我是一个支持者，并非行内（或内行）的评估员。不论这一堆建筑（哪怕不再停留在文本中，而成为一个现实）是否会遭到批评或嘲笑，我感兴趣的永远是其中的问题。此外，是因为我对如此大面积的"新建筑"深恶痛绝，而它们"居然"全出于专业人员之手！

仍然是想像，想像那样一个类似荒漠的地方，突然空降般出现了一个建筑群，松散的、孤立的、几乎是无来的，没有通常的那种本土历史痕迹，完全是外来的。它们是一批闯入者，异质的，随意的，偶然因素起了巨大作用：时代，开发商的意图，策划人的弦外之音，艺术家的非必然性组合，他们的闪念和积习，媒体的作用……各种力量的一次前景不明的博弈。它们会成为那儿将来不断被人们回忆的历史吗？历史为什么要有延续性？历史为什么不可以是偶然的、插入的，甚至缺乏上下文的？

就是要用意志去强加现实，不管结果是对是错。空间已日益缩小，机会已不多。而艺术的强加，是害处最小的对现实的干涉……谈谈具体印象吧。你

或许会这样要求我。谁？谈谁合适？他们都只是历史角色，也许是这个，也许是那个，这都是不确定的。原因在于，他们正好都是你熟悉的朋友，太偶然了。你已经记录了整个计划发生和实施的过程，这大概比什么都重要，因为如此一来，它有了"戏剧性"，以及阐释。正像尼采说的，"没有事实，只有阐释"——包括艺术家也在竭力阐释他们和他们的作品。阐释是游离在作品之外，存在于另外一个地方的幽灵吗？

巨大的要求使当前的建筑业畸型繁荣，有人说这是个过渡时期，我们束手无策。我每看到大片建筑物的凭空升起，如同怪兽，便感到我们的生存环境已陷入一种"僵局"。没有谁肯后退半步，没有赢家，人们相持着，寸土不让。艺术家的介入，能起到缓冲和调停的作用吗？大多数人的生活里不需要艺术家，这恰恰是艺术家存在的理由。那若干份草图也许只是当今的一个旁诞和附注，含混的。回溯性的、宁静的、暴烈的、符号化的、象征性的、晶体般的、工业化的——它们像幽浮一般，带着各自的索引、怪癖、幻相、仿拟，却又是被委以重任。它们寄生在一个奇怪的、膨胀的、无原创的过渡年代……好极了，我喜欢这样的幽浮，它们使生活的平庸稍稍减轻，使一些难以言说之物得以溢出，这样可能会舒服许多……

我期待在不太远的将来，能如其所愿去看看那个终于竣工的"贺兰山房"，那个年代明确，却又语义不详的建筑群，说不定我会逗留其中，说不定我会掉头而去。管它呢！我说过了，我是个有党派色彩的"支持者"，它只关乎立场而无关乎趣味！

吴亮
2004.05.22

3

中国建筑：服从谁的意志？

翟永明

诗　人

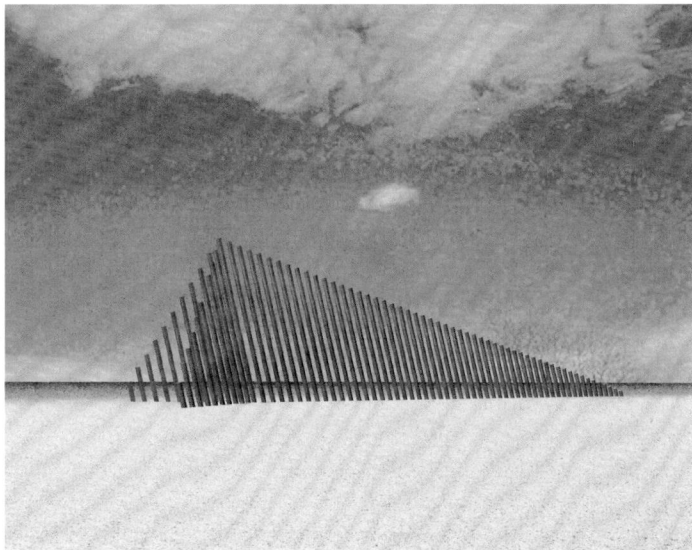

贺兰山房作为一个由策展人主持、艺术家介入的建筑项目，还未开工就获奖，这在建筑史上是不多见的。起码说明策划者的思路和视野在当今建筑界的现状中，所受瞩目的程度。这样一个项目试图从艺术的角度，去回应和解决困扰建筑界多年的美学价值问题；而且，它似乎想诞生出一些可供借鉴的实例（其合理性有待观察）。

中国当代建筑现状的混乱无序、急功近利和堕落，与中国建筑师们所获得的机会相比，是惊人的不成比例。全世界的建筑师都会羡慕他们的中国同行；但是全世界的建筑师都会痛心疾首：在与国际接轨的快捷方式驱使下，中国建筑师不但未能给中国的建筑提供一种富有启发性的诠释，不但没有在当代建筑学中为中国本土建筑给出一个可供思考的方向；或通过营造这个概念提炼出传统文脉中最丰富、最有活力的部分（百分之九十九的机会都被浪费掉，而未能造就一个类似日本建筑界的高水准群体）；反而在利益的驱动下，参与了整个仓促的建设性破坏中，使得中国现代城市规划的梦想成为一个噩梦。尽管建筑师一再强调行业特殊性，以此来推卸自身的责任。但某些时候，建筑师的意志与市场资本的意志以及长官意志已推杯共盏、合三为一。虽然也有少数具有实验精神的建筑师，试图创造一个西西弗斯式的建筑文化事迹，但在整体上根本无法解决体制下的设计院所造就的各种迫在眉睫的重大问题：正是他们垄断了当下中国最重要的标志性设计，并使之成为一个又一个垃圾场。这与中国大部分建筑师缺乏文化洞察力和历史责任感有关。同时，建筑永远无法脱离意识形态的支配，建筑是集体经验的载体，所以，建筑师也必得承受来自历史和社会的批判。

这样一来，对中国建筑的规划、设计、品位的深层不满，对那些在历史的废墟上忙于造成更大危害的建筑师的怀疑，使包括艺术家在内的更多的人，都不免产生"舍我其谁"、"人人都可以做建筑师"的心理。艺术家艾未未在建筑界的成功"崛起"，也给出了这样一个参考值。在贺兰山房这个项目中的多数艺术家，都将"建筑"作为自己的个人梦想，至少说明了阿基米得式的简单加法的存在：给我一个结构师，我就能把一幢建筑立起来。

贺兰山房的策划正是在这样的现状下，契合了居住者和房地产商，以及相信自己能够胜任建筑设计的艺术家的需求和欲望。从一个更大的目标看，它想要帮助人们达成这样的共识：建筑应该是艺术的、精神性的表达。是的，建筑的永恒魅力一定与之有关。但是，当精神价值被淡忘、当政治和商业的利益最大化时，艺术成了伪劣产品的外包装。或者说，建筑中的艺术被歇斯底里的资本置换成了别的东西。贺兰山房试图通过艺术家的集体出场，来发现和冲击想像中的、货真价实的中国建筑的精神气质。策划人的思路自有其道理：在一种有距离的审视下，也许会找到问题的多重解答。

在贺兰山房十二位艺术家的作品中，可以看出艺术家们除了身体力行实现个人理想，并不太多考虑建筑学那些方方面面的问题，天马行空的想像力和形式感是艺术家的着迷之处。由于不受建筑陈腐观念的束缚，也不对建筑外来信息负责，艺术家们更倾向于按照自己对建筑的想像来传达自己的取向。多了一些富于创意、富于趣味标志的独特安排，少了一些必要的对建筑规律的认识和转换。在造型这个方向上艺术家保有优先的权利，并通过结构师将它进行到底。这也许会成为一种很灵活的、新的想像，但是从中还不能找到改变建筑内涵的致命的东西；策划人、房地产商包括艺术家本身所期待的革新的东西似乎并未出现：那种经由艺术家独有的想像力的法眼所建构出来的、带有素人建筑师特质的设计理念。类似建筑史上著名的例子：法国邮差撒瓦尔"由于对建筑法则一窍不通"（也许对艺术也一窍不通），仅凭自己搜集的石块、贝壳、瓷砖、玻璃，将自己在书上在画中看到的建筑实例和自己的潜意识混合在一起，"超出所有的想像力，所有能想像出来的东西"，就此修建出来"邮差的理想宫殿"——一个超现实主义的梦境。当然，这样的经由一个建筑而成就时代风尚的例子，需要时间、空间和人间，不是一个匆忙的、五内俱焚的建筑时代所能造就的。何况，贺兰山房项目中的这些艺术家并非素人，他们仍然受已有的观念、秩序和历史的支配，注定了他们的作品并不能成为纯想像力的产物。

艺术家总的来说都是自恋、自我的，其意志有时已超越了自然的意志、环境的意志。当然，更不

必说建筑的意志（也许艺术家认为这没有必要）。很多时候，他们更多的是从外形上（一种二维的思考）去理解建筑，更少的从建筑的特质出发，去达成空间、构造、材料、制作、技术合一的基础。一些更多从空间入手的案例，是试图使自己的作品更为建筑化的艺术家所考虑的；另外一些艺术家则喜欢用图形思维（与个人的趣味有关）、类比思维（以符号和形体象征一个简单的含义）来代替建筑的逻辑思维。这当然也是策划人的本意：艺术家的意志。一种惟我独尊的意志也许会产生同样一些惟我独尊的建筑，它们是不是建筑杰作也不重要：有人愿意为此买单。这也是一种社会价值的体现方式：真正的居住是不受规定、不被别人的意志左右的，买单者也不会为了艺术的意志而亏欠自己的意志。

建筑与艺术、建筑师与艺术家的距离，与其说会通过一个项目而拉近，毋宁说会表现得更远。因为二者对建筑的理解不在一个共同层面上。艺术家只是"玩一票"的心态，注定了不会对建筑的实质问题作更多的、进一步的深究。短期内迸发出来的激情，也不可能带来长期的、持续性的对建筑的关注。而建筑师保有对"票友"敬谢不敏的复杂情绪和对行业的维权意识，也注定了不会（也许是不屑）有更多的欲望对艺术（尽管他们中的不少人对艺术持开放态度）抱着虔敬之心去交流、或称互动，更不会认为艺术家的努力会为他们所焦虑的问题指点迷津。建筑与艺术的互相渗透（在这个项目里是单边渗透），谁更有理、谁更有力？谁更有利？我们暂时在中国建筑生态图版上还看不出端倪。但贺兰山房作为对以上各种问题的诘问，无疑会推动更多的类似实验，来打破建筑界积重难返却又自以为是的局面。

4

下一个乌托邦

顾丞峰
艺术批评家

从这个题目上可以一目了然地看出，我这篇关于"贺兰山房"的文章是以吕澎为主要描述对象的，这不仅因为我习惯于以一种怀疑和批评性的眼光来注视艺术圈所发生的一切，而且因为我对吕澎的了解，毕竟我们有十多年交往的经历。我的怀疑态度在多年前那篇评价广州双年展的文章《理想主义的亢奋与疲惫》曾体现过。我对吕澎的第一个惊世之作"广州双年展"曾作了更多带批判性的评价。而那个评价随着"广州双年展"后来出现的种种问题，似乎被证明有某种先见之明。

那是吕澎的第一次乌托邦。宏大而激越，英雄主义与理想主义并存，虎头与蛇尾同在。但在以后的多年里，当我再平心静气地评价"广州双年展"时，我的态度有了转变——我着实体会出了"广州双年展"，作为中国的第一个双年展，它的创造性之所在。这评价并不简单停留在第一个人做事的不容易的层面上，而是因为那次展览留给后人的几个方面——如艺术操作、主持人制、批评家评委设立、首先制定评选规则、展出过程的法律化、作品买断、推出艺术潮流等等，在中国都属于第一个吃螃蟹的举动。而且上述的影响所及，人们几乎都可以从日后各种各样的"双年展"等模式中看出其影响波及。

那是吕澎和他的朋友们营造的一个乌托邦。

"广州双年展"后十余年过去，岁月仿佛没能在吕澎那张有个俊俏下颏的脸上留下多少痕迹，这些年他几乎淡出了美术圈，先是投身商海，后又令人意想不到地转投学府。在人们还未回过神来时，已经将一本厚重的研究两宋绘画的书《溪山清远》送到朋友手中，那是他的博士论文。

仿佛像惊蛰后的昆虫一般，吕澎又醒过来了——这回他又策划了一个大举动——在宁夏的贺兰山与地产开发商合作，由知名艺术家来设计十二幢建筑，其功能是提供"艾克斯星谷"中的部分酒店、客栈和旅游消费空间。

看他给整个活动起的名字吧——"艺术家的意志"。这个名字起得充满了强权和刚性，使我远者想到叔本华的大作《作为意志和表象的世界》；再近些，我又想起上世纪30年代德国著名导演莱妮雷·芬斯塔尔的著名纪录片《意志的胜利》。那里有一幅幅展现纳粹德国兴起时具有铁血般意志的宏大场景。

意志当然不能支配一切，然而它可以被显示，而且在显示的过程中或石破天惊，或灿若桃花。人类的进程就是在意志的征服和想像过程中展开创造并凝聚的。

那么艺术家的意志又是什么呢？艺术家的意志能在多大范围内生效并占有支配地位呢？

当艺术家面对架上平面或一团三维的原材料时，他是材料和形象的上帝，他的支配地位毋庸置疑，他可以任天马行空、独往独来，就像夏加尔可以让他画面中处于爱中的男女飞将起来，毕加索可以让亚维农的少女们分解并重新组装在平面中一样。但是且慢，艺术家的自由仍然是有限度的——他们的想像力受制于即有的图式，这点早已被艺术史家所确认，他们的认知能力同样也受制于科学的发展，就像枫丹白露派的画家柯罗画不出莫奈的印象派作品一样。

建筑师们的意志又如何呢？他们更不敢异想天开，当年设计悉尼歌剧院的丹麦设计师耶尔恩·乌特松方案中的拱顶壳面多么富有想像力，然而其代价是历经十五年的施工，到完工时一结算要超出预算的十多倍。今年法国戴高乐机场E2候机楼坍塌众人皆知，这使设计师安德鲁先生黯然，他为中国设计的国家大剧院主体架构已经完工，有消息说中国有关方面要重新评估大跨度设计。毕竟建筑不像艺术家搞装置或行为艺术，那是与生命和财产紧密联系的，比起艺术家来，建筑师的想像力不得不逊色许多倍！

那么，由通常不愿受制于人的艺术家来承担那些通常是受制于人的建筑师的工作，的确是一个富有想像力的挑战。吕澎在这里推出了他的第二个创意的乌托邦，用他的话说就是"我们希望艺术家们去'发明'和制定新的'规则'、'指标'或者'制度'"。

艺术家们用什么去挑战建筑界现有的规则呢？看过十二位艺术家的设计稿和自述的设计思想，可以看出两点：一是在建筑的设计中融入艺术家通常喜欢的"观念"，再一个是把建筑"当成一个装置去做"。无论观念还是装置，当它们被付诸实施时都不免受到技术及施工的那些冰冷而毫无人文气息的数字和规则的制约，尽管艺术家们事先心里都有所准备，但他们还是不得不接受他们在自己的艺术中所不熟悉的妥协方式——毕竟，建筑是一种社会空间，自由造型的乌托邦翅膀不能不收敛于操作规程的桎梏。所以耿建翌的圆球形建筑不得不被埋在土中一部分，而不是想像中的以一个支点与大地接触；丁乙的设计光基础就打掉了八十余万，投资者追加投资时的脸色可以想像是不太好看的；而曾浩的方案完全是一个玻璃盒子，在西北地区的严寒和夏天的酷晒中能源的消耗是一个大问题，用吕澎的话说"这个问题给曾浩提出来了，但究竟会是什么结果，只有以后才知道"。

也许，很多人在庆祝盛典上想要看到的是艺术家们标新立异、夺人耳目的设计，而我则更想要知道的是艺术家们如何让他们的翅膀挣脱那些实实在在的规则，让艺术的暖风将死板的建筑设计吹醒，让那些声名赫赫的建筑师自愧茧缚，在这些匪夷所思的建筑面前一阵阵发愣。

那是我所希望看到的，我想也是策划人吕澎心底的期望。

如果将吕澎的两次乌托邦相比较的话，那么前一次"广州双年展"是完全的理想主义加上创造性的快乐工作，而后一次则是不完全的理想主义加上求实的循规蹈矩；前一次是在繁华的都市平台上建立了一个迅速倾覆的高楼，而后一个则是在西北戈壁上精心打造一片"诗意的栖居"；前者轰轰烈烈而英雄气短，后者则小心求证而期待长久。如果说两者有着共同特点的话，显而易见：一、两次乌托邦都将艺术与商业放在一个平台上操作，二、在实施的过程中都期待着建立新的"规则"。

吕澎的下一个乌托邦已经展开，随着工地机器的轰鸣和一幢幢异形奇特的建筑矗立在漫天荒漠的贺兰山下，一种成就感会在他心底不断涌起。夏季的八月，当四面八方涌来的人们置身于种种奇特的

建筑前，目睹艺术家们受到的啧啧称赞时，我们都会弥漫在兴奋之中。而吕澎，这位乌托邦的创意者，此时可能正被新闻灯和话筒追逐着，不过侃侃而谈的他，也许心里比谁都明白：对自己打造的第二个乌托邦来说，真正的考验才刚开始……

2004 年 5 月于金陵露痕屋

5

涂鸦建筑

李小山

艺术批评家

正好，从去年开始，我参与了南京国际实践建筑展的策展工作，由于邀请的建筑师均是国内外的高手，如美国的斯蒂文·霍尔，日本的矶崎新，国内的张永和、刘家琨、王澍等人，阵容颇为壮观，而且由于投资规模比较大，建筑种类相对齐全（小住宅、会所、展览馆、宾馆都有），可以称其是真正的建筑艺术的大餐，因此，我关注建筑的热情也被带动起来。我发现，近几年来，人们对于建筑的期待越来越趋向于对热点的追逐，首先是从炒得沸沸扬扬的"长城脚下"开始，投资与建筑的关系成为了一种互动，而建筑则从单一的、呆板的功能主义走向趣味化和实验性，甚至朝着极端的个人化方向倾斜。正如任何事物都可能向着不同方位发展那样，处在眼下中国这个特殊的建筑环境里，中国建筑师的素质及储备让人有些忧虑。换句话说，外部环境的发展变化太快，而从事这项工作的从业人员则步履艰难，露出破绽是在所难免的。

我接到吕澎的电话，又收到寄来的光碟，知道了"贺兰山房"这一非同寻常的事件，并仔细观赏了光碟里的资料及图片，脑海里浮现出那些艺术家的建筑成品，显然，这是非专业的人士在建筑领地上的一次成功登陆。所谓的建筑是指什么？对于外行或许仅仅是个概念，在一定程度上，人们过分夸大了建筑与个人行为之间的界限，将建筑当成一种死硬的公式。我想指出，无论从后现代的立场出发，还是从存在的现状出发，建筑已经成为一个泛化的概念，它与电影、艺术、舞蹈等概念一样，随着实践背景的变化而日益变成多元和多样的存在形式。所以，概念在实践过程中显得无足轻重，重要的是作为形式这一现象的存在本身，甚至，它无须还原为可以言说的材料。"贺兰山房"的参与者大多是上世纪80年代伴随新兴艺术潮流成长的艺术家，他们中的佼佼者已是中国当代艺术的某个标志，以其身份加盟"贺兰山房"的活动，自然具有艺术之外的附加值。我觉得，他们在这次活动里是否有所贡献是无足轻重的，并非他们的"非专业"性质，正像前面说的，在建筑概念泛化的今天，"专业"和"非专业"的边界是很模糊的，这是当代社会突出的悖论之一。

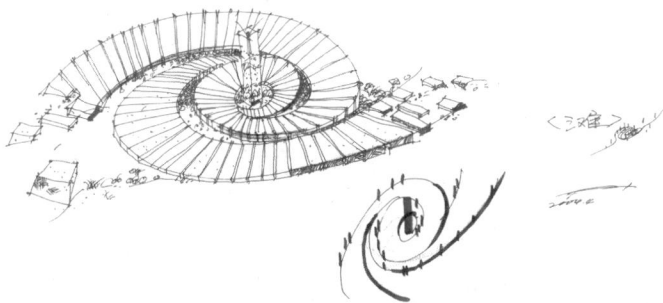

当然，建筑的实验性，它的个性化和各种新元素，都依托在一个基本的概念上，即人的日常生活的居住关系。"贺兰山房"给艺术家做实验提供平台的同时，其实事先已经确立了前提。在观看图片时，我喜欢其中几件作品富有诗意的构想，它们与人文、与环境、与创造者自身的艺术经验结合得很巧妙，我也喜欢另外几件作品那种大胆的玄思，比专业建筑师头脑里的东西更耐人寻味，展示了建筑在大地上产生的多种可能性。但是，如果把建筑当做一个单独的作品来观赏，毕竟有一个在不在场的问题，在没有见到图片落实成实物之前，许多效果仅仅是一种猜测。

艺术家成为建筑师，或者反过来建筑师成为艺术家，实质都是一样。在我参与的建筑展中，有些国外（国内也有）的建筑师便是艺术家出身，他们最终完成的作品几乎涂抹掉了身份的痕迹，这说明，艺术创作与建筑作品所具有的质的区别。不是大胆的构想和玄思就能够获得在建筑上的发言权，倘若我们最终看到的建筑只是艺术家创造习惯的延续，问题便不言自明。我发现，当某个艺术家的趣味贯穿于建筑时，已临近自我束缚的边缘，而当他将建筑当做一幅画或一件装置来对待时，建筑成了一种习惯和经验的玩味，延伸出来的结果总是不太令人满意。或许，我们的艺术家在充当建筑师这一角色时，不免太过小心翼翼。任何人，面对陌生的事物缩手缩脚都是很正常的，尤其是建筑这么一种特别容易让人遗憾的存在形式，比一张画或一件装置要复杂许多。

6

关于艺术和建筑的随想

易 英

艺术批评家

建筑上分大建筑和小建筑,大建筑是建筑设计,小建筑就是室内装修。艺术家搞装修的可是不少。上世纪80年代新潮美术风起云涌,青年艺术家纷纷投身其中,虽然新潮美术深受西方现代艺术的影响,但青年人却是开了眼界,长了见识,尤其是有了现代艺术的经验,尽管还没有来得及实现现代艺术的中国方式。到90年代初,现代艺术退潮,经济却是迅速发展,尤其是从计划经济向市场经济的转型,造成现代艺术的分流,曾经投身于现代艺术的艺术家一部分进入艺术市场,另一部分则进入经济领域,特别是在经济较为发达的地区,这些艺术家大多改行装修或广告。很难说现代艺术的经验究竟在多大程度上影响了这些青年人,但现代室内设计和广告设计需要现代艺术的经验却是不言自明的。现代艺术的经验有着两方面的意义,一个是现代社会的视觉经验,那种几何形的、平面的、构成的视觉关系;另一个是那种自由的、自我的表现。当一个艺术家步入设计领域的时候,他会把这些经验带入他的工作,更重要的是那种"无目的的目的性"使他的工作真正成为艺术表现。艺术家来做建筑,在历史上并不少见,因为建筑与雕塑本来就是一体的,恰恰是现代主义破坏了这种整体性,艺术家在追求自我表现的时候也抛弃了建筑,而现代主义的建筑也把功能主义转换为现代美学。像毕加索、马蒂斯那样的大师几乎涉足了视觉艺术的所有领域,却没有沾建筑的边(马蒂斯晚年还为教堂设计过壁画),康定斯基和蒙德里安则是以现代艺术的观念影响了现代设计,但他们本人却没有搞过建筑。现代艺术过分地追求自我表现,对于公共艺术是一个损失,以至于在20世纪50年代的欧洲需要大型的纪念性雕塑的时候,要由建筑师来挽救现代艺术,最典型的例子就是50年代的"无名政治犯纪念碑"大奖赛,主要获奖者都是建筑师出身的雕塑家。建筑不可能改变雕塑本身的规则,但当架上雕塑本身无力实现纪念性雕塑的观念转换时,一种外力的冲击是不可避免的。事实上,建筑也面临同样的问题。绘画和雕塑也不可能改变建筑的规则,当建筑变得平庸的时候,只怕也要外力的冲击。"贺兰山房"就是这样一种外力,它确实带来一种新鲜感。它使我们看到了一种有活力的建筑,什么叫有活力呢?就是一种有想像力、有

创造性、有个性、不墨守成规的东西。在我们的环境中，我们对建筑早已失去了感觉。到处都是那些火柴盒式的楼房，那些耀武扬威的写字楼，俗不可耐的花园别墅；甚至在农村，除了穷得不适合人居住的地方保留着"明清古村落"外，到处都是钢筋混凝土的"现代化小城镇"了。建筑本来就在艺术的边缘，即使这点艺术也被技术和功能所掩盖。艺术上的学院派还只是死守艺术的陈规，在我们的建筑上只怕早就没有艺术了。对于很多设计师来说，建筑就是盖房子，而且是别人怎么盖他们就怎么盖。由艺术家来盖房子，尤其是画家来设计建筑，实在是一个很有创意的想法，因为这些画家会把房子作为艺术来做，给没有艺术的房子带来艺术。当然这些画家不是一般的画家，就像前面提到的艺术家做装修一样，总是要具备两个条件。其一，他们是前卫意识很强的艺术家，有强烈的创造欲望和批判精神，不甘平庸，才可能突破规则的束缚。其二，他们有丰富的现代艺术的经验，这样的观念会带到建筑的设计中来，他们有自己的空间意识、构成意识。他们考虑得更多的是创新，一种与众不同的表现，以及自我生命的投射。建筑的规则被破坏了，我们说的是平庸的建筑，样式化的现代主义和平庸的仿古。但不等于说画家或雕塑家都能从事建筑的设计，没有创造性的、墨守成规的学院艺术是不可能有这种创造性的，让他们来设计房子就会遵循已有的规矩，就像他们在绘画和雕塑上寸步不离学院的规则一样。话又说回来，"贺兰山房"的设计很像放大的雕塑或装置，这些艺术家把现代艺术或当代艺术的经验带到了设计中。艺术毕竟不能改变建筑本身的规则，尤其是那些工程上的问题，但这些艺术家是以想像的空间超越建筑的空间。建筑可能还会平庸下去，但西方的当代建筑已经为我们提供了很多的参照，如果建筑师真正有了那样的意识，可能就不再会有机会让艺术家来设计"贺兰山房"了。

7

诗意栖居——贺兰山房随想

殷双喜

博士、艺术批评家

城市的延伸

贺兰山房的建设可以视为一种新的城市建设观念的实践。通常，我们将城市理解为高层建筑与高密度人口居住的政治、经济、商业、文化的综合体，但在今天城乡日益一体化的过程中，城市对于乡村的攻占与掠夺已经成为普遍的趋势，城市的文化与观念也通过交通与建筑向乡村延伸。由城市人设计、城市人开发、城市人居住的各种乡村建筑，可以视为城市在乡村中的"租界"与"飞地"，它更多地体现了城市商业与文化的单向扩展，而不是对乡土文化传统资源的继承。

健康城市

健康城市是世界卫生组织（WHO）面对21世纪城市化问题给人类带来的挑战而倡导的新的行动战略。它起源于对人类生存环境的反思，即城市的概念和一个健康的城市理想境界应该是什么样的。

城市化是当今全球人类社会发展的总趋势，是社会生产力发展的客观要求和必然结果，城市的发展给人类的生活、工作带来很大方便，促进了世界经济的快速发展。据估测，全球已有50%的人口居住在城市化的人造空间里。然而，高速发展的城市建设，尤其是工业化的城市面临着社会、卫生、生态等诸多问题，如人口密度高、交通拥挤、住房紧张、不符合卫生要求的饮水和食品供应、污染日益严重的生态环境、暴力伤害等社会问题，正逐渐成为威胁人类健康的重要因素。

当今世界对城市的存在和发展提出了新要求，即城市不仅仅是片面追求经济增长效率的经济实体，城市应该是能够改善人类健康的理想环境，城市应被看做一个有生命、能呼吸、能生长和不断变化的有机体。健康城市的概念是——城市应该是健康的人群、环境和社会有机结合发展的一个整体，应该能改善其环境，扩大其资源，使城市居民能互相支持，以发挥最大潜能。

生态空间

城市由谁来设计？城市为谁而设计？具有什么样文化内涵的建筑，才能成为城市的骄傲？任何建筑空间，只要是供大多数人使用的公共空间，就不仅是人与人进行经济活动的地方，更主要的，是人与人交流的场所。离开了人的活动、人的使用、人的体验，就只能是一个机械之城、冷漠之城、僵化之城。现代人文地理学派及现象主义景观学派都关注普通人在日常环境中的活动，强调场所的物理特征、人的活动以及含义的三位一体。这里的物理特征包括场所的空间结构及其对于人的生存活动的精神影响，而现代城市的质量评价体系已经不再局限于物理性的高效、便捷，装饰性的整洁、美观，商业性的豪华、喧嚣，意识形态性的宏伟、规范，它更为关注的是居住在其中的城市人的心理感受与文化理想。生态空间是一个综合的、人文的、可持续发展的城市规划与建筑的理想，是构建21世纪城市的多元文化与特色的基础框架。

精神之场

以建筑为中心的现代城市与乡村景观是人类的欲望和理想在大地上的投影。让艺术来洗涤心灵，解放人性；让艺术参与建筑设计，赋予建筑的公共空间以活的灵魂；让艺术整合与扩展城市历史与景观资源，提升我们的生活品质，不失为一个走向新建筑的多元之路。贺兰山房的建筑实践表明，我们正在实现20世纪初期包豪斯前辈的艺术理想，以建筑为统帅，整合所有的艺术资源，创造一种综合性的、多元化的文化生态环境，遥接东方美学天人合一的文脉，重建中国人的精神之场，去争取本应属于我们的诗意栖居。

现代建筑的特点

柯布西耶提出过住宅设计的"新建筑的五个特点"，那就是"底层的独立支柱、屋顶花园、自由的平面、横向的长窗和自由的立面"，这是钢筋水泥带来的建筑革命。

对贺兰山房的建筑设计进行综合观察，我们可以看到，它们大部分是柯布西耶所指出的现代建筑类型，有许多建筑与极少主义雕塑极为相似，这反映了中国艺术家多数是从艺术史而非从建筑史上寻找建筑的基本构思与元素文化。例如，耿建翌的作品戏讽式地运用了美术初学者常画的石膏六面柱、立方体与球体。何多苓的设计有着精致的色彩与构成，红、黄、蓝与白、灰的色彩与立面结构，显示出画家对构成主义绘画的熟悉与挪用。大多数贺兰山房的建筑运用砖墙立面和低层建筑来区别于现代城市中的高层建筑，但它们又不拒绝钢筋、水泥与玻璃这些现代建筑的基本材料。这些建筑的外表与自然并非都是十分协调的，有些还相当突兀，但内部却充满迷人的空间变化和舒适的诗意。

当然，我也要指出有些贺兰山房建筑与现代主义建筑经典的文脉联系。例如，宋永平的建筑设计。像一个大海上的钻井平台，但与柯布西耶设计的著名的萨伏伊别墅的外立面有着十分相似的造型。张培力的设计则是两个钻井平台的交错衔接。丁乙与毛同强的设计，都运用了红色砖墙的立方体组合，而曾浩的四层六面体透明玻璃房，更是典型的现代主义建筑概念的物质诠释。

王广义的设计具有后工业时代的气息，他的作品强调的恰恰是与环境的对比，那些由铆结起来的整体墙面形成的建筑，如同工业化的遗址，在荒野中呼唤。而周春芽的作品在宁静优雅中有一种紧迫感，流动中的屋顶造型，如同有生命的沙海波浪，在吞噬着立方体的房屋，这可以视为工业化过程中的中国对于环境的掠夺性开发的一个暗喻。

民主设计

我所说的民主设计，第一层含义是指在建筑设计中，设计师应摆脱对金钱的依附，呈现个人的个性，将设计视为艺术而非餬口的技术；第二层含义是指设计应为最广大的平民着想，满足他们最为迫切的生活与审美需要；第三层含义是公众不再单向接受政府和设计师对他们的生活的硬性规划，积极参与和他们的生活有关的城市与环境设计，这实质上是建筑设计中的公共性问题。

90年代后期，随着中国艺术家在国际展览中的不断出场和经济状况的不断改善，在大城市的郊县乡村买地建房成为他们日常生活的重要内容，不止一个艺术家拥有不止一所别墅与画室，在这些画室外与别墅的建造过程中，中国的艺术家充分地实现了自己的"造房梦"，积累了丰富的乡村建筑的经验。可以说，中国艺术家以其沉默的设计与建造行为，参与了中国当代建筑的变革。

上世纪90年代后期，中国当代艺术中艺术家的个人价值观日益成为艺术创作的出发点，特别是青年艺术家对个人经验与感受的重视，超越了对于普遍性理想与社会群体价值观的关注。我们的问题是：在当代设计中如何看待设计创作的个人自由与社会公众的对话沟通？在现代信息社会条件下，当市场经济中的强大的流行文化成为普遍的精神生活的符号与代码时，它能否满足现代人自我表达与交流的需要？当代建筑艺术有必要拓展它的社会性与民主化，这体现了随着现代化过程加速，人们对于周边世界生存环境的剧变所带来的困惑，需要新的艺术表达系统。

我们讨论更民主的设计，意味着现代设计观念的转变与调整，意味着对20世纪影响深远的现代主义设计有必要重新认识。以建筑为例，现代主义建筑是一种"精英建筑"，也就是说，它是由一批现代主义的建筑师，按照科学主义与理性主义的原则，以功能为核心，以经济为基础，由少数精英人物来规划与设计城市居民的居住。将居民视为可以装入任何容器的物品，从根本上忽略了城市居民多元化的文化与精神需求。与"官主设计"和"商主设计"一样，这种"精英主导设计"也是一种"精英的专制"，即由专家决定给予市民何种艺术视觉环境，由某些环境规划师、建筑师规定市民的居住方式和生活方式。贺兰山房的设计与建造可以视为作为普通民众

的艺术家对于建筑的参与。我们所说的建筑设计中的民主，就是走向更有人性的建筑，走向真正以人为本的设计。建筑师要特别注意研究城市、社区、民族的历史与文化构成，寻求设计与公众交流的可能性，以独特的创意、机智的构思、精到的制作引导公众进入更为开阔的文化视野。

公众的财富

美国现代建筑大师赖特于20世纪30年代设计了著名的现代建筑"流水别墅"，它以其与自然的拥抱无间而成为20世纪建筑史上的经典，1991年它被美国权威建筑杂志《建筑实录》的读者评为百年建筑经典的第一名。

1963年，在赖特去世后的第四年，埃德加·考夫曼决定将这座流水别墅献给当地政府，永远供世人参观。在交接仪式上，考夫曼有一段感人的致辞："流水别墅的美依然像它所配合的自然那样新鲜，它曾是一所绝妙的栖身处所，但又不仅如此，它们是一件艺术品，超越了一般含义，住宅和基地在一起构成了一个人类为自身所作的作品，不是一个人为另一个人所作的。由于这样一种强烈的含义，它是一个公众的财富，而不是私人拥有的珍品。"

我想以这段话转赠给贺兰山房，希望它是一个为人类自身所作的作品，希望在多年以后，这些建筑仍然与其所处的自然一样新鲜，成为中国公众持久的精神财富。

8

银川乌托邦

彭 德
艺术批评家

对于全球化中的单一模式，国际建筑界有远见的精英始终都在背道而驰，不幸的是中国当代建筑却活生生地被铐上经济一体化的链条。历史文化与自然环境被悬置，个人的趣味被排斥，平庸而又雷同的建筑景观像恶性肿瘤在增生，以致所有形容建筑的贬义词都可以在建筑行业派上用场。有了这个现实，浏览"贺兰山房"设计图，立即调动起了我对建筑个人化的兴趣。

位于银川金山的"贺兰山房"，由美术界十二位知名艺术家分头设计，彼此之间各自为政。冲着他们的名气，"贺兰山房"将会成为前往西夏王陵的旅游景点。笔者按图片顺序直观地发表意见，不关注设计者的想法，因为圈外人议论建筑都是依据建筑物本身而不是想法。

何多苓的建筑如同一位无上装舞女，肌肤洁白而服饰讲究。这个方案注重空间的分割与体量之间的张力，五种色彩对应着中国的传统五色，强烈而不花哨。不过这位艳装女郎更适合躺在亚龙湾天然浴场，那地方一尘不染，空气污染指数常年都在10以下，没有风沙吹得她灰头土脸。

周春芽的别墅雌雄同体。曲与直、暖与冷、柔与刚、开与合穿插对比，相反相成。太湖石造型同贺兰山的色调与轮廓线遥相呼应，只是底部的台阶显得多余。皮尔·卡丹七十岁修建别墅，布满了一座山坡，号称战舰避风港，全部采用曲线，主色是肉色，造型犹如女人器官。别墅位于海滨，屋顶的凹面不会被流沙填平。

吴山专把江南水乡的吊脚楼引进了他的餐厅，底部的一湾清水很有人情味，同他以往从事现代艺术的风格大不相同。他的平面图是街头餐馆经常写错的一个"餐"字，猛一看像个"歺"字，又像是一把钥匙。这一切只有升空之后才能看清，但顶部的圆洞却有碍直升飞机的升降；中部的摩托停车场没有考虑未来三十年石油枯竭之后的用处。弥漫着尾气的餐厅，体量显得狭小，只能供游客吃自带的干粮。

王广义的火车匹造型简洁,体现出现代主义"少就是多"的建筑思想。富有气势的大玻璃窗带有象征意味,让人过目不忘,在十二个方案中最有视觉冲击力。不过由于铁皮与玻璃不隔热,这个车厢很可能像当年格罗皮乌斯的杰作沦为仓库一样被改作它用,冬季当冰库,夏天做烤箱。对于酗酒打闹的游客,这个玻璃箱也不大安全,到了旅游淡季更成问题。只要人口保持在十亿以上,中国就很难成为夜不闭户的太平世界。在腾格里沙漠和贺兰山的结合部有个过时的兵站,外来的无业游民盗挖甘草和发菜,常常在那一带露宿地铺。假如有人用铁锤锄头捶破玻璃窗,撕走画着工农兵的画布去搭地铺,你如何防范?这也将是整个山庄的棘手问题。圈一道高墙,山庄就形同监狱;全部敞开,夜晚就需要几十个保卫。银川郊外的冬季,过去爱烧马粪,现在爱烧烟煤,气味经久不散,广义的车厢如何排气?

叶永青的会馆是用功最多的方案,具有明显的中国情调和女性味。西王母、女娲、夏后氏的活动地盘都曾涵盖或辐射银川地区。今人设计女性化的建筑,西王母的洞穴石室、女娲的八卦九室、夏后氏的五行世室,就是历史资源。叶永青和其他的十一位同行一样,大抵都没有在此长住,又来不及去查阅二十五史、方志、回教历史与传说以及宁夏及其周边各省的考古报告,只能在各人的画室一厢情愿地勾画想像中的琼楼玉宇,然后以被动的殖民方式入主银川。作者长年生活在滇池与洱海,很自然地使他钟情于这个色调优美、外形丰富但难做清洁的会馆。这个方案一看就使我想起了"昭君出塞"和"文姬归汉"的故事。

曾浩让自然景色融入他的咖啡屋,观景既方便,各个空间又互不干扰。这个玻璃鸽子笼的设计初衷大约是想尽量不惊动环境,不过它却很可能会成为飞鸟的墓地而受到批评。纽约世贸大厦"双塔"的玻璃窗曾经不断地遭到绿党的指责,因为在"9·11"之前,累计有几千只候鸟在迁徙途中撞窗身亡。

张培力的餐厅像一对西班牙情侣在扭脖子跳探戈,又像两个哺雏的鸟巢。这对悬空餐馆的中轴线交叉,主轴朝南,穿过顶棚的柱子同周边的树干形成韵律。营造之前用风水仪勘察是搞笑还是别有深意?中国风水以北极星为准星,建筑讲究坐北朝南;银川的风水比较特殊,龙脉贺兰山在西,河水在东,建筑物可以像晋祠圣母殿一样坐西朝东;不过贺兰山又是中国三大龙脉北条干龙的中段,扭脖子也未尝不可,只是扭得还不到位。风水学通常忌讳错位的中轴线,有位才子在杭州的一个湖滨图书馆使用这种设计,遭到风水先生的质疑,认为当事人易招不测之祸。风水又讲五音利姓,把姓氏的读音分为宫、商、角、徵、羽:宫音的耿、宋,大门不宜朝东;商音的何、王、张,大门不宜朝南;角音的周、洪,大门不宜朝西;徵音的丁、曾,大门不宜朝北,羽姓的吴、叶、毛,大门应当朝北朝西。这套论调从汉朝的王充到唐朝的吕才都曾予以反驳,却始终是业内人士的常识,进而变成某些就餐人的心理障碍,设计者不能不加以注意和化解。

耿建翌的几何体是建筑元素的拆解,形同教堂。室内早晚的光影效果变化莫测,把黑鬼、孙良、夏小万请来,画怪画,看鬼片,放神秘音乐,肯定会名噪遐迩。对面再建一所契斯恰科夫素描学校,学生们把圆球上的几十个窗户的透视关系和明暗关系能画清楚,就准予毕业。

丁乙的流沙别墅寓细腻于简洁,体现出作者思考的缜密。他的干栏式结构不怕沙尘暴淹没门槛,也不怕盐碱腐蚀地板。如果挑选别墅,我选这一套。两屋的距离过于亲密,把它们拉开,左右扩建,形成汉代的四合坞堡,即福建的方形土楼;四角弄圆以免风化,底座抬高防止盗贼攀顶,碎窗堵死不让狗仔偷窥,外墙镶满宁静的丁氏符号同清真寺图案协调,坞堡内壁安玻璃采光,南墙造气口通风,院内建水池聚气,池内放几条小鱼养目。请十二人各设计复制几百块签名盖章的编号瓷砖,用来嵌墙铺地和馈赠。苏轼曾将自己的墓砖都印上"东坡"二字,成为收藏家满世界寻找的宝贝。

宋永平的草图奔放而实景老实。他的这个浅海石油钻井平台,符合功能主义的设计要求。毛同强

显然对银川的气候感受深刻，他的餐馆很注意避风，再进一步，还可以在门外安一道玻璃照壁。洪磊的中式庭院注重外部空间的设计，方盒子建筑如同地下党的土制炸弹车间，同中式庭院形成格斗架势。这个变异的四合院，白色的运用在所有的方案中最为贴切。银川既在中国的西部，又是回民聚集地，崇尚白色而忌讳大红色。红色属火，属礼，白色属金，属义；阳火克阴金，礼节克正义。白色又象征西方、月亮、秋天、右边、少女、老虎、狗、鼻子、肺脏、辛辣、腥气、干燥、勇敢、矩尺、钟、刀兵、战争、杀戮、体魄、庚与辛、四与九、明辨、语言。西部人说话，继承了古人直白的传统，"白"这个字，文言文引申为说话，总之白色在西部色彩语汇中是当仁不让的主语。古人慎用颜色，以免杀身之祸；今人乱用颜色，不大会有性命之忧，但难免被后人视为文化色盲。

补充两条意见："贺兰山房"的树林要像爱护手足一样加以珍惜，东汉时期，西部地区就曾立法严禁砍树。应当立个警告牌：砍树一株如同自断一肢。第二，个人化的建筑设计尽管是双刃剑，但在它还没有形成风气之前，非常值得推崇，只有它才能刺痛麻木不仁的建筑行业。个人化不等于独特而只是独特的条件；独特的创造也不是单纯的专业行为，不必悬置历史而应该像从历史土壤里长出来的孩子，同时又走在时代的前沿。这在"贺兰山房"的大多数设计方案中都有所体现，只是还可以做得更好，使众口难调的建筑设计多一些智慧和少一些遗憾。

2004.6.6 应吕澎之约写于西安美术学院

9

另一种“历史”

黄　专

艺术批评家

自出道以来，吕澎一直钟情于“历史”，当然，“历史”对他而言不是学问，而是一种行动的理由。往浅里说，这种借口与世俗功名有关；往深里说，这种理由与我们这代人骨髓里根深蒂固的某些“英雄”情结有关。

幸运的是，他总有这种实现“历史”的机会，这一次他又没有放过一次组合历史的机会：贺兰山（这个名字本身就与“苍凉”这类历史意象有关）、建筑（我一直认为建筑在艺术中具有天然的史学属性）、一群几乎就是一部中国当代艺术史的艺术家，这些历史素材在吕氏操作法中被烹调成另一盘“历史”大餐。按波普尔的说法，历史（准确地说，历史的文本，如艺术品、著作、方案）属于世界3，它们被人为创作出来后就会迅速“客体化”，变成不为我们意志左右，但却能左右我们的个体行为、社会走向或时尚趣味的第三者。而艺术的神奇在于，它不需要政治革命、经济改革甚至科学实验所消耗的巨大的社会资源（故而具有更小的物质和精神风险），但有时却能使人类获得其他行为所无法给予的巨大的进步能量。当然，我指的是那些真正具有人性品质、道德质量和想像力的艺术行为。我希望，我想吕澎比我更希望他的“贺兰山房”能够成为具有这类品质的世界3。

波伊斯的“泛艺术”理想为我们这个世界带来了无数超凡脱俗的内容，而他如果活到今天说不定会将他的学说改成“社会建筑”或是“人人都是建筑师”。

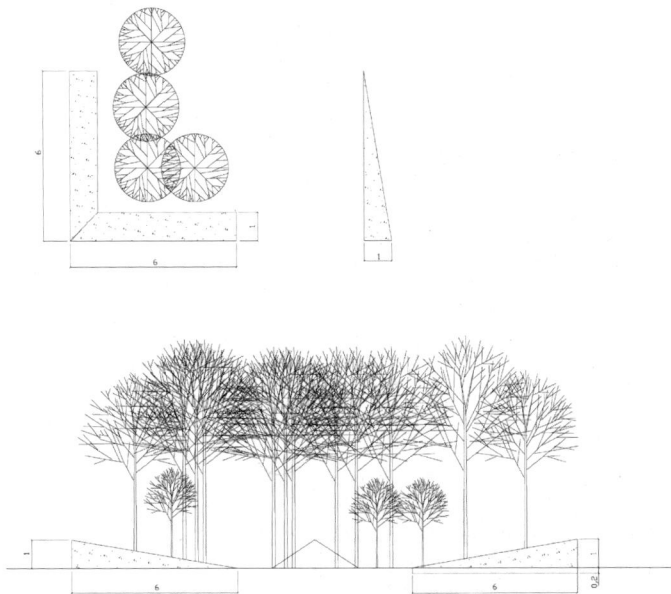

Part 4　　　第四部分

贺兰山房：环境与历史

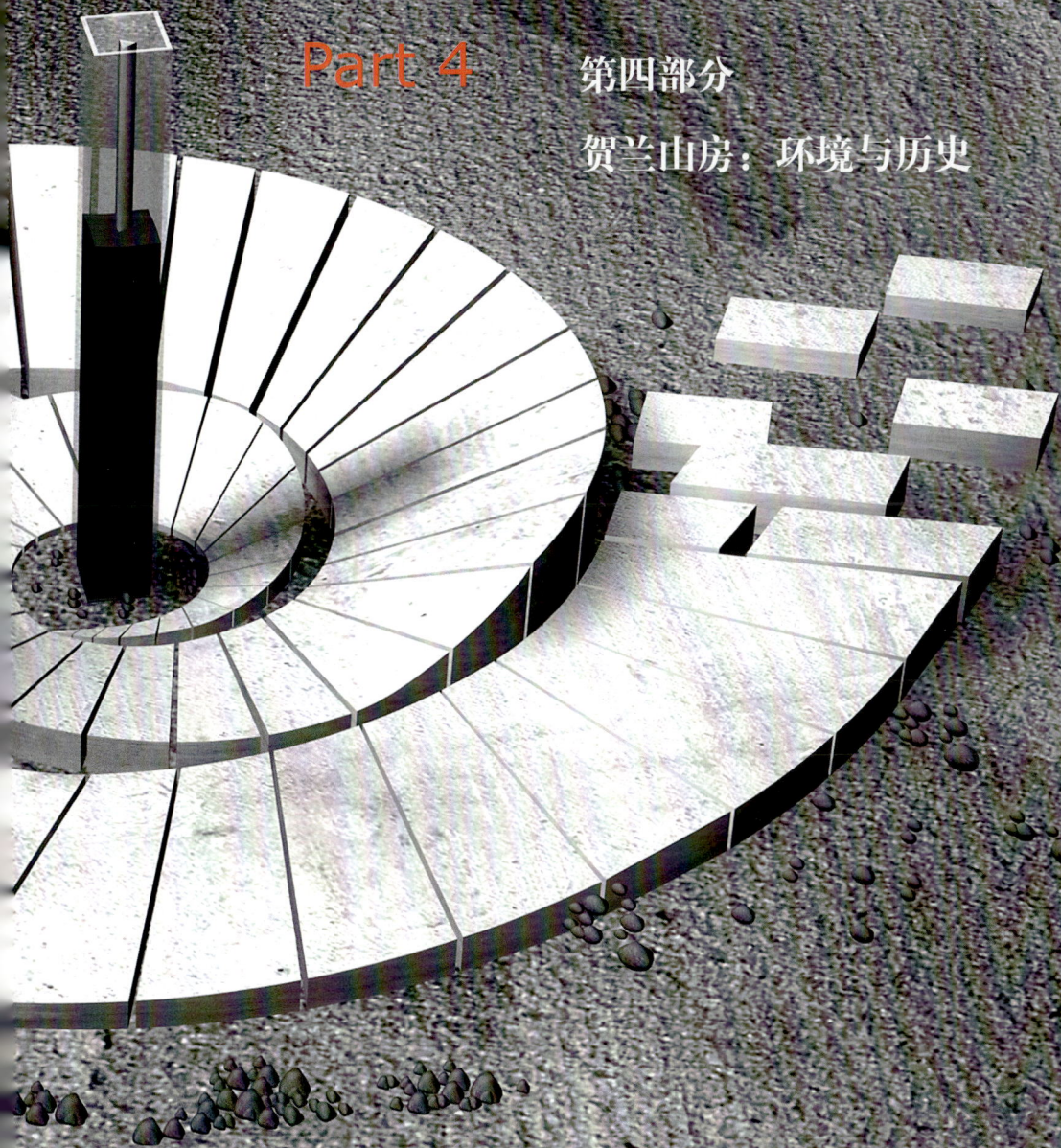

1

面对旷野

贺兰山脚下的景观规划设计体验

丁哈德

2004年的初春，对于我们的设计历程无疑是重要的。

受银川艾克斯星谷旅游开发有限公司的邀请，我们接受了这项极具文化意义和挑战性的设计任务——中国西北贺兰山脚下的旅游地产项目"艾克斯星谷"总体景观规划设计。

这个项目总占地面积为6000多亩，其中涉及内容包括：道路系统、视觉导向系统、主入口、室外大型演艺广场、配套别墅区、停车场、休闲宿营地、摩托车越野赛道、越野吉普车比赛场地等项目。其中别墅区的建筑设计邀请了中国当代十二位著名艺术家来完成，这在中国当代建筑艺术与文化领域是一次具有深远意义的创举。

对于我来说，对中国西北这片特殊地貌的认识最早应该是来自一批图片。那是在2003年的冬季，十二位艺术家被邀请参与此次建筑设计的首次行程之后，艺术家宋永平——"宋"是此次被邀请的十二位艺术家之一——从银川带回的一些数码照片给我特殊的印象。

图片中的景象是这一地区真正的冬季，荒凉而寒冷。远处是延绵起伏的贺兰山；旁边是断断续续的树林和不知名的荒草；地面是延伸着的小沙丘，一切都笼罩在冬日的阳光下，风很大，天也有些蓝，但总体上依然是北方这个季节特有的灰色调。这种气氛对我来说既是陌生的，又是熟悉的。

我是内蒙古人，从小在内蒙西部农村长大，对于中国西北的地貌和人文环境有着深刻的记忆和特殊的情感，北方冬天的空旷和荒凉对我来说就是宁静与厚重。

首次的实地考察是在2月21日的奠基仪式那天。这个时候贺兰山下的地貌、植被情况和冬季时的图片中没有太大的改变，只是气温似乎暖和多了，地上也多少有了点绿色的小草，气氛挺亲切的。随着一阵阵的军乐声和爆竹声以及车辆的轰鸣声之后，现场安静多了，只有我和宋永平还有电视台的几个人留在现场。我四处走了走，认真地观察了一下这里的环境。

这一地区距首府银川市西北大约四十多公里。此次规划设计区域大致呈南北走向，西靠贺兰山，东接黄河灌溉地，110国道穿行于二者之间。靠近西侧

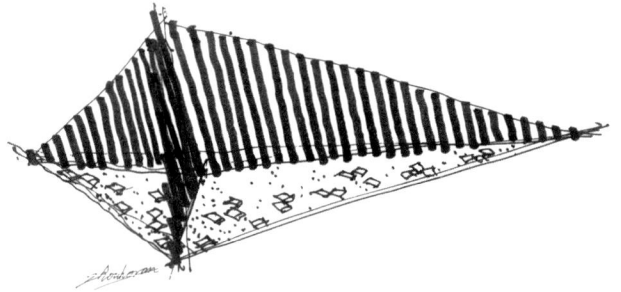

→ 红砖.(最好.青砖.旧的)

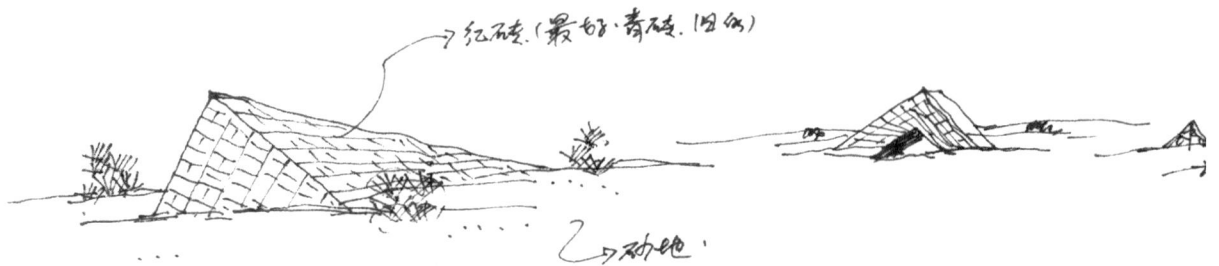

→砂地.

　　　　贺兰山房：艺术家的意志

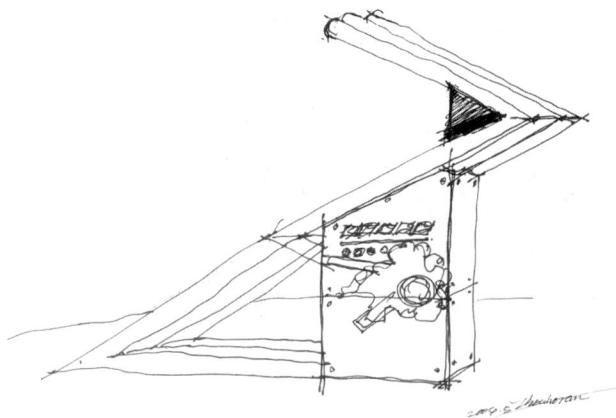

110国道一边是大片的密林区，树木种类较多。其中以刺槐、桑树、新疆杨、柳树、果树、沙枣树居多，也有部分沙质田地。中间部分是局部人工林带与大片荒地，也有一部分自然沙丘，整个地段灌木丛生，沟壑纵横。靠近东部地区为自然沙丘与间歇湿地，还有小片的绿洲和灌木。从整体上看这一区域地形为西高东低，是贺兰山地的一个泄洪区，其地形、地貌复杂多样，自然景观奇特极具西部气质。未来的十二栋别墅就散落于这个区域的中间部分——人工林带周围。

在回程的路上，我特别留心了一下沿途的自然环境：这个地区并非人迹罕至，道路两侧也经常可见成片的农田、一丛丛的树木和农舍，这大概也是多年艰苦改造的结果。因为在此之前我了解过的一

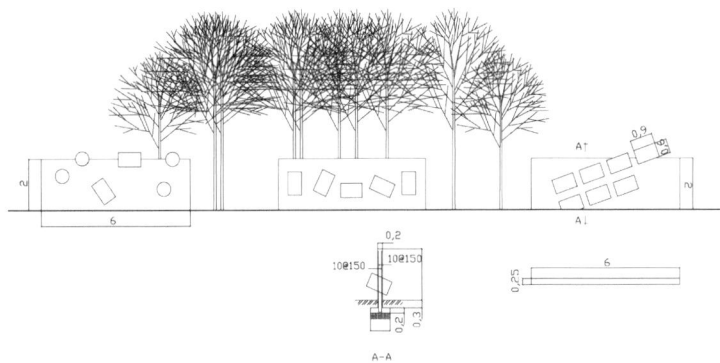

些资料里面讲：这一地区历史上人类活动很早，经常还有汉墓发现，附近的贺兰山上还有很多史前岩画，农耕文明和游牧文明都曾在这里留下痕迹，而大规模的开发利用也是近代的事。

车的速度很快，其间不断地有河床闪过，然而没发现有水，只是看到遍地的卵石。我问了一下同行的当地人，说这里的农村主要以灌溉农业为主，也有养殖业，主要是养羊。这里地下水丰富，只是因为日照强、风沙大、天气干燥、蒸发快而使地表缺水。

在第一次的实地考察之后，我们进入整个项目的设计阶段。

我们在这个方案的设计过程中，不想被一种风格所束缚，更想强调景观规划设计的个人感受。我想，理想的设计应当是全方位的。

注重这一地区独特自然生态环境的意识是我们设计思维的基本考虑。

我们认为人类活动和自然环境的发展是并行的，是同等重要的。然而随着人类生活区域的扩展，无论在城市还是在郊区，大量自然环境受到人类的破坏与侵蚀，自然环境和人居环境之间的矛盾无疑已成为当代社会急需解决的问题。通过我们的设计，力图使这一地区的自然环境和人居环境最大限度地协调发展并且都独具特色，是我们设计工作的主要内容。

在方案的设计过程中，建设方有一个功能性的考虑：他们提出要建一个容纳两万多人以上的露天演艺广场，以满足未来大规模演艺活动的使用。经过论证，我们建议不做大规模的硬质铺装和植草种树，而是利用自然环境的几个不断连续的沙丘围合内侧为基础，以最少的土方量就地挖掘1.5米～2米，利用挖出的土方将剩余的两侧添补，形成一个大致为椭圆形的沙坑。以沙丘的正对面原有的一块条状林带为背景，在它的正前方挖出一个演出台，它和坑底形成1.8米的落差。然后在其一侧，利用当地最为常见的河床卵石砌挡土墙，并赋予了一个陨石坑的概念。这样，一个投入最少，基本没有破坏植被的演出剧场便形成了。考虑到地表的土质局部已被破坏，我们建议在上面撒上野草籽。这一地区由于是泄洪区，地表土壤有机含量比较高，多年的荒芜是因为少雨而地表蒸发快造成的。只要有水，沙地的野生低矮植物是很容易生长成活的，而施工期间，在当地正好是雨季。

由于这一地区河床卵石众多，在这次设计过程中，我们大量采用大小不同形态的卵石作为基本造型元素。我们认为它首先是本地化的原生材料，并且造价低廉、朴实稳重，这从生态意识上或审美意识上讲都是很合适的。

我们在现场以高、中、低三个不同的视点，以各种形式造型，力图挖掘和表现出这种古老材料中新的审美价值。在主入口区域及南侧入口沿线，我们做了一系列石筐造型，以"网"的概念把石块直

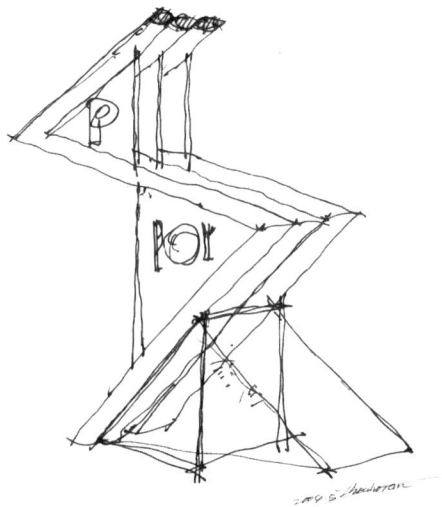

接盛放在钢网中，在视觉上追求一种稳定与活跃的对比。石块不做任何加工处理，突出其质朴的美感，有些还在造型顶部和中央预留了培植土，引植现场随处可见的耐旱灌木。

在道路系统的设计中，我们力求语言简单、直白。在主入口路面的处理上采用卵石做垫层，表面用击碎石铺装的形式。它的优点是：

a．天然材料，既和周围树木、沙地浑然一体，又自成情趣。视觉上有一种流水般的质感。

b．雨水可直接渗入地下土层，对周围的自然植物生长没有影响。

c．造价低廉，可操作性强，并可随意成形，同时又不乏稳定性。

在设计中注重当地独特的自然生态环境是必然的。然而，在我们的设计中，更想表达这一地区独特的地域文化气息。说到底，景观环境设计是一个文化和自然的关系问题，没有人文意识关照的设计是没有灵魂的设计。当代的人文意识在此次艺术家别墅的策划、设计、建设过程中也已经充分体现出来。而与其相对应的景观艺术设计也应该对这种思考有相应的表达。

景观又不同于建筑，它具有自身的创作语言和情感表达方式。

"红栅栏，绿栅栏"

在艺术家别墅区的中央地带，我设置了几组旧的木围栏羊圈，是从附近的老乡家里买来的现成品，然后在表面涂上油漆——绿色和红色。

"绿色"：在夏季，它和周围的杂草树木混为一体；冬季到来，四周草木枯黄时，它又凸显出来。

"红色"：是一个更加强烈而积极的视觉符号，我们试图使它和周围当代感很强的建筑物之间引发一种热烈的对话关系，并随着季节的改变而有不同的情绪变化。

这个地区，历史上就有牧业养殖的传统，那是人们生存的惟一依靠。木围栏在这里只是个符号，而在老百姓的生活中却是最基本的记忆。在当今大规模的城市化进程中，我们不希望它从人们的记忆中消失。

"树筐"

我们在建筑物周围的林地以及休闲营地的中央绿地上，围绕树木做了一些"圆筐"，树筐用柳条手工编织，上面留口，在春夏季节可避免牲畜或人对树木的损害，秋季也可捡落叶放入其中当做肥料。在形态上，我们想寻求一种亲切感，并与周边环境相协调，而更深一层的含义是渴望使人感受一种既久远又生动，并已逐渐成为记忆的民间手工艺气息。

在工业时代的今天，这样的一些意念可能更具有现实意义。

2004 年 6 月于北京

2

自然主张
周皓然

回想起来，我感到非常幸运地于2004年4月—8月参与银川摩托车旅游节："艾克斯星谷——PHOENIXVALLEY"项目的景观规划设计与监理。我同宋永红、宋永平、哈德是多年的挚友，大家平时也常在一起聊些形形色色的话题。宋永平是一位重要的当代艺术家，同时是银川艾克斯星谷十二栋建筑设计人之一。大家在一起经常探讨建筑的话题和具体方案。我们彼此都感到："中国的建筑又一次处于转变之中。这是对当代中国广大城镇建设潮流的反应，是到了该反省的时候了。"随着城市化步伐的快速发展，城市面孔背后更真实地透露出："环境对乡村的渴望，建筑对多样性的诉求。"从这一层面上讲，建筑设计首先转向更富有人性意味的建筑合理方向。在这里十二位艺术家各有不同的理解，他们真实地、准确地表达了各自的主张。同样，作为中国景观艺术设计领域的人文气息也将带给我们更多的思考。

石

"素朴材料的敬意"——把材料作为组成景观艺术作品的平等元素。

2004年4月20日，初到贺兰山脚下，它独特的自然气质表达与地域文化给我极为深刻的印象。创作的冲动也带给我更多的思考。

"当夜幕的贺兰山已经沉睡，沙丘、沙枣树、杨树在私语时，我仿佛进入了梦境——我梦见了山川在行走、石头在滚动，听到了石头在厮磨，看见了地下河流在湍流，野兔在跳跃。"

2004年5月18日下午，我同吕澎（批评家、此项目的总策划）、毛同强（十二位当代艺术家建筑设计成员之一）、哈德来到贺兰山，在当地独有气质的自然环境下再次感到："运用最为朴素的、平直简单的语言形式来表达是最为适宜的。"

从一定意义上讲，石头是有生命的："它是雕塑、是诗人、是哲学家、是艺术家"。

中国人对于石头有着久远的认识和深厚的感情。在中国历史上，石纹里浸透着人文的痕迹，代代相递。石头除了用做工具外，它还记录了文明的传承。然而石头与我们厮守到今天在城市里已经淡出舞台。在贺兰山，它是随处可见的最为素朴的材料元素，但

在意义面前我眼中的石头是那样的真实，有与人类一样平等的自然意义。它同混凝土、工地的脚手管等等材料元素一样往往是建筑物的骨骼，是配角，今天我有让它做一次主角的冲动。艺术家建筑区域憨石系列——"明星、悬石、浮石"就是这样产生的。山体的巨石在空中飘移、悬浮，仿如天空的云彩，它带给我童话般的游戏体验……

在我多年的艺术设计活动中，一直是遵循自然主张基础上的创作。把一切事物看成大自然的生命体，力图通过材料的形状、尺寸、体量的正确运用，把自身放在与材料元素平等、自然的意义上来创造景物，使各个部分连接成一个整体并对服务的对象具有意义，它所表达的是新情感，是新体验，是心灵的再现。

在那里，有连绵起伏的贺兰山脉，有远处沙漠化的大地，有久远的河床痕迹，但只有到雨季才有

雨水存留。人们从四面八方聚集到40公里以外的地方，身心渴望恢复，渴望生命的活力。

景区内的道路采用当地的砾石垫层作为路面的和谐处理，杜绝硬质铺装。当人或汽车在上面经过时，伴随你的沙沙声像是溅起的水花及回荡的声音……再利用卵石有序堆砌的路埂，配以两侧混凝土、角钢组合的孤独（灯）；中央是若干树木被角钢、卵石构筑的三角形的包裹处理，共同营造一种河流的幻象。它能碰击到人们的内心深处并引起共

鸣，产生一种当地独有的地域过程体验，保持一种与大自然对话的场所。

沙

"透过一粒沙子看世界。"——在我们生活的星球上沙子遍布全球的各个角落，它目睹了自然环境的变迁、人类的发展历程。自然界，沙子是石头风化、侵蚀的结果，并形成特有的广阔地貌。在银川，它形成一片片的沙湖。当我弯下腰捧在手中的时候，还能看见石头的影子。

2004年6月10日清晨，当我站在沙丘上，眼前一阵风忽然卷起一片烟雾，我仿佛听到了大自然的呼吸，使久居大都市的我走进它的世界。当我们驾着吉普车摇晃地爬行时，又仿佛在他的脊背上行走，这是我在自然界怀抱里的真实感受。

利用原有沙丘修整成的环形围合我们叫它"陨石坑"（演艺广场）。在那里，8月初即将释放出巨大的能量——"中国摇滚二十年"。

置身于"宇宙"空间的"陨石坑"的构想是以再现地球历史风暴的现场感为主题展开的，把露出地表的大大小小的沙坑形象化地拉近时间和空间的距离，表现出对生命探求的远古感受。在这粗犷的环境里，人们仿佛又听到那一刻惊天动地的爆炸声。在空间里，把自然主张的思想注入到这个作品中，使这一场景让人不仅能感受到大自然的博大，还能够唤醒人们被忘却良久的责任。

废弃物

在贺兰山探索的不是形式，而是一种有创造性的规划思想——"自然主张"。它是一种人性的体验，是一种心灵的对话，是在整体体验上寻求各种最佳的创造。即，使一切景物脱离自然原型进入人格化和生命体的层次，平等地组织邻里景物的关系，由人来品味。

在地势凸现、沙丘构筑的陨石坑——"演艺广场"远处的平坦地带，安静地摆放着汽车轮箍密实排列的球体，它似一块遗失的陨石。在城市里，轮箍是作为废弃物而被抛弃的，但在这里——"摩托车旅游节"，它的价值被再次发挥出来，也是特殊功能场所的需要。同时，由轮箍共筑的有机的球体，给人以新生命的暗示。人类也是一样，越是普通的人，往往凝聚出奇迹般的力量，这不也是我们中华民族的传统美德吗？古人云："身与物接而境生，身与境接而情生。"环境的文化内涵是一种创造与被创造的关系，使人富有想像地参与，从中获得提升与满足。

我的原意是建造几个大体量的球体组合场景，但无奈于施工工期的紧迫，当地汽车轮箍数量上的匮乏，因而在数量和体量上都大打折扣，至今还是一件憾事。

这段时间，工人们从盲从的工作状态到看到一件件景物在自己手中得以实现，开始变得饶有兴趣起来。

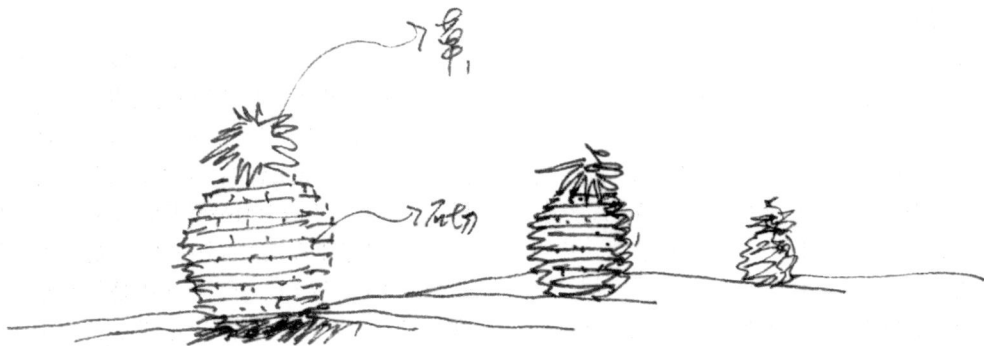

树

近处是沙地，放眼望去的地平线被片片野生林地障在眼前，这里便是十二栋艺术家建筑区域。设计几处由直径20毫米~30毫米的砾石铺成的波浪曲线地表，再把自然生长的树点缀其中，树干由当地的农民用柳条手工编织成的枣核形包裹起来。这一设计是基于树的自然结构、线条和当地土壤的考虑结合在一起，树木被重点地保护起来。同时，柳条的柔韧性、砾石的坚硬感、树叶的蓬松感被强烈的对比在一起。在冬天，树叶凋零的时候柳条也将变成白色，枣核形的包裹会给树林增添光彩。若干年后，随着岁月的流逝，柳条将腐烂在土壤里，最终回到自然的怀抱。

铁管

在十二栋艺术家建筑区域里，透过建筑物的玻璃窗可以看到一处长15米，宽5米，高3.8米，由79根直径140毫米的铁管按高低次序倾斜排列组成的锥体——管子系列—"冲"。侧面看，重叠的不等边三角形给人以山脉的联想。而且景物表面未加任何修饰，它固有的材料本色将伴随岁月的改变而变化，是运用最质朴的语言与远处的贺兰山遥相呼应，是人工材料与自然材料的平等对话，是坚毅性格的共同表达。

混凝土

在十二栋艺术家建筑区域的空地里，自然地点缀着混凝土十字——"前卫坐标"。在其素朴的表面摹印"X"与"Y"大地坐标点的数据，这一建造与天上的星星长相厮守、相得益彰，连同"陨石坑"一起尤为符合艾克斯星谷项目的"星谷"概念。

混凝土原是天然材料的再创造，但作为十字星，它那份质朴的、坚实的、永恒的魅力被充分地表达出来。

混凝土与脚手管

在我们所规划的区域里，有混凝土与脚手管构筑的指示系列——"诚实的管子"。这两种材料的价

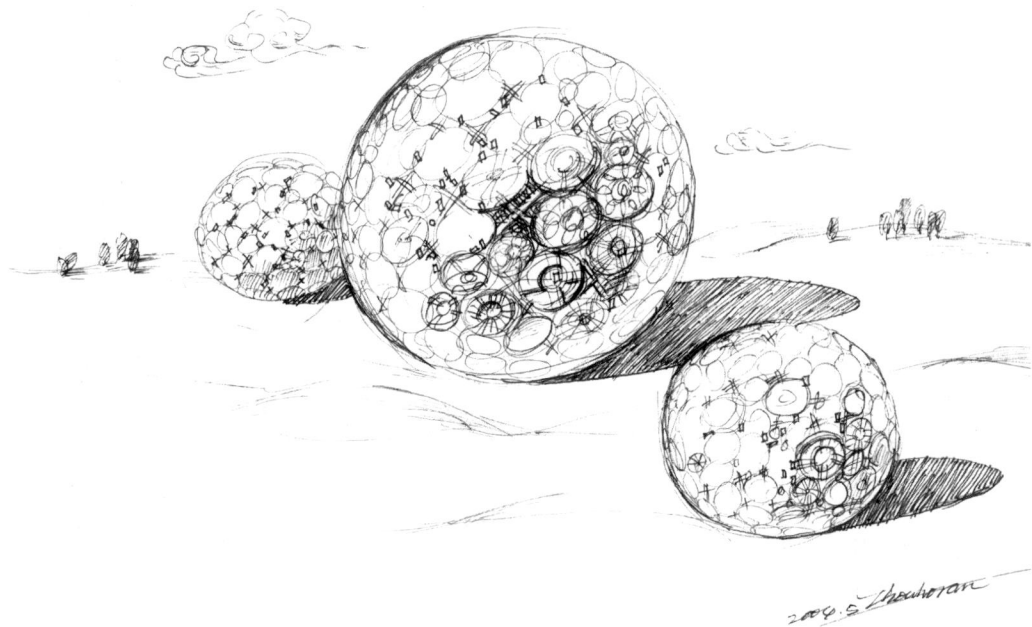

值，在建筑工地里是作为建筑用的辅助设施及内部构造而存在的，是最为普通的建筑材料。它们未加任何粉饰的重组设计显得更有忠实可靠的味道。同时，还符合当地独有气质的自然环境，并把它们自身的特性恰当地发挥出来，而且坚固耐用。

混凝土与汽油桶

在演艺广场一侧的密林区域，两侧是五组由混凝土、汽油桶相结合砌筑的墙体围挡。除了限定区域的功能外，我们是把它作为整个规划场景中的雕刻元素来设计的。汽油桶具有汽车时代的明显烙印，仿佛汽车在开走之后就生长在那里一样，汽油桶音符般的跳动组合奏响了素朴材料："自然平等的、新生命体的乐章。"

在这里，
素朴材料回归到自然的平等状态，
有了与人类对话的平台。
面对这些，
你必须全面地去思考它。
在这里，
勾画的是体验，
保留下来的是对"素朴材料的敬意"。

2004 年 6 月 28 日，于北京。

3

关于"艾克斯星谷"景观规划设计与艾未未的访谈

时间： 2004年7月4日星期日　16：00
地点： 北京艾未未私人住所
人物： 艾未未（艺术家）
哈　德　北京清木堂景观规划设计研究中心
　　　　设计师
周皓然　北京清木堂景观规划设计研究中心
　　　　设计师
宋永平　北京农学院设计系教授（艺术家）
石　洋　《瞭望东方》记者

谈话是从一些设计草图开始的:（草图：诚实的管子系列）

哈：这是一个标志，在入口的地方，钢管以及钢板焊接在一起。有霓虹灯可以发光。

艾：属于雕塑性质。

周：艾克斯星谷的具体标志。

艾：叫什么？

宋：艾克斯星谷。

艾：就叫"艾克斯星谷"？

宋：对。

艾：这是我们家人那，也姓"艾"呀。

哈…….

（草图：诚实的管子系列）

哈：这是指示系统。

周：用钢管和混凝土做的，当地的地貌很空旷……

艾：我知道，因为我在新疆长大。

周：我们运用平直简单的材料。

艾：已经不简单了！混凝土就已经够了，再加一个"钢"的话，就好像……两种东西怎么往一起靠一下。

哈：就是从工地里面找一些材料。

艾：一些因素。

艾：钢管没有这么粗。

宋：管子也就是不会超过80毫米吧。

哈：对，这个东西的体量也不是特别大。

艾：这个管子和这个混凝土埋件焊。

（草图：冲动系列—1）

艾未未、哈德、周皓然、
宋永平、石洋在北京清木堂

艾：这是一个车，灌在里头了。

周：割裂开了。

艾：这挺好的。

哈：头和尾是两个方向，切断了。

艾：噢，还切断了，切断就不如不动它了，一旦动了可能性就太多了，不动呢反而在一个条件下说话会有力量，一旦动了就没什么力量了。因为它可能性太多了。不动的话，可能性不是太多。

（草图：冲动系列－2）

周：这是汽车的轮箍，钢胎除掉橡胶的那部分，焊了几个球。

宋：这个地方是摩托车越野的赛事基地。

艾：西部那边的味道，做得挺有味道的，就是混凝土和钢棍不太好，其他味道还是比较足实的。

（草图：发现）

周：这是用砖砌的。

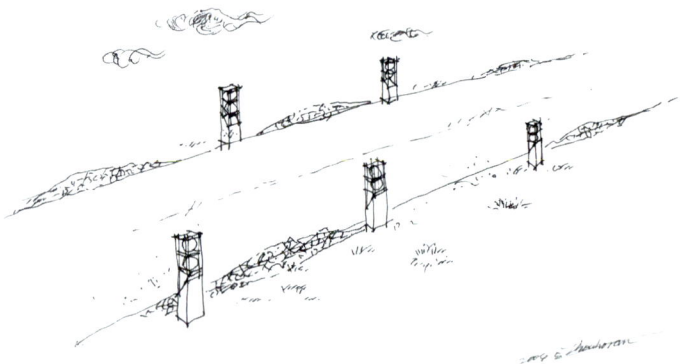

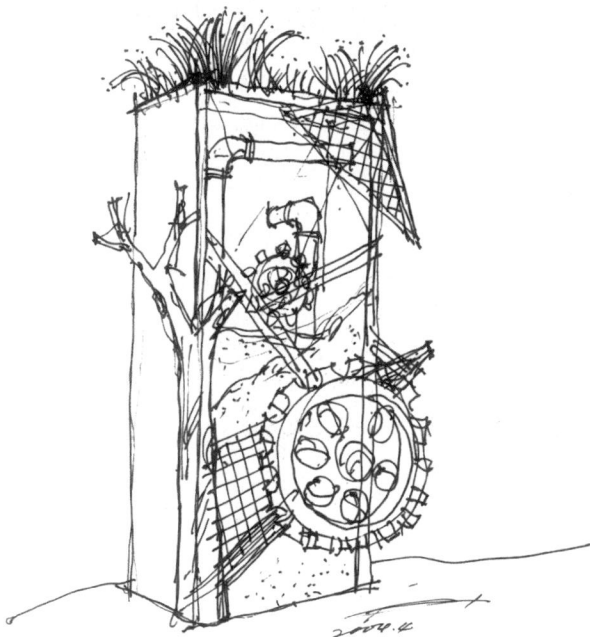

艾：挺好用的，但是没有用足这种味道，这个里面没有什么卵石。

哈：有一些拍好的图片，现在都在实施当中。

艾：这是个什么东西？

周：这是铁管作的。

艾：栏杆？

哈：在这块区域里面，其实是最不适合种好多像树、草，一个是不太好成活，再有就是维护特别麻烦。

艾：这个东西在那儿倒是挺好，不生锈，就是锈也锈不到哪儿去。这种我觉得挺好的，我觉得语言肯定一点，应该把它倒满，大大小小的，里头满了可能更好一些，都卡在里头，像生长，有某种象征意义，而且将来底下小块顶上大块。

周：有，有些地方是这样做的。当地的材料尽量利用。贺兰山石把它提炼出来一个单一的元素。

艾：你不可能太大呀，这东西，多大，这石头？

周：大概有一吨重。

艾未未、哈德、周皓然、
宋永平、石洋在艾未未工作室

哈：这种形态大大小小大概有那么几组，不同高度。

艾：重量在那儿，不会太大。这是大门？

周：这是个石头拱门。

哈：用钢结构做，加网子。

艾：中间跨度这么大，不会压下来吧？

哈：不会，整体跨度是 10 米，中间部分应该是 8 米。

宋：这有可能中间是空的。

哈：中间是空的，太重了。

艾：这不好吧？这种东西要做，肯定要符合这个东西它本身的那种感觉，本身的重量和味道是艺术家作的很重要的东西。有一个不知道是德国还是哪个国家的设计师，他做了几个石头的台阶，实际上这几个石头的台阶，就是踏步啊，实际上可能是 10 米深的柱子埋下去的，表面上还是漏着这么一块，虽然他走在上面是知道的，但是谁也不知道，谁也没遇到过这种事。但是你想这个事情……（手势），就像咱们中国人，厚积薄发……

哈：这个方案在一条将近 200 米长的路上，中间还有一排树，把这个树空开，局部有树的地方空开，其它地方填石头（路中央菱形石筐）……

艾：做了这么多！蛮好玩的，里面带灯的？

哈：有，晚上有灯光。

艾：这里应该用一种什么方法，能够吸引蚂蚁。有一种自然界的感觉……

周：这次我们利用石头做了一个系列。

艾：整个味道挺好的。

宋：在它们的内心，要接近自然，要跟自然交流。

艾：但我感觉到的却是和自然对抗。

艾：是这样的！人一旦有追求就走向反面。因为事情就是事情，一旦有追求就要走向反面。

艾：很好，表现的还是人的意志。这个里面有很多有意思的东西，但是也有很多"俗"的东西，但是你们把"俗"的东西去掉的话……当然你们做景观，要照顾到很多因素。

艾：向这样的形态我觉得太反动了（柳筐方案）。

哈：实际上作了一个意象，超现实的一个意象，

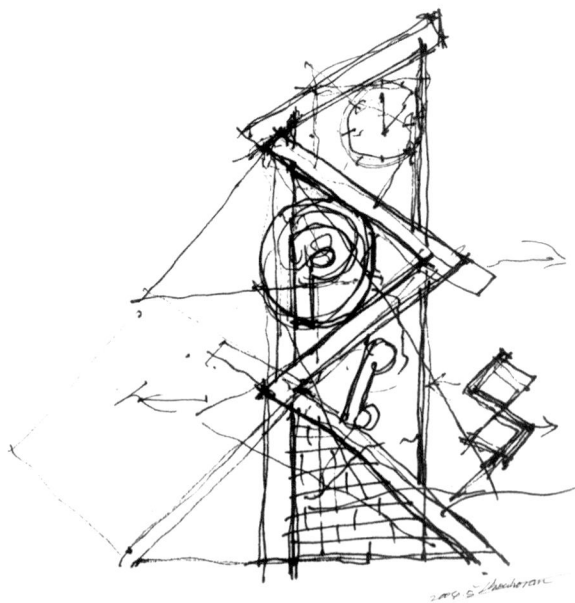

贺兰山房：**艺术家的意志**

想体现一种手工艺幻觉的味道。

哈：这是在赛场前区域做一些汽油桶，一个墙的样子。（汽油桶与墙方案）

艾：汽油桶在墙上好啊，这个比先进来那个路标要好太多了，这个东西寓言很"荒"，很荒凉，那个太文明了，这个语言我觉得很有西北那种"劲儿"。那个标志有点太城市化了，跟文明有关的东西太多了，就挡不住这个……这个大自然的力量太大了，相应的语言才能够支撑。所以你们的这个想法里面，其实不乏想法，你们可以做很多东西，这也看得出来，手段也很好，但就是怎么让它不要成为太设计的东西。设计能力很强，但这可能正是你们要回避的东西。当然，在市场上不一样啊，但是还要有正确的政治观念，还是那句话："没有正确的政治观念，等于没有灵魂。"这是你们系列作品的灵魂，作任何事情，最后能提升你设计的不是靠视觉上的巧、华、好，这是第一层次。当然世界上好的设计强调的是好想法，或者说，把语言转换好，把思想转换成物质，但是如果能够加进去你们的生活态度，那种说俗了是时代感、世界观的东西。说俗，但实际上是很重要的。这个东西就会使你们成为一个让人刮目相看的设计师。就像那几个石头的台阶，他那种对事物的看法，那种奢侈感，对设计的理解（手势）……对

设计的理解一定是建立在颠覆设计的基础上，你没有颠覆大多数人对设计的看法的时候，你永远是在一个范围里头，不会走出出息来。

我总觉得，你学设计，在这个行里头混，实际上，并不是一件很愉快的事情。但是做一件作品要足够能够是一个报复的行为，我觉得，足够让这一切东西让我感觉做的值了。我见到有的人给人设计个东西，人家要一个，他一下给人做了800个——那种标志性的东西。但是我觉得这就是一个最大的问题，结果他变成了产品的一部分，你没有把那个东西当成你思想的一个产品，而是你把自己化结为产品的一部分，这是挺亏的一件事。看的出来，你们是很有想法，又有方式，而且愿意在这个里面很有这种开拓精神，所以还是应该对生活，让生活，怎么说呢，要做出一种对生活的报复，让他们不要忘掉你们，这才行。我觉得这个标准还是要有。要不然的话花好大力气，心里又不是太满意的时候，那个味道不是好滋味儿。当然，挣钱是一回事，商业当然……如果就是谈设计的时候，就是硬碰硬的事。对自己要特别的信任，而且要特别有观点。特别有观点最重要的不是说我多注重观点，而是我自己可做可不做的事，我不做了。"宁伤其十指，不如断其一指。"这是很形象的一个说法。断其一指，物质形态完全发生变化了，很彻底，伤痛感是不一样的。确实，你可以添加，也可以减少，但是这个事情必须是物质性质的改变。

周：我感觉因素太多了。

艾：因素太多是在一个语言范围内，在一个层面上感受那种环境状态对物质的理解。这种理解绝大多数是见过的什么城市雕塑，绝大多数已经跳出了形式美感的、庸俗的逻辑，去探讨这种环境啊、材料啊，因地制宜的一些关系。在这个路子对的情况下，大家都在找的话，你的找和别人的找有什么不同。一个显然好的方式，常常你要问这个问题是什么，会出在哪儿？比如说你显然肯定是有问题的，所谓你的追问够不够，所谓你会在一个地方绕圈子，是你的追问不够狠。因为你是一种自我谅解、自我陶醉，或者自我欣赏、或者在假定的这种美学，维护了这种美学。

周：看来态度应该更坚定、更明确。

周：您刚才说石头填充不够实，里面还是有一点技术问题。

艾：解决不了你不要做，换一种你能解决的问题做。你做不了大的，你做小的吗？不能够说我怎么样去找个理由，这是最怕的。因为感受不了，所有人都在找理由。其实，在生活里越是所谓逆来顺受的人，他越要找理由。比如说卡夫卡，他找不出理由，他才把自己提升为"卡夫卡"。他就会因为很简单的最小的事过不去。你不能把自己的标准降低。你到市场上去走走，最坏的产品也都卖得好。这样你就说世界不按照我们的想像来发生，但是我们的世界是可以按照我们的想像来发生的。你不要去认为你提供的好别人就会认为好。不存在这种事，人是有各种层面的。

哈：您觉得现在中国的设计领域有自己的风格吗？

艾：每个民族肯定有自己的思考习惯、习惯动作，传统本身是一件旧衣服，你可以披，他也可以披，可以盖在羊身上，也可以盖在鸡身上，没有任何含义。但是我觉得现代主义的方式就是说：用今天人的对技术、对生活的理解，对状态的理解，对速度、对规模的理解，产生出来的东西，应该说是奇迹。他应该是跟一切都有关的，奇迹本身就是从无到有发生的一个过程。如果说是和传统有关的，也

常常是一种折中的，不是那么……

你在自然界随便拔一棵草，或者摘一片叶子，它都是完整的。不管是什么，它自身是完整的，但是人做的东西就是有这些问题，他这个完整性是不够的。但是在这个问题上你都不去深究的话，那……

我认为，临建都是完整的，因为，它符合了美学。但是我们的城市建设为什么是不完整的，因为设计师本身都是没理由的作品，人家那时是有理由的（临建）。我觉得好的设计都会有困难性，我认为你们应该坚定不移地走自己这条道路。但是这里面呢，肯定要防止一些污染。

周皓然
北京清木堂景观艺术设计研究中心负责人

1971 年生于黑龙江省齐齐哈尔市
清华大学美术学院工业设计系毕业
现主要从事景观艺术设计、舞台设计

哈德
北京清木堂景观艺术设计研究中心负责人

1969 年生于内蒙古呼和浩特市
北京艺术设计学院工业设计系毕业
现主要从事景观艺术设计、舞台设计

4

在贺兰山留下永久的记忆

贺兰山房设计与建造过程的记录

吕　澎

艺术批评家

1

邀请十二位艺术家在一个远离中心大城市的西部荒芜的地方建造房子，这听上去是不符合一般逻辑的。坐落于宁夏贺兰县境内，距银川市超过三十公里以上的金山地块，最初看上去没有任何特点，不过是一些沙丘和难以生长植物的荒地。尽管到西部的人们为了旅游去距离银川更远的沙湖，但是，他们经过金山这个地块是很不经意的。只是，如果留心一点的人会发现，金山这个地块的树林很茂密。这片树林不是人工栽培的，但是树木的生长和姿态丰富让人吃惊。观看地块的那天，艺术家们从中巴车下来，进入这片树林的道路时，他们发现了些许过去的情调：让人想到"19世纪"或者"忧郁"这样的词汇。

的确，当第一次与毛同强走进这条树林道并且在林间散步时，灰色的调子唤起了一种没有目标的回忆感。我当然很难说出这个自然环境究竟在各自的心中唤起了什么，不过，她调动了一种历史感，一种与这个地块一定要发生关系并且做点什么的感受。夕阳的金黄色赋予这块荒芜的地方一种历史的假象，我在《建筑：艺术家的意志——关于"贺兰山房"HOPELAND的设计与建设的陈述》里说："自然中没有一处没有历史。那些被认为长期无人的地方不是没有历史，而是没有人将其历史书写出来"，就是因为这样的感受唤起的词句。我很清楚，历史感不是客观的，那是人的赋予，一种注入。自然的历史没有始终，而人的历史感是阶段性的，是有始有终的。

我们大多数人对都市的建设厌倦，尽管我们希望进入干净堂皇的酒店。所以，如果不在一个完全与都市没有关系的荒芜之地做点什么，是难以满足人的自然性的。正是因为一种长期的厌倦和内在的渴望，决定了在金山建造房子，建造完全不同于专业建筑师习惯性地设计的建筑。尽管事情的起因非常偶然，但是，当有一天"贺兰山房"这个名字出现时，我感觉我们已经赋予了这个事情一种必然的内涵。

2003年12月10日，参与设计的十二位艺术家在即将建造房子的地块上走动，每个人找到自己的桩点标记，不同程度茫然地观望着周围的一切。事实上，完全没有建筑设计经验和基本知识的艺术家仅仅是凭借一种经验给予的自信、一种本能的兴趣和一种对群体活动的信赖进入这个陌生的环境。照片记录了这天的情景，对于这些拥有特殊智商的艺术家来说，尽管时代给予了一种游戏的许可，没有人再像20世纪80年代那样，对待将要做的事情有一种神圣性的态度，但是，要将一份完全可以实施的建筑图完成，并且将图中的建筑实在地建造出来，这不能不是一件让人不得不严肃起来的工作。

选择何多苓作为设计者之一，是因为我很早就了解到何对建筑的兴趣。按照他自己的话来说："严格说来，设计并建造一所房子是我最强烈的愿望。"在过去的好几年里，何多苓不仅热衷于像刘家琨这样的建筑师讨论建筑，他甚至干脆将自己的女儿也送到美国学习建筑，从他对建筑向往的程度来看，他已经有将建筑神圣化的趋势。事实上，在12月10日观看地块的艺术家中，何多苓是研究环境最为细致的一个，他丈量了桩点与周边树林的距离与关系，并且仔细了解了地质与水文方面的情况，在汽车里做下观察的笔记。这样的态度当然让人想起有经历的人的做事习惯，想起何多苓本人的绘画风格，想起年龄区别导致的做事方法的区别。

周春芽在听说有这个事情的时候就说过："如果有这样的机会，我一定要参加。"建造一个自己的工作室是周春芽好几年前就萌发的愿望。他经常问我是否能够找到这样的开发商，在开发的地块上撇出一块地，按照自己的想法设计一栋工作室。这样的愿望一直没有实现，最近，他干脆和其他几个艺术家在成都机场高速路旁边的农村租下简易的仓库做画室。本来，我在青城山与他人共同有一个地块，我也设想有一天开发时，可以让艺术家自己在这个青山绿水的地方建造工作室。这个愿望仍然没有实现。直至我决定策划建设"贺兰山房"，周春芽就自然地成为设计群中的一员。

2003年10月，我去了珠海，那是吴山专邀请的结果。老吴这个时候代表合作的德国校方在北京师范大学珠海校区的国际新媒体学院教书，在那个枯燥的地方，他希望有人聊天与交流。这样，我与老吴有了充分时间的交流。我询问吴山专是否愿意参加建筑设计时，他毫不犹豫地答应了。他说他会设

计出非常有意思的房子。事实上，我对老吴是有担心的，他对建筑一无所知，并且是一个艺术上的后现代主义者，他对一个具有功能性和人性化的设计工作有多充分的思想准备是难以猜测的。尤其是当他在香港打电话说他已经设计出了方案时，我更是紧张，"你没有观察你的点位的左右前后，怎么可以进行自己的设计？"我问。"我的建筑是一个'字'，她可以适应任何环境。"他答。这样的回答尽管充满信心，但是，完全没有让我放下心来。我的猜测没有错，当吴山专看到广袤的沙丘和树林时，他承认："事情没有这么简单，对，没有这么简单。"

作为多年的朋友，王广义肯定应该是这个设计群中的一员。出于对老王的智商的绝对信任，尽管我想像不出他对建筑有什么样的感觉，但是，也对他做出一个很有意思的建筑抱有希望。与老王沟通时他正在大连，几天后，他邀请黄专夫妇和王友身到三亚度假。能够想像，王广义在没有到达银川之前对设计这个事情没有多少考虑，事情仿佛还根本没有开始。只是在银川毛同强的"感觉吧"里才知道，王广义专门去买了一本关于世界建筑设计400例的画册，看过之后说："知道该怎么做了。"在地块上，尽管他站在桩点的位置观看了许久，但他的样子不动声色。他接受采访，用词严谨且富于遮蔽性，那是他的风格。即使在第二天的项目技术咨询会上，老王也没有做任何笔记。我想，在他看来，重要的

仅仅是方案，其他问题由作为助手的专业建筑师去解决。

想到叶永青是很自然的。"叶帅"几年前在昆明引发的"创库"成为都市文化的知名品牌。艺术家们利用旧有的厂房改造成的酒吧和工作室充满个性与趣味，并且成为艺术展览和艺术交流具有魅力的场所。叶永青是在安排了个人计划之后承诺下这个设计任务的。就气质而言，叶帅的出发点一定不是艺术史或者建筑史的基本概念，而是个人对生活的理解。叶帅的桩点在一片包谷地里，这仿佛有些象征意义，这毕竟长出了庄稼而周边却是板结的荒地，这很容易让人想起"生命"这样的词汇。因为嗓子发炎，叶永青在整个观看地块的过程中显得委靡，缺乏精神。但是，阳光下的叶帅戴着一副墨镜，让看过他的照片的人想起"黑色"与"经历"这样的词汇。

是毛同强向我重新提示宋永平这个名字的。我熟悉这位艺术家的艺术，他的关于父母晚年境遇的照片给我深刻印象。不过，我还是相信，一位生活在北方的艺术家对银川不会有太多的陌生感。我也突然想起几个月前看了贾樟柯的《站台》，宋永平扮演了里面的团长，故事使我回想起八十年代，也就生发出一种关于岁月的伤感。贺兰山房的地块是荒芜的，尽管没有任何理由与逻辑，我还是将宋永平与在西北地区建房子联系起来。果然，当我见到宋永平时，我认为我的无意识联想是正确的。

给曾浩打电话是在周春芽的家里。周告诉我，曾的女朋友是搞建筑设计的，他肯定会很方便。事实上，曾浩多少年来画的小人物、小家具让人吃惊，那种微小与曾浩本人的造型不对称，所以，让曾浩设计房子是有悬念的。就像一个朋友说的，曾浩画中的家具四处飘散，可是装这些家具的房子在哪里

呢？很快，曾浩会为他画中的那些人和物设计出一个空间，不过这个空间不是在大都市，而是在远离大都市的贺兰山。

由于我始终认为张培力是一位重要的艺术家，十多年前写作《中国现代艺术史：1979—1989》的时候与他初次见面留下深刻的印象，所以我仍然认为邀请张培力是必要的。张培力八十年代艺术冷漠的调子发展到九十年代意义的终止，这样的精神状态在建筑设计上究竟有什么可能的联系，是富于悬念的。张培力在电话里告诉我，他很有兴趣来设计房子。我问他，技术上的问题是否有把握去解决，他的回答是："难道对我还有怀疑吗？"我并不了解张的日常生活，总认为与四川艺术家比较，在表面上富于理性的艺术家不会有温情方面的感受，或者没有兴趣。而建筑属于人的空间，对张培力这样的艺术家，人性的满足究竟会构成什么样的课题？这是有趣的。

在电话里询问耿建翌是否对设计房子有兴趣，"当然有啦，"他回答说。耿建翌在很早的时候就表现出特殊的敏感性，1986年到1987年完成的几个"大头像"事实上构成了判断终止的最早的提示，后来，有人说九十年代的"大光头"开始于八十年代的耿建翌，这样的联想虽然简单，但是在敏感性的历史方面显然要从耿建翌那里说起。这样的艺术家对建筑的理解或者对相关问题的理解不可能是淳朴的路子，尽管功能问题成为艺术家要考虑的重点，耿建翌在工程技术介绍会议上也询问了不少功能与技术性的问题，但是，什么是他进行建筑的真正出发点，我们只有见到他的图纸或者已经建造完毕的房子才有可能清楚。

毛同强在2003年10月开始了他的"感觉吧"的经营，他将旧有的建筑进行改造搞出这个酒吧，与另外两个酒吧共同构成银川的一种时尚，这是他的设计意愿的最早满足。现在，要在贺兰山真正设计建造出一栋四百平方米的建筑，这显然不是一件简单的事情。他告诉我，他很自然地会去考虑地理、气候以及地域的历史特征，但是，那一定是一个今天的人设计的房子。他有一句话很有意思，他希望人们能够通过他的建筑触摸到诗意。可是，富于诗意的阳光究竟如何透过毛同强设计的房子的窗户或者空间照射进屋子里，我们不知道，但是，艺术家很快就要通过立在大地上的房子告诉我们，诗意是如何被实现的。

我曾在北京SOHO现代城看到丁乙的一个沉重的金属构架雕塑，让人很容易联想到建筑的概念。丁乙的符号始终没有变化，即便是在这样的钢件上，也有许多"十字"符号。如果让这位艺术家真正做一个建筑，那将会是怎样一种情形？我们很难判断。不过，丁乙说了，这是一项不可随意对待的事情，一幅画没有画好，可以存放在画室不让别人看，倘若是一件被永久放置在大地上的作品就无法回避别人的判断了。"还会有'十字'出现吗？"我问。"很难说，"他答。在整个观看地块的过程中，丁乙没有太多的言语，这样，我们就只能用对历史的信任和期望来等待这位艺术家的作品的诞生。

洪磊在他的照片里出现过不少古建筑，他让莫名其妙的鲜血从建筑里流淌出来，让人内心产生恐

何多苓"泉水别墅"早期草图

惧。在北京曾经和洪磊讨论过造房子的事情，他说如果能够在沙漠上建造一栋建筑，那将是奇特的。事实上，洪磊已经在常州买下一块地，他准备为自己建造房子。现在，他必须在西北荒芜的地上先造一栋可以用于经营的房子，这对于他来说自然是一件十分值得兴奋的事。建筑不是图片，她必须被造出来可触摸。同时，在完全不同于南方的环境中建造房子，什么样的情绪会产生出来呢？在荒芜的地方能够出现微妙的、细腻的当代诗意吗？这是难以判断的，因而是具有挑战性和刺激性的。

12月11日，在结束了项目技术咨询会，签署了设计合同之后，作为建筑设计师的艺术家们纷纷奔向机场。尽管他们离开了银川，但应该算是回到贺兰山。因为，他们开始了在贺兰山建造房子的设计工作，他们已经开始了与贺兰山永远不可分割的联系。

2004 年 1 月

2

同时让十二位从未设计过建筑的艺术家设计房子，并按企业化的要求在规定的时间里完成并建造出来，形成一个建筑群落，还要将其用于经营，这是任何人和房地产开发公司没有尝试过的，因而被认为具有很大程度的冒险性。但是，无论如何，这个冒险已经开始了。

在艺术家们于12月11日从银川回到各自的城市

之后，为了使他们的设计工作更为顺利——毕竟他们根本没有任何充分准备就开始工作，这显然是仓促的甚至从专业的角度讲是可笑的——并得到更多的信息。

回到成都后，14 号与何多苓在"白夜"见了一面，目的是想尽可能地让他增加信息，获得设计的资源。何多苓在一开始就告诉我，他的出发点是建筑，不是艺术。在他的画室他曾说过：小心有人搞艺术。我将这样的话转给了在香港的吴山专，吴的回答是：不要做这样的提醒，"在'85时期'我就没有搞艺术了"。何多苓的方法是仔细的，在银川他单独与总工程师进行了交谈，了解地块、环境、历史和习俗等等情况，并在整个考察过程中做笔记。这个时候，何多苓没有将他的想法说得太具体，只是说他一直都在考虑。后来，听说他做了两个方案，与建筑师刘家琨讨论后，又放弃了。直至春节前夕，何多苓将他设计的建筑平、立、图传过来，画了一幅小小的水彩效果图。这样的效果图使我想到了传统的建筑效果图的制作，但是画面的效果却实实在在是一幅有趣的建筑风景图。可是，当他得知最初确定的桩点做了调整，他又根据具体的环境在 2 月 17日提供了另外一个方案。

我于12月16日从成都出发，去了杭州，与张培力和耿建翌见面。和培力是在中国美术学院附近的一个咖啡厅聊天的。按照培力的说法，他的方案事实上已经在心中成形了。培力的桩点在一个小的沙丘上，他不想铲平沙丘，而是利用沙丘的现貌做一个看上去是两个火柴盒交错重叠，在具有一定高度的柱头支撑下的建筑。他只是用手描画了一下，强调了他的建筑的柱体可能会暴露在建筑立面的外部，看上去像没有做完的样子。但他还没有图，这个时候讨论更为具体的问题为时尚早。到了交方案的时间，培力传来一份用铅笔画的简洁的效果图，我问他为什么没有用电脑做或者画一些生动的图画，他反问我："有必要吗？"即便是2004年1月8日从常州到了杭州，与老张第二次谈论的几乎是别的话题。

与老耿是晚上在"31吧"见面的。与培力一样，他还没有动手，但是，他告诉说他已经初步确定了他的想法，即以每个学习画画的人都知道的几何体来组合他的房子。他希望看到我激动的样子，因为这样的思路很"艺术家化"。而我这个时候关心的不是造型，是功能，我立即就想到了圆形的施工技术上的问题，我担心球形的结构是否困难，造价是否会提升等等。这样的习惯表明了我毫无创造性的心情与房地产的工作习惯。事实上，老耿的方案在设计出来以后得到了一些专业建筑师的认可，他们的认可含义我不清楚，我猜想，老耿的方案远离建筑学路子，很难从建筑专业上进行评价，这样反而充分地体现出了"艺术家的意志"。

我是在上海莫干山路50号丁乙的工作室见到丁乙的方案的。丁乙一开始的方案不是今天的这个样子，无论从建筑的平面结构与立面的造型，都让人想到他的"十"字符号。丁乙很快就放弃了旧的方案，做了一个看上去非常简单的方案。他说他想避免"十"的影响。丁乙用纸做出的简单模型，表明了他的用心与投入。我知道这次工程实施的难度很大：调整设计、提供施工图依据的地质勘探、保证开工条件的规划报批手续、落实施工单位、控制工程成本的同时加快工程进度、保证按时竣工开幕，这个过程将有太多的问题需要解决，时间非常非常的紧张。所以，丁乙在回到上海一个星期的时间就拿出了方案的模型，这是让人欣慰的。春节时，丁乙寄来了他做的方案册子。册子经过了设计，设计说明的内容非常全面、详细，这太容易让人想到丁乙长年耐心地画"十"字的情形。

19号从上海去了北京。第二天在京伦饭店见了宋永平。跟他一起来酒店的助手从电脑里打开了五个方案，这样的设计速度让我吃惊。宋永平对设计房子这事非常重视，据了解，设计团队是五人小组，也许这是这次设计艺术家中团队人数最多的一个。尽管方案不少，但是看上去都"非常建筑"，与我想像的"艺术家化"的倾向有些出入。但是，既然我们的题目是"艺术家的意志"，那么，艺术家做出的任何决定都是必须尊重的。我自然没有提出任何意见，我的指导思想已经确定，任凭艺术家怎样动作，我都不予干涉和影响。不过，当晚上去了王明贤家，将宋永平的方案给王看了之后，我更进一步地确信，如果能尽量躲避建筑，那是有可能让人更希望的结果。事实上，宋永平最后确定的方案是以一种类似杜尚的态度对柯布西耶的SAVOYE进行了一种有礼

丁乙"台邸别墅"早期草图

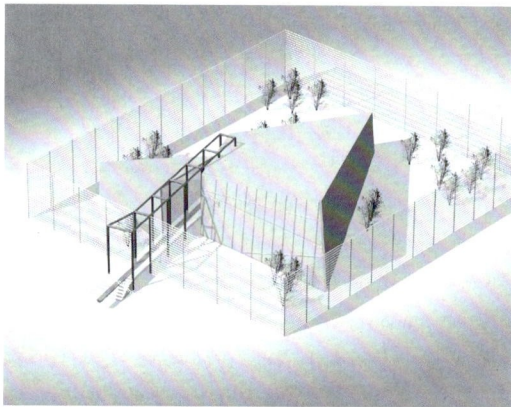

宋永平"撒福一山房"早期草图

貌的调整——这应该是一种艺术家的态度。

曾浩的设计仅仅是一个方盒子。在花家地的家里，他用铅笔勾画的草图让人想起他的绘画作品。与其他艺术家不一样，他没有因为项目的用地富裕而将房子设计为单层或者两层，他甚至在不大的面积规定范围内安排了四层空间。这样，建筑的外立面看上去几乎是一幅画的比例，倘若立面是透明的玻璃，到了晚上就可以将四层楼的生活内容看得很清楚：小小的人、家具、用品等等。曾浩用图说不清楚他要表达的空间，所以就使用泡沫材料做了一个很简单的模型，以判断空间的实际状况。一开始，建筑的外立面使用什么材料还没有确定，现在，似乎使用玻璃的意图因为考虑到"绘画地"观看，变得

明确起来。果然，曾浩最后提供的方案效果图就完全是一个玻璃盒子。考虑到西北地区的气候与项目地块的特点，在施工图开始的阶段，工程部门通过我反复提醒这样的玻璃盒子在夏天的防晒与冬天的防冷的处理方式问题。问题的关键不是没有方法去解决，而是未来的运营费用，能源的消耗也许是一个大问题，这个问题给曾浩提出来了，但究竟会是什么结果，只有以后才知道。

我是从北京回到银川才看到王广义的方案的。广义在电话里说，他的方案是在了解到一个简单的矩形空间在建筑学上无话可说这样的前提下决定的。在考察地块的时候，广义很清楚，一个大型的摩托车赛事场地需要便捷与有效的服务，像过去老式的火车厢那样的空间，也许是一个更为大众化、流动化的场所，作为一个快餐厅，这样的空间很可能是合适的。所以，广义的建筑是一个类似车厢式的空间。按照他的艺术工作的惯例，他避开了任何变化与复杂，他想简单地表现。这样，与其说他是在设计，不如说他在决定。决定之后，他就把从平面方案图、效果图到施工图的设计通过在银川的毛同强全部委托给当地设计院的建筑师去完成了。2004年8月的正式使用也许会将这个"车厢"作为旅游商品的销售场所，但是，这丝毫不影响将它改造成任何一个实用功能的空间。

毛同强的草图开始的时间很早，因为整个准备

丁乙在他的工作室

工作期间我经常到他的"感觉吧"去讨论，他事实上已经开始了设计的考虑。他先去找了一个有博士头衔的建筑师朋友，与这位建筑师泛泛讨论涉及房子设计的若干问题。后来，毛同强把他的草图拿给我看，并讲解他的想法。就这样，他将自己的想法变成了一个看上去让人心情很爽的效果图，一个很想使其实现并进入的空间。在他设计的房子周围没有树木，他说他不需要，荒芜的环境与他设计的房子非常吻合。尽管经常去他的"感觉吧"，但是，我只能以"很好"、"很好"这样的表述去回答。这样的回答不是应付，是原则：保持艺术家的意志。

12月12日从银川回到成都时，我问周春芽设计的情况。他的回答是：一直在思考究竟如何设计。就在2004年1月初，我打电话问他的进展时，他还在酒吧里玩，他说他必须在时间很紧张的时候，才有想法。事实上就是这样，周春芽的方案和效果图是在接近春节放假的时候才完成的。交卷的前两天，设计团队几乎两天没有睡觉，当他们通过e-mail将图纸发送过来，听到对设计的真实赞赏之词后，立即作鸟兽散，各自回家睡觉去了。在建筑上帮助周春芽的是作为朋友的建筑师罗瑞阳，他对这样的工作非常感兴趣，所以，一种激情也在影响着设计的过程，导致工作的兴奋与愉快。之后在春节期间，我在春芽的家里看到了很多事实上属于绘画的房子草图，这些草图紧紧地与他的绘画风格联系着，周春芽事实上也完全避开了建筑学的概念。

我是在1月初从北京去上海的，7号再从上海去常州看到洪磊的方案。正如洪磊的艺术作品，他关注变化与微妙的细节。这时，洪磊已经完成了平面设计，但是他正在调整中。我们讨论了青砖、拱门、树林这样的对象。在常州他还专门带我去了离常州不远的"淹城"，感受特殊的历史环境。尽管不可能有什么具体的物象构成洪磊的设计，但是，他所生活的环境事实上潜移默化地对他具有影响。在所有的方案中，洪磊的方案表现有明显的唯美主义倾向，这与他生活的环境、他的绘画经历有关。

12月以后，吴山专的时间是在上海和舟山。他最后在自己熟悉的城市找到了他的助手。我是在1月9日从杭州去的舟山。老吴在码头接到我，将旅行包放到酒店后，就带我去了设计公司，与他的助手见

面。我们在公司设计室讨论了吴山专的方案，比如关于"餐"的"道路"材料和支持方式，关于餐厅的装修材料，关于中心位置的旋梯。晚上，我们在一间咖啡厅继续讨论老吴的方案。在整个舟山期间，从老吴的口中我反复听到"我的方案不得了"这样的词句。当在银川最后看吴山专发来的正式方案时，我们所讨论的许多具体问题都得到了认真的对待和相应的调整。他在电话中说："现在我知道了为什么中国的装置艺术总是有问题。我在这次设计过程中学到了很多东西。"

叶永青的效果图是在春节期间在北京手绘的。在春节前，他在电话里告诉我，规定的建筑面积不够用，他需要增加走廊、公共空间乃至画廊，事实上在最后的方案中他的确设计了用于活动的公共空间和画廊。这样的设想对于艺术家来说没有任何问题，但是，对于要考虑整个建设成本的公司来讲就非常紧张，毕竟每栋楼给出的预算已经确定，超出的面积需要增加额外的资金。所以，我在电话里告诫"叶帅"，尽可能控制面积，我的控制成本的潜在意思他也许知道，但是从电话中的语气上判断，他

没有产生像我这样的焦虑。直到2月10日，他委托云南设计院的建筑师做的效果图才寄到公司，看上去让人真的很高兴。叶永青在考察地块期间正在生病，精神状态很差，我比较担心他的工作状态。但是显然，这样的担心是没有质量的，手绘效果图的生动性已经让人心满意足了。

尽管有时间阶段上的要求，但是，整个设计工作的进行是连贯和不平衡的，各个艺术家的设计深度和表达方式也是有区别的。在这个过程中，我们可以观察到每个人的性格和工作特点，事实上，也许仅仅凭借这个阶段的工作，就能知道未来的建设过程中每个艺术家的工作方式了。现在，施工图的设计正在全面进行，图纸的审查和修改工作即将开始，与施工单位的对接交底是否顺利，未来的施工过程中还会出现什么问题还很难说。但是无论如何，倒计时的时间表已经排出来，"贺兰山房"最终会出现在金山乡。不过，到了开幕的那天，才是艺术家的意志真正受到考验的开始。

2004年2月19日星期四

3

　　尽管思想占据十分重要的位置，但是对于那些富于创造力的艺术家来说，建筑设计的方案阶段也许仍然是轻松和有趣的。看看他们用硬质笔勾勒出或者画出的那些草图，任何人都有可能认为是轻松的甚至是有点过分的随便。

　　在进入施工图设计阶段，问题开始出现。

　　丁乙电话告诉，施工图不能准时交出，因为施工图设计师完全改变了他关于"窗"的概念，他必须重新更换设计师严格按照他的意志实现设计；

　　周春芽电话告诉，施工图不能准时交出，因为现在帮助设计施工图的事务所不能解决他的"太湖石"屋顶的施工设计；

　　毛同强不断电话抱怨，施工图设计师不愿意在结构上完全考虑艺术家的方案，因为艺术家的方案在结构要求上不属于一般标准性要求；

　　我电话给吴山专的设计师，他还在外地出差，他告诉我施工图设计工作还完全没有开始。同时他告知与吴山专还没有就施工图进行详细讨论，而吴已

经消失在欧洲也许是德国，无法联系；……

　　显然，时间问题成为一切问题的焦点。

　　按照安排的工期，正式动工时间为3月22日，主体完成的时间应该是5月30日之前，之后直至7月20日的时间交给了装修，工程的进度必须满足8月6日的正式使用。可是，直到3月16日，施工图仍未交齐，让人更为紧张的是，这些陆续交出的施工图是否能够顺利通过审查完全是个未知数。鉴于12日交付的丁乙、洪磊的图纸都遭到明确的否定，后面的图纸审查的命运就很难预测。截至3月14日，只有毛同强和王广义的图纸得到通过，这是因为他俩的施工图设计就是负责审核十二位艺术家的图纸的银川市勘测规划设计院。可以判断的是，如果按照常规，将审查图纸提出的意见来回传递，加上修改的时间，最好的结果都只能是拖延时间直至得以通过。但是，更有可能发生的情况是由于无休止地讨论与修改，致使工程无法进行，使整个建设计划失败。无论如何，除了工程本身的建造难度会导致施工时间延长以外，后面的装修工作的复杂性与难度

仍然可以想像。所以，工程在3月22日之前必须动工。不过尽管15日工程部已经开始了现场的作业，但是，由于图纸没有经过任何人的认可，直至3月21日，工程施工的组织计划仍然没有具体的方案。

3月20日，我在南京去西安的路上，听到工程部石刚工程师汇报的情况。在昨天设计院的沟通会上，除了毛同强、王广义的图纸出自当地设计院被认为没有太多问题外，其余艺术家的施工图问题丛生，其中，丁乙、何多苓和宋永平的图纸被指出存在根本性的问题，丁乙的图纸需要完全重新设计。这时在我看来，问题的关键不仅仅是已经接近正式开工日期，我们已经没有更多的时间修改更不用说重新设计图纸，而是，究竟那些问题有多少属于实际存在着的结构性大问题？就在几天前，当我得知设计院对艺术家的图纸已经有颠覆性的看法之后，就开始及时与各个艺术家进行沟通。我想了解，他们选择的施工图设计师在专业上究竟处于什么样的经验水平，同时，我请求通过艺术家提醒他们的工程师，对自己设计的图纸做一次重新审视，检查是否的确存在着严重的设计错误，让他们再次判断配合自己的施工图工程师的资质与设计经验。到了3月18日晚，我陆续与耿建翌、丁乙、洪磊、何多苓、周春芽、宋永平进行了次数的沟通。从他们的信息中了解到的结论是，除了一些细节性和完善性的问题可以考虑调整以外，设计图在最基本的结构接点方面没有任何问题。此外，在这些艺术家聘请的设计师当中，有大型设计院的高级并富有经验的工程师。因此，我开始做出判断，应该是地区规范上的差异和审图工程师在相关技术方面的标准判断上出了问题，当然，也包括图纸本身的若干细节上的问题导致审图工程师的疑问。现在面临的问题是，如果按照审图工程师现有的工作状态和要求，图纸的返工修改的时间将会大大延后。按照经验判断，我们给予施工单位的时间已经没有余地，倘若设计工作延后十天，这些房子在8月6日完全投入使用的可能性将大大减少；如果动工的时间推后二十天，那么，按时完工投入使用的可能性就完全没有了。在这样的情况下，必须采取别的措施。我很容易地想到了让艺术家寻求他们当地城市甲级设计院盖图章，绕开银川设计院的审查，将他们的图纸在建设主管部门

备案后直接交付施工单位，这样可以控制时间，实现目标。只是在成都与周春芽吃火锅的时候，周说最好争取让当地设计院顺利通过审查，如果实在困难，再做最后打算。可是，到了3月20日，我发现让银川设计院及时地配合完成图纸的修改不耽误开工的希望，看来已经非常渺茫。

需要记录的是，这个时候我意识到，尽管我在一开始强调了"贺兰山房"建设工作的复杂性和难度，但是，这个所谓的复杂性和难度的"恐怖"性质在现有配合团队的工作质量和思想上的普遍忽视下变得异常严重和致命——这不仅针对的是时间，更是针对未来的建筑的质量与艺术家意志的实现。

3月20日至21日，艺术家相继抵达银川。21日下午3点，到达银川的艺术家和他们分别带来的工程师，与设计院以院长带队的工程师在民生房地产公司办公室进行了一次设计工作讨论会。会议不能说是没有意义，因为设计院的工程师提出的不少问题是需要认真对待的。问题的焦点也许集中在适用规范上的差异。散布在各地的艺术家的施工图基本上在本地解决，这样使用的图集就出现差异，"语言表述"出现"方言"。尽管有国家标准，但是，地区仍然有自己的特殊要求，所以，何多苓的异型柱被告知在银川或者整个宁夏不被允许，由于前提性的问题存在，整个会议完全没有讨论何多苓图纸的细节问题。经过反复考虑，为了尽可能避免出现因法规导致的图纸"不合法"，何多苓决定妥协，将异型柱

改为矩形柱设计。丁乙的图纸被认为问题太多（丁乙的结构工程师晚才能到达银川，真正的沟通是22日下午与设计院总工程师的讨论。工程部的工程师后来发现，看上去简单的两个砖盒子事实上做起来"非常复杂"）。在整个讨论会上，设计院院长李岩表达了极为配合的姿态，他组织一一回答了所有艺术家图纸的问题，不过设计院结构工程师的回答和解决问题的方式让艺术家们看到了现有建筑规范的问题——吴山专的《餐字高路》的结构方式被设计院结构工程师认为干脆没有任何把握可以获得通过。直至这天，设计返给公司工程部的图纸意见有数页上数十条的意见内容。无论如何，艺术家们对他们的设计遭到质疑事先有充分的思想准备，他们相信自己的房子不会在实施操作上出现根本性的问题。

周春芽干脆让四川省建筑设计院盖上图章，尽管他是最后一个交付图纸的人。但是，按照国家规定，李岩院长告诉他，"四川设计院是甲级大院，该院的图纸可以不用再经过当地设计院审查盖章，直接送审图中心就可以了。"这样就变得好像周春芽是第一个获得通过的异地艺术家，而在此前，任何人都会对周的房子顶部的不规则状况所需要的结构是否得到通过表示怀疑，现在，甲级设计院的图章给予了周的图纸合法性，让人无话可说。

设计审图中的特例是曾浩的《它屋》。由于设计的建造要求是钢架结构，设计院无法审图。最为严重的问题是，按照初步预算，这个玻璃房的造价远远超过一百万元，在没有得到其他建筑的预算之前，曾浩的建筑被认为是投入最高的，给投资商带来新增投资的难题。

3月22日，当我们走进地块时发现，工程已经展开，叶永青的基础已经开挖，整个地块之前不久的那种荒凉广袤的景象已经消失，眼前的空间已

经被机具、工人、工棚以及材料给分割，人的意志已经弥漫，而所有的人都开始围绕艺术家的意志展开他们的工作。在埋"金蛋"的过程中，大家说：艺术家的意志开始逐渐落实，这天上午，"贺兰山房"的动工仪式与"艾克斯星谷"整个项目的奠基活动同时进行，尽管作为"艾克斯星谷"第一期主要工程的"贺兰山房"的施工图仍然处在问题的处理中。实际情况是，虽然按时完成"贺兰山房"建设的绝对性值得高度质疑，但我们必须全力以赴去实现，因为我们在时间上已经完全没有退路。

动工典礼的第二天黄昏，我与贾总工程师到了基地，与施工单位和工程部的人员召开第一次工作会议。在现场，为了保留树木，我们集体修改了洪磊设计的一个局部——将一棵树留在了入口的中央，尽管这样减弱了入口顶部的遮蔽性，但是为房子提供了一个很难获得的景观，我们相信洪磊是会同意的。看到已经被挖掘机完成的叶永青、何多苓、曾浩、宋永平的基础大坑和已经砌好的工程蓄水池，看到长排的工棚和来往的工人，我已经找不到昨天那种荒芜的感觉——内心生发出一种莫名其妙的突然，似乎有希望了，但似乎又失去了……

2004年3月29日星期一

4

3月初，周春芽从北京电话告知：王明贤告诉他"贺兰山房"已经获奖。这个消息对于参与设计的艺术家来讲似乎是一个有趣的事情。"中国建筑艺术奖"是在中国建筑设计领域设立的第一个学术性的奖项，由中国艺术研究院建筑艺术研究所组织国内建筑设计界的专家和人文学者组成评审委员会对全国建筑设计作品进行评选。所以，无论这样的评选在建筑领域究竟意味着什么，那些从来没有建筑设计经验甚至没有建筑设计一般知识的艺术家凭着对建筑与历史的理解完成的设计作品居然获得了建筑设计领域的学术奖项，这无疑是一件让人高兴的事情。

我是 2004 年 2 月初将艺术家们设计的"贺兰山房"十二件作品寄给王明贤的，当时是按照王明贤的要求希望这些作品收入《2003 年中国建筑艺术年鉴》，没有想到它们同时得到了"中国建筑艺术奖"评审委员会的高度认可。

这是一个让人反感的"伪古典"和枯燥的"现代"充斥于建筑领域的时代，很少有开发商对真正具有创造性的建筑设计产生兴趣或者有品位，他们相信，市场的趣味是利润的前提，可是他们也很少了解市场的趣味正是他们平庸的产品培养起来的。现在，民生公司给这些艺术家提供了一次机会，一次实现"艺术家意志"的机会，这表明了一种可贵的人类道德：即便是有商业的目的，那也是在一种与文化趣味尽可能不相矛盾的处理中获得精神的力量。

4月10日是"中国建筑艺术奖"颁奖的那天，我提前通知了所有的艺术家。由于不同的原因，只有在北京的宋永平、曾浩和我参加了颁奖活动，并为每位艺术家购买了《中国建筑艺术年鉴》。

然而，一个对于艺术家来说是意外的情况发生了。就在"中国建筑艺术奖"颁奖的这天，工程部经理于远从银川工地上打来电话说：贾总受命通知山上的工程暂时停止。这样的消息让我发呆，不知道是否应该通知每位艺术家。关于停工的原因，我当然清楚，在种种原因里面，艺术家设计工作出现问题是重要的原因之一。按照合同要求，每栋建筑的面积不得超过 400 平方米，建筑造价不得超过 40 万元。尽管我们知道艺术家对建筑造价的控制根本没有知识，但是，我最初设想，由于每个艺术家都会与他们聘请的结构设计工程师保持沟通，他们应该会在与自己配合的施工图设计师的合作中共同完成对造价的大致概念。但是，实际情况不是这样，每个艺术家在设计方案时几乎很少与施工图设计师发生联系，大多数事实上还根本没有与之配合的施工图设计师，加上没有基本的建筑设计技术上的知识和作为艺术家自由的天性，当方案图完成之后，除了王广义与何多苓，其他艺术家的方案在面积上都不同程度地明显超过标准，最大面积的是叶永青，他的"草叶间"的实际建筑面积是 1134 平方米，比要求的 400 平方米多了 734 平方米。此外，由于设计思想的原因，施工图也出现了大量为加强安全指标的设计要求，钢筋量配置达到惊人的程度，施工单位的工人在施工的过程有这样的话："这样的建筑是百年建筑，十级地震也没有问题。"这些听上去并不是坏事的信息表明了新的代价——预算大大超过合同中规定的要求，其中最为突出的是丁乙的"台邸别墅"，仅仅基础就消耗了 89 万人民币。

吕澎在"中国建筑艺术与文化发展论坛"上发言

预算失控对于任何一个投资商来说都是严重的问题，重要的不是投资人是否有承受力，关键是任何游戏都有规则要求，否则将无法进行。每个人的想像力具有无限的范围，只要没有约束，任何可能性都会产生。记得很多年前就读到斯特拉文斯基的一句话：自由是就一个限制的范围来说的，创造只能在有限的领域里进行。对于一个人的想像力和完美目的的要求来说，任何宽泛的条件都是不能满足的，因为精神是没有边界的。在上个世纪80年代，人们对艺术的形而上魅力有敬畏之情，这实际上是神话迷雾所致。从任何角度来说，400平方米的范围是可以创造出非常有意思的建筑或者作品的。用我在成都小酒馆与小翟聊天时小翟的话来说："即便是20平方米也可以做出有意思的房子来。"

当然，对于任何一个人来讲，放纵想像力本身是有吸引力的，但如果能够在理性和控制中对想像力加以组织，也许设计的结果会更为有趣。

无论如何，到了4月10日，十二栋房子的基础几乎已经完成，如果重新改变设计，即便有新的节约预算的可能性，但是，原有设计的基础已经成为事实，抛弃这些地上的资产同样意味着损失。于是，工程时间的紧迫、设计图纸的合法性、预算的变化与控制、艺术意志的尊重、责任如何分担、承受力究竟怎样、对媒体如何交代、未来项目如何"收口"，这所有的问题交织在一起，让任何人来解决也是棘手的。总之，想像力的蔓延导致了实际的问题。

4月10日在"中国建筑艺术与文化发展论坛"做介绍之前，我已经接到了停工的消息，所以当我在谈到"贺兰山房"时心理有些异样。直至4月30日，新的计划——无论是彻底停止还是继续建设——仍然没有出现。

5月8日，我回到了银川。我得知：银川设计院仍然不能接受异地艺术家的图纸，同时，工程部的成员等待着复工或者彻底停工的通知，那些面孔显得非常茫然。工程部经理于远生对我说："听到停工的通知时，心里像被浇了一盆凉水。"

5月10日，复工的决定似乎产生。当王征在毛同强的"感觉吧"问董事长陈嘉："听说'贺兰山房'停工了，不做了，是真的吗？"陈嘉回答说："停工是真，不做是假。"这天晚上，毛同强才从前一段时间的沮丧中稍稍恢复过来。从开工以来，毛同强每天清晨开车前往工地，在固定的机位和时间拍摄这十二栋建筑的建造过程，他希望用一百多天的时间，将"贺兰山房"的建造过程全部拍摄出来，以完成他特殊的摄影作品。4月10日上午，他刚刚完成这天的拍摄，正从基地回银川的路上，当他听到停工的消息时，头多少有些蒙。

5月12日下午4点，我去了基地，在灿烂的阳光下，树林充满生气，冬天的枯黄真的像当地人说的那样变成了绿色，这样的绿色让我再次理解到什么叫"生机"。在工地里，我拍摄了丁乙、洪磊、叶永青、周春芽、王广义和吴山专的现场。这个时候，土已经回填，露出稀落的钢筋，大量的基础材料进入地下已经再也看不见了，所以从丁乙的现场你怎么也看不出已经投入了89万人民币。离开基地时我还拍摄了地块中的小树林，那片在冬天里看上去是

荒芜和没有生气的稀落树林，这个时候所表现出来的情状居然有些奇异——树叶过分地绿和密。

下午六点钟，艾克斯星谷公司在会议室召开了全体员工工作会议，公司董事长陈嘉在会上宣布：经过前一段时间的调整，；"贺兰山房"从明天复工。看上去，这是一个普通的经营决定，但是，不管未来的情况如何，这是一个关键性的确定，它将21世纪第一个十年中的一个属于艺术史的内容给决定了。

我的内心很复杂，我知道涉及"贺兰山房"建设的问题还非常多，想像力的任意发挥给技术与施工提出了一个个非常规的难题。这个时候我又一次理解到，思想、意志绝不是不受客观条件制约的，在意志与条件的矛盾中事实上都会发生相互妥协，双方的这种妥协往往都不是主动的，而是"不得不"。我完全能够想像，艺术家的意志在未来的施工过程中会由于种种因素遭到不断的修理，直至出现一个真正的客观意志，这个事实上包含了艺术家、投资商、总工程师、工程部经理、施工项目经理和施工工人的意志的物化意志才是可以被最后实证的。

5月15日，我与毛同强驱车去了"贺兰山房"的基地。工地里已经有了两百多个工人。毛同强问一个正在他的"金山房"做工的工人："你们是什么时候复工的？""昨天，"这个小伙子回答。5月16日，我与准备做曾浩的"它屋"的成都五冶九公司的人又一次去了工地，见丁乙和吴山专的地头上的工人已经很多了，正在恢复的钢架上已经有人在紧张地工作，看上去真的全面复工了。毛同强这天也恢复了他拍照片的工程。离开基地时，我在拓宽24米的入口道路基地内侧拍了一张照片，贺兰山清晰地出

现在透视的末端，这个风景真的很美，因为她灿烂的面貌显露出有时间流逝的苍凉。

2004年5月16日星期日

5

5月25日中午，我从成都回到银川，下午就与贾总到了基地检查工程进展情况。这样急促地去基地是有原因的。三天前，我突然回想起周春芽的南向入口的基础似乎不对，因为"太湖石"弯曲的造型结构已经深深地进入了南向的地下，显然，入口在最后施工放线时被换到了北面。这样的结果是，本来设计大面积的玻璃朝西以便观看贺兰山的想法已经不可能实现了。这样的变化是工程上的重大失误，而由于时间和金钱的原因，已经很难改正了。这种几乎让人愤怒的结果也同样让人无奈，周春芽在得知情况思想折腾了两天后说："那就这样吧。"到这时为止，加上吴山专的"餐字高路"、宋永平的"撒福一山房"，共有三栋建筑的朝向被再也不可改变地给改变了。在这天，我初步得知十二栋建筑主体在6月30日之前可以陆续完成，王广义的"意志"将可能是首先封顶的。

从5月15日复工到6月2日，工地的进程异常迅速。但是，由于图纸没有完全得到银川规划设计院的确认，我只好安排艺术家们自己在当地的甲级设计院盖章，以便尽快争取审图中心的备案，完善项目手续。与此同时，工地仍然不断告知有太多的问题需要处理。例如毛同强的"金山屋"的建筑结

左图：周春芽"太湖石"
停工时的工程状况
右图：王广义"意志"
停工时的工程状况

构并不是十分复杂，但是，建筑外立面的红砖清水墙的效果成为这个建筑施工的难点。清水墙在宁夏地区很多施工单位已经多年不做了，而且宁夏地区烧制出来黏土红砖颜色不均，每出一窑都和前一窑不同，砖的表面翘曲不平，而清水墙的关键技术就是控制墙面的横平竖直、游丁走缝。此外，宁夏地区的砖材含碱量大，墙面泛碱，势必破坏墙面的立面效果。为此，工程部要求施工单位先进行选砖工作，缺棱掉角、翘曲不平的砖都不能采用，3000块砖只能选出100～200块左右。更为严重的是，砖的颜色完全不符合设计要求。一开始的计划是使用四川红砖，可是，几万元的砖需要几十万元的运输费，这对投资商来说难以接受。之后又实验过朱砂浸泡，也失败了。最后决定，天然砖的色彩只好通过高级涂料的方式来解决。"台邸别墅"建筑的外立面也是采用清水红砖处理，它的建筑外立面窗户的外形比较特殊，属于异型窗。原来的设计要求施工难度大，出来的效果不一定能保证外立面的建筑效果，实施时采用砼预制窗套外型的办法，这样做的目的是简化施工工艺，降低施工难度，保证施工工期。

叶永青的"草叶间"在图纸会审中，被发现它的建筑设计中的木结构是典型的南方设计，不适合北方地区，屋架的截面尺寸偏小，没有考虑到西北地区干燥炎热、风沙大，木方很容易发生翘曲变形，影响整个木结构的稳定，而且屋面也没有考虑到西北地区冬季的保温问题，实施时建议结构工程师修

改这部分的设计。

吴山专的"餐字高路"结构最大的特点是梁的悬挑大，达到6.4米，这在一般建筑的结构中很难见到。这样的结构给施工时造成了技术难度，所以图纸经过了反复验算和校核，以便满足结构安全，最后确定施工方案。在施工过程中，对建筑材料做了使用前的严格复试检验，严格控制配合比，浇筑完毕后采用规范规定的标准养护，步步检验认证。

实际上，每栋建筑都存在着不同的施工技术问题，在工作会上，工程部的工程师们经常是带着写满问题的纸张陈述和讨论。

在图纸的技术性方面，我可以截取工程部《关于"贺兰山房"设计中存在的技术问题记录》中的部分内容：

一、王广义：意志
建筑设计梁底标高为3.700m（即窗上口），而结构设计为3.650m，现场施工变更为3.6m为窗上口。
屋面保温应为80厚，18kg/m³的聚苯板，原设计50厚不满足本地区抗冻要求。

二、张培力：洗尘阁
设计中未考虑楼面的建筑做法所需的尺寸高度，而将建筑标高与结构标高没有区分开，即竣工后楼屋面净空低0.1m。
原设计2.6m标高上的楼梯梁无处生根，后与设计者沟通已解决。

三、耿建翌：几何体

建筑与结构标高无区分。

女儿墙300高无法满足屋面做法高度，应改为600高。

1号楼梯8.70标高未设计休息平台，另需增加一套。

四、吴山专：餐字高路

KL7（IB）挑梁，悬挑部分第三排主筋无设计长度，后经与设计者沟通定为0.5T。

弧窗C-34124与C-13024窗过梁未设计并且未设计如何与结构生根，后与设计者沟通已补充设计。

五、毛同强：金山房

1．结构设计未能以建筑的要求进行设计，即如下：

（1）所有外墙构造柱设计为360×360，无法满足建筑效果的要求。

（2）A—B轴与④—⑤轴及E轴与④—⑤轴屋面采光井无结构设计。

（3）③轴上采光井因设计考虑不周，经结构变更后将原设计600宽的采光井变更为350左右，满足不了原采光井的要求。

（4）二层卫生间大梁底竣工后，净空仅为1.75m，给人的感觉不光是碰头而且很压抑。

2．50厚保温苯板满足不了本区域的保温厚度，应改为80厚。

3．总体上建筑与结构没有配合，本设计无法体现原效果方案。

六、周春芽"太湖石系列04.1

一层③—⑤轴在B—①/B轴上建筑上无墙体，而电施将配电箱体设计于此。

壳体造型标高设计满足不了施工要求。

建筑檐口设计未交代。

①轴上壳造型未设计基础。

建筑与结构标高未区分，造成实际净空低10cm。

吴山专"餐字高路"停工时的工程状况

七、洪磊：曲径闻风山房

廊基础设计不妥，应与客房条形基础连接，按条形基础处理构造柱同时与之生根。

女儿墙300高不符合规范要求，按通常要求应改为600高。

八、何多苓：泉水别墅

结构与建筑标高未区分。

屋面做法不适应本区域，如保温层厚度不够、防水层过多、设计屋面做法过于烦琐。

以一层建筑分析F—G轴与②—③间应在②轴和G上设计墙基础，而基础结构漏设计，但施工中已解决。

九、丁乙：台邸别墅

屋面保温50厚苯板厚度不够且无容重，应改为80厚 18kg/m³。

十、曾浩：它屋

全玻璃钢架结构的体系，在西北的自然条件下，无论是夏季还是冬季都需要更多的能源来提供支持，最后用半遮蔽的方式来加以解决。

十一、宋永平：撒福一山房

一层①轴上100厚混凝土墙未设构造柱筋，但施工中已考虑。

上人屋面四周造型柱直径不一,可能是笔误,但给施工造成二次施工。

十二、叶永青:草叶间

室内用水房间相对干室应低≤30,室设计50高差已出现影响使用功能即不安全。

木结构、钢结构混凝土结构,屋面保温设计均未能满足银川地区的保温要求。

餐厅木框架设计仅从理论上设计计算,未考虑材料本身的材料力学上综合性能及疵病。因此设计理论与实际脱节。而且屋面采用波形彩钢瓦,不适合银川地区的屋面保温要求。

J—P轴与①轴地梁顶标高不应高于−0.65,不能满足原设计意志。然而本结构设计未考虑建筑效果。所有地梁顶标高设计为−0.20已造成无法挽回的事实。

K—C轴与⑧—⑨轴为单跑上人楼梯,屋面板不应在其内出现,已出现属笔误,已在施工中改正。

至于涉及二次装修方面的问题,由于艺术家都没有完成图纸,土建安装和装修工程的衔接工作几乎难以进行,以至加上时间的原因,到了8月开幕时,也只会有毛同强和王广义的建筑内部因为需要使用抢工进行二次装修。

5月31日,我安排工程部的全体工程师与施工

洪磊"曲径闻风山房"停工时的工程状况

单位的总经理、项目经理以及所有技术员骨干在工棚开了一次解决工程问题的会议。在听取施工单位的工程进度计划和陈述种种问题时,我想,如果艺术家能够参加这样的会议也许有特殊的好处。他们一定会体会到,建筑真的不是装置,更不是一个简单的念头就能够完成的。人们对那些艺术家造建筑的历史神话听得太多了,仿佛观念本身就能够决定一切,而事实上,完成一个工程,有太多实际的和尴尬的问题需要去解决。念头或者观念固然重要,但是,这是一个必须通过"操作"、"实施"和"验证"才能将一个念头或者观念落实的时代,艺术家真的要进入"建筑",绝不是一个概念的图纸就能够成就的。

6月2日晚上8点,贾总召集工程部的所有成员在公司会议室开会,将工地面临的所有问题,包括局部工程施工单位的落实进行了一次梳理,直到这时,工程方面的重大问题不再有遗漏。

6月5日,周春芽带着他的建筑和结构工程师到了工地,在工棚,结构工程师与工程部的丁文满以及施工单位的技术员进行了一个下午的沟通。周春芽得知建造"太湖石"的建筑工人几乎都是四川人,就与他们共同合了一个影。第二天,我们又回到工地,"太湖石"的钢筋和模板已经树立,发白的阳光照射在工地上,一片金属的碰撞声。周春芽告诉工程部的工程师们,在做屋顶时,他会再回到工地。

鉴于基地建设合作单位的——最后确定,6月10日下午3点到黄昏,基地工棚里召开了第一次完整的工程联席会议,建筑安装、道路施工、装修工程、环境工程以及其他辅助性工程单位的负责人都到场参加了会议。在这个会议上,各个施工单位都确定完成各自工程的时间表,由于停工耽误了四十天,所以,每个环节几乎没有留下任何余地,无论技术和其他意外情况多么复杂,所有工种的工程完成期限都被规定在7月30日之前。在讨论了工程问题之后,我与施工单位讨论了一个提议:准备十二栋建筑断水封顶的庆祝仪式。离开基地时,董事长陈嘉、艺术家毛同强、负责环境设计和监理的丁哈德、周浩然以及其他人在艾克斯星谷基地入口处停留了一段时间,大家看到用灰白的碎石铺设好的入口大道呈现出崭新的面貌,已经与几个月前的荒芜小道完全

不同了，整个项目的建设已经发生了根本的变化，到这天，王广义、叶永青、洪磊、何多苓的房子已经完全封顶，外墙开始抹灰。

宋永平在6月19日从上海去了银川，他实在是太关心他的建筑的装修问题了。可是事实上到了25日他离开银川时，他设计的玻璃和金属板的立面被完全改变，使这个部分多少离开了对柯布西埃"致敬"的效果，这样的改变被认为节省费用和时间。这几天我正好在成都审改电视广告片和办理别的事情，不太十分清楚他们现场讨论时的实际情况，但是我想，宋永平同意这样的改变，也许是无奈的。

无论如何，停工四十天将本来就十分紧张的时间再次压缩，使得装修工程的时间所剩无几。根据8月6日"开幕"的使用功能的需要——两个展览厅，一个餐饮空间，一个新闻中心和一个接待中心，毛同强、王广义、宋永平和吴山专的建筑不得不进行装修。但是，到了6月24日，装修工程才因第一笔付款被批准实际开始，给整个装修留下的时间只有三十天。"远离城市四十多公里和工程时间本身的紧张，实在让装修公司受罪。"毛同强在电话里说。但是，好在有他每天的监理，使装修过程减少了可能发生的问题。

6月30日，我从成都飞回银川，下了飞机直接去了工地，组织了工程建设全面检查会议。在离开银川这十多天里，尽管电话能够与工地保持沟通，但是，许多具体问题仍然难以解决。在这次会议上，感受最深的是时间已经没有了。

7月1日，我陪叶永青到工地，关于他的建筑问题非常琐碎，所以，他用了半天的时间与工程部和

施工队项目经理进行了沟通。尽管他提出了许多事实上属于调整修改和装修方面的问题，土建施工单位无法给予完成，但是，详细的意见对未来三十天的工作仍然有作用。叶永青这个时候才真正清楚，对施工图设计缺少足够的关心，"遗憾。"他说。工程部在头一天已经开会决定，不能再发生任何需要重新修改和新增加的部分，因为这不仅需要增加资金，而且时间已经来不及了。这天，我们决定将这个建筑在开幕式用做蔡斯民的《贺兰山岩画：出场的神明》展览空间。

在随后的十多天里，我几乎每天到基地，催促工程进度，协助工程部解决技术、方法、协调方面的问题。

7月18日

6

时间不停地流逝，很快到了7月20日，我必须结束我的记录，因为《贺兰山房：艺术家的意志》不得不付印。尽管工地的情形仍然紧张忙乱，建筑的外立面也还没有完全彻底地"干净"，就像一个个血糊糊的婴儿，身上拖带着血丝，但是，她们毕竟"出生"了——大多数工程事实上已经结束。夕阳下，艺术家们的建筑非常实在地屹立在曾经十分荒凉的土地上。毛同强仍然坚持他每天的拍摄，我们已经能够看到他在过去的八十天里拍摄的建筑"生长"的进度形象。到了7月30日，他将结束九十天的建筑"生长"过程的拍摄，完成一个生命群从"播种"、到

"发芽"、"生长"与"成熟"过程的记录。当我们回首观看荒芜的过去,观看那一天天长出来的"枝桠",回想那寒冷的冬天和温暖的太阳,尽管整个工作只过去了半年多一点的时间,工程本身也只有九十天,但是那些图片告诉我们:没有比这样的形象记录更让人产生对时间的特殊的概念,所以,毛同强的一千多幅图片是一种只要一一阅读就可以从中了解这个特殊历史时期的形象文献,在这些图片里埋藏的"为什么"包含了今天的中国在政治、经济以及文化方面的很多问题。这些问题尽管是一个个含蓄而安静的侧面,但却是难以重复,能够让人经久阅读、思考和让人持久感动的侧面。

无论如何,8月6日,人们可以在贺兰山金山乡艾克斯星谷摩托基地里看到"贺兰山房",尽管建筑的室内装修因为时间的原因没有完成,但是,艺术家的意志已经物化在这个特殊的自然环境中,"贺兰山房"开始了她们的生命旅程:无论被如何使用,以及有一天被废弃。人们经常去远方参观古迹或者残垣断壁,猜想建造时的情形和建造者的模样与背景。

显然,"贺兰山房"将会面临同样的历史追忆,以后的人会问:为什么会造这样的房子?这些房子的设计者是谁?是谁建造了她们?为什么变成今天(我们不知道那个时候的"今天"是何时)这个样子?尽管金山乡完全不具备任何历史地址的价值,它至多能够托一丝贺兰山的福分。但是,不管"贺兰山房"未来的命运如何,都会为金山乡带来无尽的影响。十二栋建筑的灵魂会游走四方,召唤人们来到贺兰山,来到金山乡,来到这个已经变得非常特殊的地方。

当然,"贺兰山房"的投资人也许应该是这个历史背后的操作者,正是他们,提供了"贺兰山房"成为现实的基础。投资虽然是一个经济概念,但更是一个权力的意志,正是权力意志与艺术意志的结合,构成了我们所说的历史和人生的精彩。

陈嘉:民生房地产公司的董事长,也是艾克斯星谷旅游发展公司的董事长。大约在2003年初的时候,我们站在现在是基地的沙丘上,他决定要在这个荒芜的地方做一件事情。在距离银川四十多公里的地方做一个以动力为主题的旅游园区，通常被认为是非常冒险的。但是，有一类男人的内心有一种特殊的力量，一旦这个力量被诱发出来，它一定会爆发直至消耗殆尽。其实这是一种生命状态，不管你采用什么方式阻止，都是无效的。所以，尽管有太多的人劝说他，阻止他甚至给予嘲讽，他还是坚持要做这个项目。在没有证实的情况下，究竟这个项目会得到什么样的经济结果，现在是说不清楚的，人们总会从市场调查、经济分析、经营管理各个方面对项目进行评估。可是，有经营经验的人会同意，投资是一门艺术，每一笔落在画布上的颜色效果、每一块泥团被捏造的模样、每一个动作的姿势是没有定式的，多少年的经验和人生态度会影响一个人的判断，结果本质上是一种赌博场上的"推牌"。所以，尽管计算是必要的，但人生的计算水平是要在最后来评定的。艾克斯星谷基地在今天是以"贺兰山房"这个具体形象开始的，人们在8月6日以后可以经常不断地到这里来体验十二位艺术家的灵魂发出的气息。这样的气息如果始终不散，那么，什么能有这样的力量给人以永恒的感召呢？这样的"体验"、"灵魂"、"气息"的存在就有可能是商业的存在，一种不断维系基地生命力的存在。陈嘉知道什么是冒险，可是，他认为他有冒险取得成功的历史，因此也应该通过新的冒险实现对历史的有意义的补充。所以，是人生态度构成了对一个项目的判断，而正是因为有了基本的经验，这样的人生态度就不仅仅是热情，还包含着在经营道路上的尝试。

刘文锦：民生房地产开发有限公司的总经理，股东，也是艾克斯星谷旅游发展公司的股东和董事。作为律师出身，她是一个务实且容易倾向于通过证据来判断事物的人。尽管她对项目提出了很多问题，但仍然全力支持这个项目的推进。对于艺术家的设计，她同样抱以热情与理解，在最初看到艺术家们的设计图时，也正是她要求工程部门尽可能尊重艺术家的意志。这样的态度对于那些从来就务实且永远将生意与文化区分开来的人来说，也许是"愚蠢的"与"错误的"。当由于艺术家的设计使工程大大超过预算时，这样的看法似乎更容易站住脚，艺术家是"烧

陈嘉与刘文锦
（宁夏民生房地产开发有限公司总经理）
在艾克斯星谷

总工程师贾绍江

工程部经理于远生

工程部工程师丁文满

工程部工程师石刚

投资人的钱的人"就成了持这种观点的人的结论。这样的逻辑是今天普遍的逻辑，只是太多的人缺乏对资本主义发展逻辑的全面了解，以至在今天，即便处处都有游乐场所，也仍然显得缺乏内心的欢乐与充盈。生意与艺术无疑是两件事情，那些过去在生意上取得巨大成功的人几乎是不会将这两件事混在一起的，可是我们也知道太多的像韩默、洛克菲勒这样一些历史上的经典企业和企业家，他们对艺术品的收藏丝毫没有影响企业在经营领域的成功，重要的是如何对待和如何处理。在一个新的时代，简单的认识只会出现简单的结果，而人生的价值从来是不简单的。艺术的思想增加了物质成本，但同时，艺术思想也大大增加了物质的价值，它们在投入产出上是否对称，不是简单地取决于直接的成本，而更应该取决于未来的经营（利用艺术的影响力正是经营中的内容之一）。这个道理，刘文锦非常清楚。正是对经营的严格追问和对热情的充分支持，构成了她负责任的支持方式。

显然，我们也应该了解一下"贺兰山房"工程部及其相关人员。"贺兰山房"工程技术部门是临时组成的，在人员和在技术工种的配置上一开始就不完整，但是，在有限的人手并且面临重重困难的条件下，他们仍然实现了预定的目标。重要的成员有：

贾绍江：总工程师。在图纸设计的一开始，他就始终作为一个非常有经验的技术领导，解决出现的一个个问题。贾总没有采取按部就班的方式，他非常清楚"贺兰山房"面临的技术、时间以及管理方面的困难，到了施工图设计尤其是施工阶段，他干脆采取即兴处理的方式，所有图纸和施工问题直接在工地现场解决。应该说，没有贾总在技术方面的指挥，工程有效和健康的进展是难以想像的。

于远生：工程部经理。于经理是在艾克斯星谷项目开始的时候进入公司的。于经理最主要的优点是忍辱负重。尽管他在施工管理过程中出现过失误，有时在效率和方法上也有些欠缺，但是，没有于经理的坚持和努力以及高度的责任心，工地现场的协调和指挥会出现更多的麻烦。

丁文满：工程部工程师。丁工是从民生房地产公司工程部直接借调到艾克斯星谷项目的。他有很多工程领域的技术经验和局部知识，但是他在工作

中经常因为局部忘掉了整体，并且因为责任心往往忘却了管理程序。不过，也正是有了丁工的经验和责任心，有了他不怕批评的精神以及吃苦耐劳的作风，使工程部在工地现场保证了管理和监督。

石刚：工程部工程师。石工是科班出身，在广东地区有过施工管理的部分经验。回到银川到了艾克斯星谷，负责图纸设计工作的联络。他经常因为图纸方面的问题与艺术家们和他们的建筑与结构工程师联络，工作琐碎但不厌其烦。频繁来往于贺兰山工地与设计院之间，在"三边"工程的进行过程中，他保障了工地的施工用图，并在工程管理方面给予了帮助。

武伟华：工程部工程师。最初他是作为司机进入工程部的，但在实际的工地管理中，他事实上也担当了工地管理方面的部分责任。他同样是工程部中任劳任怨的成员。之后，他承担了环境工程的助理方面的职能。对于任何琐碎的事务他都没有怨言，在工程部的工作盲区，他做了很多看不见的事情。

冯军：工地管理员。老冯是一个吃苦耐劳的工地管理员。从最初对地块的看管，到工地开始施工后的后勤服务以及现场的配合，他起到了其他人不能替代的作用。他总是骑着一辆摩托车在基地来来往往，解决那些非常细碎的事务。

最后，我们还应该感谢"贺兰山房"的施工单位的工人，那些每天在炎热的太阳下工作的普通工人和管理人员，是艺术家的意志得以实现的真正实施者。前前后后近六百位多来自全国各地的普通工人参与了"贺兰山房"的建设，每当我们经过一个建筑时，他们疑问的眼光和不同灿烂程度的笑容让人感到真实与阳光。王征拍下了很多工地的工人，他记下了他们的名字和生活状况。他们大多数是文化水平很低，并且常年在不断变换的工地上生活的普通农民。他们的吃住条件很差，每个月的收入也非常微薄。当你每天走进工地，深入到他们的劳作中，你一定会心生一种感动，你会体会到"意志"的实现丝毫也不抽象。后现代主义者对"观念"有一种病态的热中，可是，尽管"观念"非常宝贵，但要历史成为事实也不仅仅依靠观念。"贺兰山房：艺术家的意志"是一项建设工程、一次建筑实验、一次艺术展览，但是，无论她究竟是什么或者将来还会是什么，没有那些普普通通的工人，没有他们每天从早到晚艰辛的工作，没有他们在恶劣环境中的忍耐，这些"工程"、"实验"或者"展览"是不可能的，人们也不知道艺术家的观念究竟为何物。过去，没有一个工程记录了普通工人的名字，可是这次我

左上：工程部工程师武伟华
左下：工地管理员冯军

项目整体策划：吕澎

策划助理：毕凌明

们希望改变这样的状况，王征的照片不仅是摄影艺术，更重要的是一套真实记录，一个能够再次引发并提示关于"真实"问题思考的历史性图像文献。只要了解到"贺兰山房"的建设过程的人一定会同意：只要你看看他们朴实的形象，就能感受到一种力量，一种让意志成为事实的力量，他们是艺术意志的真正实现者，同样也是创造历史的成员。

艺术意志的实现者：[泉水别墅]

    1．萧东华

    2．(左）王帅军　（右）王克军

    3．王莲雄

    4．王　清

    5．冷云琼

    6．高秉旭

    7．王小勇

艺术意志的实现者：[太湖石]

    1．罗保平

    2．田志军

    3．田强强

    4．蔚中林

    5．李光武

艺术意志的实现者：[餐字高路]

    1．黄斌杰

    2．杜红军

    3．崔党雄

    4．（左）方建钢（右）何海军

    5．刘占元

艺术意志的实现者：[意志别墅]

    1．（左）倪万里　（中）司小龙　（右）赵飞

    2．马志军

    3．谢　鹏

    4．李少辉

    5．延明辉

    6．张银军

艺术意志的实现者：[草叶间]

    1．潘存东

    2．罗彦军

    3．王　虎

    4．陆海宁

    5．李艳红

艺术意志的实现者：[撒福一山房]

    1．李洋全

    2．史　宁

    3．谭其龙

    4．张本兵

    5．年引胜

    6．高建鸿

艺术意志的实现者：[它屋]

    1．土建平

    2．王德生

    3．丁四喜

    4．马红祥

    5．于继林

    6．吴　杰

    7．张也平

艺术意志的实现者：[洗尘阁]

    1．张银军

    2．马　龙

    3．马立龙

艺术意志的实现者：[几何体]

    1．马　华

    2．杜红军

艺术意志的实现者：[金山房]

    1．赵慧霞

艺术意志的实现者：[台邸别墅]

    1．张华平

    2．张进宝

    3．周　良

    4．徐志兵

    5．玉　桃

    6．张玉青

    7．韩　芳

    8．李　军

艺术意志的实现者：[曲径闻风山房]

    1．武世虎

    2．滕　东

    3．李　成

    4．李振明

    5．包建国

附录：

宁夏电视台大型系列节目

贺兰山房

第一集：缘起——贺兰山的意蕴
第二集：颠覆——艺术家的意志
第三集：越界——时代的意志
第四集：启程——创造未来
（注：整部系列片拟分为四集，每集 30 分钟）

终审：王　政　　审稿：平吉文、杨东风
撰稿：季　涓
校对：高　燕
2004 年 7 月 10 日

贺兰山房：艺术家的意志

贺兰山房

片花台词示例：

十二位中国卓有影响力的当代艺术家，第一次超越建筑的界限，在贺兰山下一个叫金山乡的地方设计建筑，实践艺术家的意志。艺术与商业碰撞、感性与理性交合、意志与现实博弈，贺兰山房项目的实践成为中国房地产领域的一个重要范例。敬请收看大型系列节目《贺兰山房——艺术家的意志》。{音乐}

第一集：缘起——贺兰山的意蕴

片头：贺兰山房 封面 片名 {音乐}

转黑起

（字幕）2004年8月6日，宁夏银川贺兰山下，为国际摩托车赛开幕及艾克斯星谷贺兰山房竣工举办的大型摇滚音乐会在此处持续了三天三夜，这是中国音乐人对二十年来摇滚乐的总结。但是当这个盛典与贺兰山、西夏王陵、金山这些地名相连时，就产生了一种特殊的意义。

（画面）摇滚音乐现场

转黑起

（画面）贺兰山，西夏王陵，贺兰山岩画，历史痕迹中的民居，荒芜的古战场，《贺兰雪》中的镜头，喧闹的金山地块{摇滚音乐会现场，摩旅节现场，贺兰山房现场}

（解说）位于宁夏银川市贺兰山下的西夏王陵，埋葬着中国历史上鲜为人知的西夏国君李元昊。这个少年英雄从他即位开始，用了整整六年的时间，为称帝立国做准备。公元1038年，李元昊于都城兴庆府南筑台受册，即称帝位，国号大夏。在西夏国建国近二百年的历史中，西夏的疆域达到了"东尽黄河，西界玉门，南接萧关，北控大漠，地方万余里"，形成了宋、夏、辽（金）"三国鼎立"的局势，在中国历史上上演了又一出"三国演义"。

贺兰山，中国的西北屏障。在这个"壮志饥餐胡虏肉，笑谈渴饮匈奴血"的古战场上，一幕又一幕的悲情故事落幕了。

当历史的脚步走过千年，贺兰山下静谧、安然、肃穆、荒芜的情景被这突如其来的现代摇滚乐声震醒了。在这里即将奏响的是中国建筑艺术史上精彩的乐章。

转黑场

（画面）《贺兰山房工作记录》书叠字幕

（字幕）自然中没有一处没有历史，那些被认为长期无人的地方不是没有历史，而是没有人将其历史书写出来。……有一天，"贺兰山房"这个名字出现时，我觉得我们已经赋予了这个事情一种必然的内涵。——《贺兰山房工作记录》{音乐}

（字幕）公元2004年3月22日，贺兰山下金山乡

（画面）艾克斯星谷，贺兰山房奠基仪式

（解说）2004年3月22日，"贺兰山房"的动工仪式与"艾克斯星谷"整个项目的奠基活动同时进行。被开发商邀请参加设计贺兰山房十二栋建筑的中国卓有影响力的当代艺术家们，在奠基仪式结束后勘察属于自己的地块。

（同期声）

（字幕：陈嘉，艾克斯星谷贺兰山房开发商）

其实最早对X星谷来说呢，我们这个地域当时在做这个项目的时候已经先天决定了它是非常大的一个面积，算起来也有几个平方公里，几个平方公里是不可能靠某一两个项目、某一两件事来把它填充满的。

当然，也不是你当时就非要用"X"的概念，是因为想到银川是凤凰城，那么现在国外比较时髦的名字叫村，国内比较时髦的名字叫谷，所以我们就想到叫凤凰谷，凤凰谷英文名字叫phoenix valley，正好这两个单词中间的字母是"X"，所以就用"X"，正好吻合了我们当时说这里面有无限遐想的空间，它还是未知的。

（同期声）

（字幕：吕澎，艾克斯星谷贺兰山房策划人）

在贺兰山下让十二位从未设计过建筑的艺术家设计房子，并按企业家的要求在规定的时间里完成并建筑出来，形成一个建筑群落，还要将其用于经营，这是任何人和房地产开发公司都没有尝试过的，因而被认为具有很大程度的冒险性。但是，无论如何，这个冒险已经开始了。

（画面）察看地块，艾克斯星谷门口讨论环境规划

（解说）陈嘉、吕澎是贺兰山房项目的主要决策人和策划人，在这片荒沙戈壁的古战场上，他们希望以艺术家和商人特有的灵性和感悟来诠释中国的建筑艺术。因为在他们看来，随着大规模建设高潮的来临，城市建筑艺术的文化趋向应该成为人们关注的焦点问题。而在这块有着历史文化背景的地块上，实现梦想将会成为一种艺术与商业博弈的前瞻性表达。

（同期声）

（陈嘉）刚才说那个150米做延伸的那一块？

（吕澎）现在延伸这一块。

（陈嘉）那就做出来吧，做一个造型，周边可以停放摩托车。

转黑场

（画面）城市的标准化、模式化建筑{为第七届少数民族运动会设计的运动员村、宁夏的标志性建筑大会堂、清华大学附小}

（字幕）获"中国建筑艺术奖"

（解说）在当今的城市建设中，残存的传统民屋依然不断地遭到破坏，新建筑也不过是简单地、庸俗地搬用了某些符号，中国的城镇正趋向同一种模样，西方那些虚假的、肤浅的标准和概念洪水般地淹没着我们原有的城市文化特色。当我们的建筑艺术遭遇这种危险时，一些开发商、艺术家、建筑师富有洞察力地提出了疑问，他们开始抵抗迎面而来的危险。

（画面）长城公社十二栋建筑的分解画面

（字幕）北京、长城脚下的公社

（解说）这是坐落在北京长城脚下的一组建筑群——长城脚下的公社，是由中国最时尚的地产商潘石屹开发建造的。当年，他在亚洲地区邀请了十二位著名的建筑师来做长城脚下的这十二栋别墅，这个举动在中国的建筑界产生了广泛的影响。

（同期声）

（字幕：崔恺——中国著名建筑师、长城公社设计者之一）

但是当这么一组现代化的建筑出现在长城脚下的时候，它确实产生了某种文化的意象。一侧是古老的具有历史性的建筑遗产，一侧又是非常现代的，这一步跨度很大，就隔一个山梁，就完全不同，我觉得这个就是非常有意思的文化现象。

（同期声）

（字幕：陈嘉，艾克斯星谷贺兰山房开发商）

据我了解，当时潘石屹在建长城公社时也没有很明确的目的，但是他觉得这个事是可以做的，做完之后也在国际上引起了反响，这个给我很大的启发。而我们的企业和我们的决策人都是比较开放的，觉得我们不能步他人的后尘，只有更多的创新才可以。长城公社请的是国际上比较著名的建设大师来设计房子，我们就请艺术家来设计房子。

（画面）长城脚下公社的细节、特点

（解说）长城脚下的公社是一组当代建筑群落，这个十分本土化的名称以诙谐的姿态让人想起中国某个特定历史时期一种特殊的农村组织机构，所以它才能给人们带来很多文化方面的意象和想法，它不仅得到国内建筑界和文化艺术界的共识，而且还受到国际的普遍赞赏和关注。但与此同时，建筑领域程式化的设计与规划使中国的城市化前景令人担忧。

（同期声）

（字幕：吕澎，艾克斯星谷贺兰山房策划人）

潘石屹给了他们一个自由发挥的空间，所以这些建筑师在这样一个很自由的空间里是来发挥自己的一些创造力。贺兰山房和它这个还是有很大的区别，区别很重要的一点是，咱们请的这些艺术家对建筑根本没有一般技术性方面的尝试，但是对于造房子，所有的普通人和艺术家都有自己的梦想。
找一个艺术家来做，他既是一个艺术家，同时他也是一个普通人，因为他不懂建筑设计。其实从一个普通人对建筑房子的理解来思考，应该说建筑和房子这是现代社会的两个概念。

（同期声）

（字幕：林祥雄——新加坡著名建筑师）

一个国家随着经济的发展，它的程式化是必然发生改善的，但中国这个城市化的发展又有点令人担忧，原因在哪里？我个人认为是中华民族的基因问题。为什么是基因呢，你说日本人对他（们）传统文化艺术建筑保留得非常好，欧洲人包括德国人、法国人都保留得非常好，几百年来他（们）把古建筑，哪怕一瓦一砖只要有历史性的建筑，他（们）都保留下来了。我们东方人尤其近几十年的发展恰恰令人担忧，他（们）对有历史性的建筑物不予保留，有种种的原因和借口，长官意识呀，或者是经济价值呀，等等；此外，对中华民族的传统建筑艺术似乎是没有延续性。

（画面）798艺术区外景、内景

（解说）北京东北，一片占地约2万平方米的旧厂房静卧在一个名叫大山子的地方，这是上个世纪50年代由民主德国的设计师设计的，是当时亚洲首屈一指的工厂厂房和生活区。798衰落于上世纪80年代末90年代初，到本世纪初，这个企业基本处于停产半停产状态。两年前，它的一种承载着历史的空间感令发现者眼睛闪亮，一批当时最活跃的艺术家渐渐将它打造为今日北京的一张脸，命名为——798艺术区。
艺术家说，选择798是因为这里的环境体现了当代艺术与现实的紧张关系，而这恰恰是798艺术区自身发展轨迹的写照。798到底是拆还是留，目前还没有结论。不过美国人说，它的存在和发展证明了北京作为世界之都的能力和未来潜力。

（同期声）

（字幕：吕品晶——中央美术学院教授）

希望能够通过开发商的努力把原来50年代的厂房保留下来，通过这种功能的调整，焕发出50年代这种大工厂的建筑，焕发出一种新的生命力。我们不能说具有几百年历史的

建筑就是传统建筑，那么几十年的就不是，它们依然在中国建筑发展历程上有特定的价值。那么，另一方面也是探讨一种生活方式在新的形式下的一种存在，这么多的艺术家他（们）为什么会聚在一起，为什么又会聚在一个特定的环境中。

（字幕）北京通县画家村

（画面）栗宪庭家外景

（解说）这是著名的艺术评论家栗宪庭亲自设计的私人空间，在这个特殊的院落里，每一处都保留着普通人的好恶喜乐，每天都会有热爱艺术的年轻人到这里相聚，探讨与艺术相关的话题。在这个天地相连的民居里，他们畅所欲言，最大化地满足心灵的追寻。

（同期声）

（字幕：栗宪庭——著名艺术评论家）

我的童年生活有院子，有好几个院子连在一起，小孩从这个院子跑到另一个院子，这种生活很有趣味。你直接自然地和地连在一起，你抬头可以看见天空，你脚踩着大地，这种生活比较有趣。
但80年代发生了巨大的翻天覆地的（变化），就把旧的房子拆了，盖这种新的楼房，整个大城市都变成一种毫无特色的这种楼房，但这种楼房真的是一种现代化吗？
我看银川，中间除了那个小楼，像天安门城墙一样那个小楼，周围全是一模一样的建筑，我就拍了一些照片，拿出来和我在南京、在其他城市拍的一些照片看不出来区别，这个很恐怖，真的很恐怖。

（画面）栗宪庭家内景

（解说）这幅题名为《拆》的艺术品，珍藏在栗宪庭的画室中，它记录着一个大规模建设时代中的某种悲情。原有的城市文化风貌被破坏掉了，原有的生活方式已不复存在，人变成一个完全没有人性化的符号。

（同期声）

（字幕：栗宪庭——著名艺术评论家）

全给塞到这些水泥格子里面，一家塞到一个格子里去，一家塞到另一个格子里去。

转黑场

（画面）论坛现场

（字幕）2004年4月10日，北京，国际会议中心

（解说）2004年4月10日，当代中国著名的地产界精英、建筑师、艺术家云集在北京国际会议中心，参加了由中国艺术研究院建筑艺术研究所主办的"中国建筑艺术与文化发展论坛"。吕澎带着贺兰山房项目参与了论坛。

（同期声）

（字幕：吕澎，艾克斯星谷贺兰山房策划人）

作为贺兰山房这个项目的设计主持，尽管今天我们这个会上主要谈的是建筑，但是我想因为这个项目特殊的原因，邀请了我们国内十二位画家、著名艺术家来做这个建筑设计。从我们一开始的出发点是不谈建筑，我们做这一个项目，从每一个设计师，从我这（儿）来说，要达到这样一个目的，我是否可以通过这样一种方法，来终止或临时、暂时不讨论建筑，终止一个建筑学这样一个非常博大、具有非常渊源的一个学科的系统，从一个最简单的、从一个最初级的或者说从一个普通人的角度，来重新思考我们的房子和我们的建筑物该是什么样的。

转黑场

（字幕）宁夏，银川，金山地块

（画面）初冬的金山地块——黑白片记录

（解说）带着这个追问，十二位艺术家开始在宁夏贺兰山金山乡的那片荒芜了几百年的沙丘地上准备实现自己的艺术意志。

（字幕）2003年12月初冬，金山乡，贺兰山房地块〔音乐〕

（黑白体记录）艺术家：何多苓、曾浩、耿建翌、王广义、周春芽、毛同强、张培力、叶永青、宋永平、丁乙、洪磊、吴山专

（音乐叠字幕简介）十二位合影

（字幕示例）何多苓——四川省画院专业画家，20世纪80年代的作品影响了整整一代人的思考，代表作品《……》。
宋永平——北京农学院园林艺术系教授，他曾尝试用不同的艺术形式表达自己对生活的态度，代表作品《我的父亲母亲》。
周春芽——四川省成都画院副院长，留学德国，他的作品"太湖石"系列、"绿狗"系列有着广泛的影响力。
……

（画面）金山地块、冬季金黄色、象征意义

（解说）坐落于宁夏贺兰县境内的金山，距市区有超过三十公里的距离，是一片沙丘和难以生长植物的荒地，但是贺兰山房整体位置周围的地块树林都很茂密，树木丰富的姿态令人吃惊。初冬的金山，灰色的调子唤起了一种没有目标的回忆感，不过当艺术家们站在金山的地块上，一种与这个地块将要发生关系的某种历史感被调动起来，他们清楚地预感到在贺兰山会留下一份永久的记忆。

（同期声）

（字幕：吕澎，艾克斯星谷贺兰山房策划人）

心里充满浪漫，有一种浪漫的情怀。人是既有理性也有感性的一种社会动物，所以他不可能像计算机一样去做一个精确的测算。他只要心情、情绪各方面到了一个环境，产生一种激情，这个刺激它是有道理的，如果有一个很好的引导或控制的话，那就会做点事嘛，这个很自然。

（同期声）

（字幕：曾浩——艺术家）

那个地方特别有意思，因为它在一片戈壁滩上，它就有一种特别自由的感觉。

（同期声）

（字幕：宋永平——艺术家）

贺兰山这个地方更有挑战力，因为贺兰山这个地方感觉不太适宜人居住的这样一个感觉很有野性的这么一个环境，像一个古战场一样，一片沙地，可能有几千年的往事，过去的记忆和故事都很宏大的这种气象，猛的一看，它的精神感觉比较辽阔。

（同期声）

（字幕：周春芽——艺术家）

我很喜欢，很喜欢，很喜欢这个空旷的地方。

（同期声）

（字幕：洪磊——艺术家）

哎呀，很震撼，完全不一样了。

（同期声）

（字幕：陈嘉，艾克斯星谷贺兰山房开发商）

站到这块地的时候，其实后来想起来真的当时就两个字，站在这个地方我非常"兴奋"，为什么"兴奋"呢？其实想，哎，这个地方其实不是做苗圃的，应该能做出一番事业吧，或者叫做出一番情景。

（解说）在陈嘉的眼中，金山这个地方是能令他感动的地方，能够激发出他的创造力，他决心在这里守望自己的梦想，而贺兰山房项目仅仅是这个梦想的开始。

（同期声）

（字幕：陈嘉，艾克斯星谷贺兰山房开发商）

我想可不可以做成旅游地产，做高尔夫球场、做葡萄庄园，在它周边是很静的，很安逸的地方，周边做一些别墅，这是我为什么做十二栋别墅，我是想把这个地做得更有文化品位。

转黑起

（画面）历史与现实画面的交错，十二位艺术家在地块上的期盼目光，电视剧《贺兰雪》——摇臂贺兰山房整体全景

（解说）无论是艾克斯星谷贺兰山房的决策人、策划人还是参与项目设计的艺术家们站在这千年的古战场上，都会有不同的震撼，来自远古时代的召唤使他们流连往返。贺兰山这富有历史意味的名称感动了他们，沉寂了千年的荒芜的土地从此听到了一脉相承的龙之传人的呼唤，它不再是唐代诗人王维笔下咏诵的"贺兰山下阵如云，羽檄交驰日夕间"的古战场，它将呈现出虎踞龙蟠的气势。"待从头，收拾旧山河"，贺兰山房建筑群将以它的艺术价值被书写进中国的建筑艺术史。

第二集 颠覆——艺术家的意志

（黑底字幕）完全没有建筑设计经验的艺术家，仅仅凭借一种艺术经验给予的自信、一种本能的兴趣和一种对群体活动的信赖，进入这个陌生的环境。照片记录了当时的情景。

（画面）照片

（解说）对于这些拥有特殊智商的艺术家来说，尽管时代给予了一种游戏的许可，没有人再像80年代那样，对将要做的事情有一种神圣的态度，但是要将一份完全可以实施的建筑图完成，并且将图中的建筑实在地建造出来，这是一件让人不得不严肃起来的工作。——《贺兰山房工作记录》〔音乐〕

转黑起

（画面）贾章柯的电影《美丽世界》片段

（字幕）他的第一部影片《小武》1998年推出就被评为中国当代青年电影的杰作，以后陆续创作的电影不同程度地受到国际影坛的关注，这是一个关于诠释人与人造景观产生

某种关联的故事。

（解说）在参与贾章柯的电影《美丽世界》拍摄工作的同时，艺术家宋永平到达银川，和他的设计师共同讨论贺兰山房的设计图——撒福一山房的工作计划。

（字幕）2004 年 3 月 20 日，银川，感觉酒吧

（同期声）

（字幕：宋永平——艺术家）

其实呀，这个建筑，我们为了对柯布西埃这个原作的尊重，颠倒过来也是包括对著作权一个尊重的想法，掉过来以后不是原来的建筑。如果它作为一个图的话，可能你看起来它还是原来的建筑，但是要真正来实现的话，问题完全不同了。因为这里面所有受力的点呀，结构本身从功能上完全成为一个新建筑了，出了很多问题，这个问题最终要落在他的肩上，他要给以解决，必须解决，不解决的话，等于这个建筑无法实现，纸上谈兵。

（同期声）

（字幕：蒋工程师）

不解决是个图画，解决是个建筑物，是个永久性的建筑物，而且这个建筑物有着艺术的内涵在里面，也可以说是一个作品。

（画面）撒福一山房设计说明，柯布西埃照片资料，建筑图资料

（解说）撒福一山房源自柯布西埃的萨伏伊别墅，由于这个建筑所拥有的精神理念以及构成原则，对于近现代以来的建筑领域有着旷日持久的影响力，以及它在人类文明历史长河中的地标作用，正与"艾克斯星谷"艺术家建筑项目不谋而合，理所当然地成为"艺术家意志"的首选对象。

（画面）宋永平设计效果图

（解说）基于对柯布西埃的敬意和萨伏伊别墅著作权的尊重，艺术家宋永平在保留原设计基本要素的前提下，进行了必要的修正，倒置大师的作品，以便满足贺兰山房项目在设计意象和使用功能方面的要求。这是一个对于现成品概念的延续性工作。

（字幕）2004 年 3 月 26 日，撒福一山房地块

（画面）宋永平在沙棘地行走，与结构工程师交流

（同期声）

宋永平——请看，这就是我的新娘，再接着说，刚才说到地貌的问题。

（同期声）

蒋工程师——不知道它这个地方是个泄洪区，泄洪这种要求，这是贺兰山它的山洪下来，这个地方是一个比较大的泄洪范围，要不咱们就做架空的。

（同期声）

宋永平——等它建成以后一米六，周围还得再砌，要不就渍到坑里。

（同期声）

丁哈德——现在地表的植被尽量少去破坏它，如果破坏了，恢复需要很长时间，它也是很多年才能长这么一点点，所以翻起来等于这个地方全部要风化，恢复起来相当麻烦。

（画面）空镜头

（同期声）

（蒋工程师）这个柱子感觉挺细的，就说你这个建筑是个巨人，把这个别墅扛过来放在这个地方，这里面还有一点，为什么放在这里？因为累了，还是因为看到这个地方风光吸引他？

（宋永平）贺兰山房计划把他摇醒了。

（蒋工程师）或者看到贺兰山漂亮，他去爬山了。

（宋永平）歇个脚更有诗意了。

转黑起

（字幕）2004 年 4 月 13 日，北京通县

（解说）这是北京昌平宋永平的好友常工老师正在建设中的画室，在这里他们会对建筑与艺术的问题进行探讨。有越来越多的艺术家凭借自己的艺术感觉建造了属于个人空间的个性化的房子，对于艺术家宋永平在贺兰山下设计的撒福一山房，常工最初的感觉是什么呢？

（同期声）

（字幕：常工——天津建筑学院教授）

我突然想到颠覆这个问题，颠覆不是说把他这个作品倒过来，不是指这个动作，它是指整个思维的颠覆，因为我周围全是搞建筑的嘛，我在一个美术学院任教师，教的是美术，但是我身边都是很优秀的建筑师，博士、硕士、一级注册师，不论怎么样，包括我（的）思维就是说我怎么平面、立面，按这样一步步这样走，你无法超越你所知道的世界。

（画面）宋永平家中画室，行为艺术作品、绘画作品、摄影作品、电影作品

（解说）宋永平是中国当代艺术史上的一位重要艺术家，早年在老家山西组织的"乡村文化活动"所表现出的反城市化和反商业化的抗争主义观点，受到了来自国内外媒体的普遍关注。摄影作品《我的父亲母亲》针对当代艺术作品注重形式变化的倾向，他完成了"我的父亲母亲"系列摄影作品。宋永平表达了这样一种生活态度，为了让生活更加美好，许多艺术家截取了湖光水色来愉悦人们的感官和灵魂，而自己却无望跳出生活的深水。表达浸于生活的知觉感受，便成了消磨时光的借口，或者可以叫做以艺术的名义找一个存在的理由。

于是艺术形式在他那里仅仅只是一个载体，他在用不同的方式表达生活的意义，即使在贾章柯的电影中扮演一个普通大哥的角色，他都会做得像模像样。

（同期声）

（字幕：宋永平——艺术家）

策划人把这个叫什么呢，建筑——艺术家的意志。

（同期声）

（字幕：贾章柯——著名电影导演）

在一个荒凉的地方建这样一个概念性的建筑，这是挺有意思的一个构思，因为我觉得它跟那个拆掉的东西是不一样的，因为它是在一片荒漠上，在一块处女地上重新处理一个景观，因此我觉得建筑的确是人类理想的一种延续。

（同期声）

宋永平——这个项目本身就是带有让艺术家像创作一个艺术作品那样的方式来创作建筑，实际上建筑师也想要那种感觉，但中国的这种文化习惯、建筑背景不给他们提供这种环境。

（同期声）

贾章柯——在这样一个贫穷的世界里盖这样昂贵的建筑，我觉得这是一个简单的具有阶级属性的思维方式，我觉得只要它伴着一种新的经济模式理想，只要有这个理想，这个建筑它就能成立，是值得去尝试的一种东西。

转黑场

（字幕）2004年4月初，图纸设计完毕

（画面）艺术家周春芽、耿建翌、王广义、毛同强建筑设计效果图

（解说）与宋永平一样，十二位艺术家在投资商限期的时间内完成了他们图纸的设计工作。

从图纸上看，艺术家们的设计多多少少都和自己曾经的作品有关系，至少能够看出这些建筑绝不是由职业建筑设计师设计的。

耿建翌的设计很有代表性，三幢连在一起的建筑分别呈球状体、四棱柱、六棱柱的"几何体"。

周春芽的设计中，屋顶就是一块连绵状的石头，一眼看去，就能让人想到他近几年一直创作的油画"太湖石"系列。

王广义的设计则像一节火车车皮，墙的一面是金属，模仿火车货车厢。这遵循了他一贯的创作原则，简单、直白、朴素。

毛同强，这是惟一受邀的本地艺术家，这个土生土长的银川人在设计中表现出了浓烈的全球化时代的地方主义，叫做"金山房"的建筑依地势而建让人联想到贺兰山下曾经辉煌的历史。

艺术家们大胆的设计在传统的建筑师眼中是出格的，甚至是不可为的。尽管每位设计师身边都有建筑师助手，帮助他们的设计能够变成真正立在地面不会倒塌的作品。房屋的结构、材料和施工难度都是传统建筑师们以及施工单位未曾遇到的。

艺术家们个人的图纸设计工作结束后，纷纷抵达银川，并带来了自己的建筑和结构工程师，与银川市规划设计院李岩院长带队的工程师在民生房地产公司会议室进行了一次设计工作讨论会。

（同期声）

贾总工——我做建筑三十四年了，没有一个建筑物没有修改的，这样零零星星的建筑，不仅设计单位，设计工程师也不太愿意做，因为这个叫麻雀虽小、五脏俱全，它体量虽小，但它花的工夫很多。

（同期声）

吕澎——继续，往下走，我们就要商量一下一个最有效的配合，这些问题看能不能有好的方法解决。

（同期声）

李岩——因为这主要是说后期服务的问题，因为你四川省院盖的章、出的图，我们没有这个义务服务。我们只是建议性的，因为别人出的图，我们不能签署任何修改意见和出图修改变更之类的东西。如果是我们院出的图，在当地服务起来更方便一些。

（同期声）

吕澎——贾总，今天讨论的最核心的问题是（图纸审核）过关，并不是房子行不行，

它跟结实不结实、倒不倒是没关系，关键是规范也要破一下嘛，规范本来是从经验中来。

（同期声）

宋永平——国家规范该改一改了，这不是开玩笑，上层建筑不能适应经济基础的发展了，宪法都可以改嘛。

（画面）会议现场，何多苓沉思状

（解说）会议不能说是没有意义，因为设计院的工程师提出的不少问题是需要认真对待的，问题的焦点也许集中在适用规范的差异上。

何多苓的异型柱被告知在银川或者整个宁夏不被允许使用，由于前提性问题的存在，整个会议没有讨论何多苓图纸的细节问题。为了尽可能避免出现因法规导致的图纸"不合法"，何多苓决定妥协，将异型柱改为矩形柱设计。

（画面）会议结束后的空会议室，银川市规划设计院，丁乙

（解说）由艺术家集体大规模地设计建筑群落在中国实属首次，没有先例、没有规范、没有共同的标准，他们丰富的想象力给配合他们最终审核设计图的银川市规划设计院带来了难题，尤其是艺术家丁乙的作品，结构问题最为突出。

（同期声）

设计院工程师——不知道咋说呢，就是把艺术品转化为一个工程来说吧，我们既然做工程就一定要符合规范，包括我们最后审图肯定不按艺术品来审，肯定要按建筑工程规范来审、套规范是吧！

（同期声）

上海工程师——这个我想，这个体系我在上海的时候，搞（做）结构找出一个比较明晰的理想化的构图，就是墙体采用接气体，构造柱就是"丁"字型拐角，因为它这个建筑要求外层是一顶到底、全贴外墙，外层必须是散结构。里面应该是没有什么大的问题，具体构造上、细节上再讨论讨论。

（同期声）

设计院工程师——我们现在可能就是在这个结构体系上有点问题。

（同期声）

上海工程师——这个我料到了，因为这个工程我在上海也交流过，怎么说呢，真正对这个体系我可以说找不到一个标准。

（同期声）

上海工程师——如果这个体系的安全又不符合规范、在闯红灯的情况下，我认为这个建筑就建了吧。这是我个人的看法，反正这次我也很高兴和同行交流、学习。

（画面）银川市规划设计院办公室，李岩院长办公室，堆放的图纸，王广义的《意志》、毛同强的《金山房》

（解说）根据建设部对建筑设计图及施工要求的规范标准，十二位艺术家中只有在银川规划设计院协助下完成的设计图纸《意志》和《金山房》得到通过，其他十位艺术家的图纸多多少少总有不合规范的部分。艺术家、设计师、银川市规划设计院反复讨论的结果是要求艺术家们把设计方案拿回他们所在的城市，交到当地的甲级设计院，只要通过当地的审核，就可以进入施工阶段。来自四川的艺术家周春芽虽然拿到了当地甲级设计院的审核结果，但却没有项目负责人的专项签字，按照建设部的统一标准，还是不能通过。

（同期声）

（字幕：周春芽——艺术家）

我觉得我们这个建筑严格讲，它是一个创造性的东西，一个实验的东西，一个实验的东西它就不能完全规范，一规范它就影响了艺术家的想像，如果影响了艺术家的想像，实际上它就失去了这件事的意义，失去了艺术家来设计房子的意义。我觉得这种交流还是很有意义，只要不是完全否定这个艺术家的作品，只是提出一种改进的方式，其实还是能沟通的。

（画面）周春芽的《太湖石》效果图

（解说）任何人都会对周春芽房子顶部的不规则状况的结果是否得到通过表示怀疑。对此，他事先有充分的思想准备，他相信自己的房子不会在操作上出现根本性的问题。现在，四川甲级设计院的图章给了周春芽设计图合法性，让人无话可说。

（同期声）

（字幕：李岩——银川市规划设计院院长）

作为一项艺术活动投资这么大，现在是经济时代了，谁会去为这么一项艺术活动去投入巨资呀！后来通过慢慢（地）接触，通过对这个规划的了解，才知道它是有一定结合的，一是咱们银川市的国际摩托车旅游节；再一个是贺兰山沿山路线的考虑作用，都是作为一项旅游事业来考虑这个问题。这个艺术家和建筑师是有一定距离的，艺术家的想像力可能不受规范的约束，建筑师可能就实际一些，在搞作品创意的过程中，他（们）要考虑很多的因素，包括业主的因素，包括材料的一些因素，包括价格的问题。

（同期声）

（字幕：吕澎，艾克斯星谷贺兰山房策划人）

比方说有些艺术家更多注重的是视觉效果，但是建筑不仅仅是视觉效果，建筑一定要讲究一种非常合理的空间关系，所以我想如果从纯粹的建筑设计角度来说，我估计问题肯定还有很多，但是所有的问题，也肯定会给我们提供经验。

（同期声）

（字幕：陈嘉，艾克斯星谷贺兰山房开发商）

打个比方说，本来我想做一个喝水的杯子，结果它变成一个很大器皿，你就得为这个器皿去想它能做什么，这就会给你增加非常大的思考难度，所以说它给我造成的损失不仅是眼前因为增加了工程造价，增加了面积的损失的钱，更远的是我的经营管理，我会为这十二栋别墅去找经营管理方向而不是原来我大致的经营思路，为我的经营思路去填东西，这就很难。

转黑起

（字幕）2004年3月22日，艾克斯星谷贺兰山房开工

（画面）喧闹的基地现场，工人施工的场面

（解说）"贺兰山房"的动工仪式与"艾克斯星谷"整个项目的奠基活动同时进行，尽管作为"艾克斯星谷"第一期工程的"贺兰山房"的施工图仍然存在不少问题，同时完成"贺兰山房"建设的绝对性也受到高度质疑，但所有的参与者都清楚必须全力以赴地去实现，因为在时间上已经完全没有退路。

（画面）安静、空旷的工地现场，机械设备，做好的地基[音乐]

（解说）贺兰山房工程在一片喧嚣声中全面开工，整个地块那种原始、荒凉、广袤的景象已经消失。眼前的空间被机器、工人、工棚以及材料给分割，人的意志渐渐弥漫。工地上所有的人都开始围绕艺术家的意志展开他们的工作。

（字幕）2004年4月10日，贺兰山房十二栋别墅的地基全部完成

第三集 越界——时代的意志

（黑底字幕）很少有开发商对真正具有创造性的建筑设计产生兴趣或者有品位，他们相信市场的趣味是利润的前提，可是他们也很少了解市场的趣味正是他们平庸的产品培养起来的。现在贺兰山房的投资商给这些艺术家提供了一次实现"艺术家意志"的机会，这表明了一种可贵的人类道德：即使是有商业目的，那也是在一种与文化趣味尽可能不相矛盾的处理中获得的精神。——《贺兰山房工作记录》[音乐]

（画面）足球场越位的镜头，毛同强驾车与助手，在车上录一段欧洲杯特别报道的新闻

（解说）自从贺兰山房工程开工以来，艺术家毛同强每天清晨都开车前往工地，在固定的机位和时间里拍摄这十二栋建筑的建造过程，他希望用一百多天的时间将贺兰山房的建造过程全部拍摄出来，以完成他特殊的摄影作品。从画家到摄影师再到建筑设计师，这是一次精神层面的越位。

转黑场

（2004年3月底，金山施工现场）

（同期声）

（毛同强）你必须每天对着这成了一个系统化的东西，每天呱呱呱，走人。

（助手）对，对，这倒是可以。

（毛同强）这不就完了嘛！

（助手）对，对，每天降多少？

（毛同强）降多少，肯定是到最后有一个规则呢！来来来，填土，就是一个定点机位嘛，不动，每天插进去，我就是这么想的。做这个东西，你不能每天来找这个东西，这不是扯淡嘛，对吧？以这个水平垂直一找每天都这样，是不是？不然我做这个工作就没有意义了。

（毛同强）哎，这事做得还是很有意思的，很有意义的，咱们要做一个，看着这个建筑物怎么生长出来的，怎么成长起来的，怎么最后成为一个成品，我们的快乐可能就是在这整个过程中。

（毛同强）我做这个建筑物基本上属于西北地域上生活经验的一个东西，当然肯定不会完全是纯粹西北化的一个东西，肯定是根据自己的理解今天仍对西北本身地域文化建筑物的一个可能有点修正、有点思考的这么一个东西，做出来可能一眼就能看出来，可能是要在这个地方生长出来，拿到哪儿都不合适，就从这长出来，就这么一个建筑物。

（画面）吕澎与黄燎原在工地

（解说）贺兰山项目的策划人吕澎三天两头就会出现在工地上，工程的进展情况是他每天必须了解清楚的事情。

（同期声）

（字幕：著名音乐人黄燎原）

我觉得特迷幻这个，特别像拉斯维加斯在美国的内华达州，沙漠中间的这么一个小城，特别像那边，我不知道夏天的风会有多大，如果风力不是特别大的话，这个演出场所应该是特别舒服的，但是也会给音响造成一些麻烦。

（吕澎）到了4月10号左右基础全部做完，4月10号以后，就看着往上长，往上长，一天一个样。

（黄燎原）外部工程什么时候能完？

（吕澎）要求5月30号，6月7日做内装修，做细活。

（吕澎）问题挺多的，现在还有一个图纸的问题，图纸的问题完了以后就有个现场的做法问题，光有图纸实际上它并不是说得很清楚，所以你就要盯住按照要求做，然后又涉及工种之间开始对接、衔接，因为有的拖时间，然后又很快涉及装修的准备和跃进，反正每个阶段有每个阶段的事。

（画面）2004年4月6日工地忙碌的情景

转黑起

（画面）工地、电话、陈嘉看现场

（解说）就在贺兰山房工程不断推进的过程中，工程指挥部得到了来自北京的消息，贺兰山房项目获得了"中国建筑艺术奖"。这是一次由中国艺术研究所组织国内建筑设计界的专家和人文学者组成的评审委员会对全国建筑设计作品进行的评选活动。无论这样的评选在建筑领域究竟意味着什么，对那些从来没有建筑设计经验甚至没有建筑设计一般知识的艺术家来说，他们凭借对建筑与历史的理解来完成设计的作品居然获得建筑设计领域的学术奖项，这无疑是一件让人高兴的事情。

（同期声）

（字幕：陈嘉，艾克斯星谷贺兰山房开发商）

就获奖这件事来说，就我们在运作这件事情来看，实际上它已经是一个句号了。因为它没有要求，就这个获奖也好，关于这个事件也好，首先第一步要去完成这个创意，这个阶段我们完成了。至于是不是付诸实践了，而且它也创造了里程碑式的东西，实施去干，那是另外一个概念。
从艺术家也好，从建筑跟艺术的结合也好，从建筑设计的发展也好，从建筑规范的要求也好，等等，发生了无限的碰撞，无限多的碰撞，包括我自己内心的，包括我们公司内部的，包括外边的，都非常非常多。其实这种压力也好，都非常非常大，但是我觉得起码有一点是成功的，就是它确实希望制造一个先进的、新的事件。

（字幕）2004年4月10日，北京，国际会议中心

（画面）会议现场，奖杯，证书

（解说）2004年4月10日，"中国建筑艺术奖"颁奖那天，吕澎提前通知了所有的艺术家。由于不同的原因，只有在北京的宋永平、曾浩参加了颁奖活动，并为每个艺术家购买了《中国建筑年鉴》。

（字幕）北京，艺术家曾浩画室

（画面）曾浩画室，效果图

（解说）曾浩的设计图《它屋》是十二栋别墅中的一个特例，由于设计的建造要求是钢架结构，按照初步预算，这个玻璃房的造价远远超过了100万，更为严重的是当地没有

施工单位能按要求完成他的设计。

（同期声）

（字幕：曾浩——艺术家）

玻璃房子基本上还是按那个绘画思路来做的，我想人都有一种保护隐私的感觉，但实际上又有一种想让人知道的一种欲望，所以我就把那个房子弄成基本上是半透明的一种状态，基本上符合人的一种愿望。也就是说因为我一直在做艺术创作，所以我需要把我这样一种在艺术上的想法，在建筑上能够体现，因为我毕竟对建筑不太熟，所以我想我们获奖的原因可能主要是从创作的角度和思维方式来说的。

转黑起

（画面）银川、金山乡、工地等空镜头｛音乐｝

（解说）就在吕澎代表十二位艺术家到北京参加颁奖活动期间，一个意想不到的情况发生了，远在银川的艾克斯星谷工程部经理于远生从工地上打来电话，告诉吕澎山上的工程暂时停工。

（同期声）

（字幕：于远生——艾克斯星谷工程部负责人）

当时这个时候呢，应该说吕总没在银川，他出差了。当时我就说，工程这边停工了，公司有关领导通知让停工了，就这么个情况，然后他好像觉得挺惊讶，他说再和其他领导沟通。

（同期声）

吕澎——这样的消息让我发呆，不知道是否应该通知每个艺术家。关于停工的原因，我当然清楚，在种种原因里面，艺术家设计工作出现问题是重要的原因之一。按照合同要求，每栋建筑的面积不得超过400平方米，建筑造价不得超过40万。尽管我们知道艺术家对建筑造价的控制根本没有知识，但是，我最初设想，由于每个艺术家都会与他们聘请的结构设计工程师保持沟通，他们应该会在与自己配合的施工图设计师的合作中共同完成对造价的大致概念。

（同期声）

于远生——哎呀，这种感觉，咋说呢，就好比一盆凉水从头浇下来。那阵应该说是满腔热情，看到脚手架上、屋顶上全是人，当时让我宣布停工，哎哟，我就在想，和我们同事商量，我这个话咋说呀，同事们热情这么高涨，这个话真就是很难开口。但后来没有办法了，正好他们青铜峡市建筑工程公司的经理坐在车上，正好那个路那块（儿）有一个坑，哎呀，他说这个路得修了，不修不行，正好我们借由就说了，哎呀，这个路要挖断呢。这个人反应能力相当强，他说你说这个意思是不是准备不干了，我说不是不干了，是暂时休整，图纸方面的问题还有其他的问题要调解一下，并不是说十二栋楼就此不干了，不是那个问题，因为十二位艺术家遍布在全国各地，图纸上的问题不解决明白，这个楼盖上去是个大麻烦。我是这么跟他解释的，事实也是这样。

（同期声）

吕澎——此外，由于设计思想的原因，施工图也出现了大量加强安全指标的设计要求，钢筋量配置达到惊人的程度。⌒（同期声）于远生——尤其是丁乙的这个，他的设计所需的钢筋量是太大了，光基础就43吨钢材，就不算混凝土。钢材应该是现在是4000来块钱一吨，光算钢材这个价，就这么一个一层的别墅，平米造价大概达到2000多块钱，我也记不太清了，是2400（元），还是2700（元），哪个是最高的。所以说应该考虑咱们这个房子，那就不是说按照设计年限50年，要是按这么造下去，100年都是没事的，就是来了洪峰的话，我看这个应该都是万古千秋的、永垂青史的。

（同期声）

吕澎——施工单位的工人在施工的过程中有这样的话："这样的建筑是百年建筑，十级地震也没有问题"，这些听上去并不是坏事的信息表明了新的代价——预算大大超过合同中规定的要求。

（同期声）

（字幕：陈嘉，艾克斯星谷贺兰山房开发商）

停工也是想真正地冷静下来，反思一下，因为多花那么多钱，而且我们将来的经营方式是什么，它已经改变了我们的经营思路；我们的管理人员在图纸设计阶段缺乏理性、理智地去看待问题，有些太放任了，当然这个责任首先由我来承担。

（同期声）

（刘文锦，艾克斯星谷贺兰山房开发商）

问题：1.据说停工与你的提议很有关系，为什么在地基都做完了才提出呢？这意味着难以修改正在实施的方案？
2.在所有参与贺兰山房项目策划与决策的人中，你是最为理性的一个人，是你的理性阻止了那些无限蔓延的想像力，从而使企业少付出一些无谓的代价，能这样理解吗？

（画面）闲置的工地（音乐）

（解说）工地停工的消息传出之后，艺术家和一些建筑师表示深深地理解，但每一个人的内心都不同程度地充满着期待和盼望。

（同期声）

（字幕：贾章柯——著名电影导演）

我特别希望这个东西能建起来，看到未来建来的样子。当然今天在中国做事情可能磕磕绊绊的，有各种各样的状况，我觉得首先这个观念要完成，能不能实施我觉得听天由命吧，别在意吧！

（同期声）

（字幕：吕品晶——中央美术学院教授）

我想这是一种主观愿望和客观现实之间的矛盾、冲突。这件事不在于它的结果，在于这么多艺术家在关注当代设计甚至参与到具体的工作当中去了。

（同期声）

（字幕：曾浩——艺术家）

如果不能做起来的话，我觉得挺遗憾的，因为毕竟从某种意义上来说，以这种方式来做建筑，对于我们国家这种做建筑应该是一种拓展。

（同期声）

（字幕：王明贤——中国建筑艺术研究所所长）

可能这个方案再实施，不是那么简单，所以我想可能这个过程还是比较艰难的。

（同期声）

（字幕：栗宪庭——著名艺术评论家）

严格地说，只要盖不出来都不算完成，你不能说我脑子有了这张画的想法就算我有一张画了，你盖不出这个房子永远只是个方案、只是个想法，不能算成为一个作品。盖的过程中会涉及艺术家的奇思怪想和房子要住人的这个之间的关系，处理不好，这就是个纯粹的奇思怪想。

（同期声）

（字幕：宋永平——艺术家）

你对着一张纸的感觉和进入一个房间的感觉那可能是一样的，我期待着这个（工程）完成。

（同期声）

（字幕：庄惟明——清华大学建筑学院院长）

其实没有什么可担忧的，再加上这些简化组不是很大，功能不是很复杂，所以我想技术的问题可以在技术与艺术方面得到一个完美的解决。

（同期声）

（字幕：王丽芳——清华大学建筑学院教授）

我觉得这个能够建成是最好，如果是有挫折、有坎坷在里头的话，也可能让美术方面的专家、愿意来探索建筑的这些专家，体会一下建筑需要带着枷锁来跳舞，是有限制的，而且是有很大的限制的。

转黑场

（字幕）2004年5月12日金山工地

（画面）《贺兰山工作记录》书，开合照片

（音乐）孤单的一种梦想的幻灭

（解说）吕澎在工地拍下了当时的照片，他在自己的工作记录中写道："5月12日下午4点，我去了基地，在灿烂的阳光下，树林充满生气，冬天的枯黄真的像当地人说的那样变成了绿色，这样的绿色让我再次理解到什么叫'生机'。在工地里，我拍摄了丁乙、洪磊、叶永青、周春芽、王广义和吴山专的现场。这个时候，土已经回填，露出稀落的钢筋，大量的基础材料进入地下再也看不见了，所以从丁乙的现场你怎么也看不出已经投入了89万人民币。离开基地时我还拍摄了地块中的小树林，那片在冬天里看上去是荒芜和没有生气的稀落树林，这个时候所表现出来的情况居然有些奇异——树叶过分地绿和密"。

（画面）民生公司大会议室

（解说）2004年5月12日6点，经过45天积极有效的调整，投资人陈嘉宣布，贺兰山房正式复工。

（同期声）

（字幕：陈嘉，艾克斯星谷贺兰山房开发商）

说是停，实际上是停不了。为什么说停不了，第一，基础都做完了，从工程量上来讲和所投入的资金来说差不多已经达到三分之二了，还剩三分之一了，这三分之一的资金不投入的话这些东西都是废品，它永远是废品。但这三分之一投进去之后，它起码是一个作品，它起码是一样东西。就好像你挖井一样，挖到99米的时候，你觉得就是不出水，那我就不挖了，不挖了你99米的工就全部废掉了，但是你再挖下去，也可能继续挖继续没有水，但起码它还有可能会出水。当时我在公司开会时就说这个事，如果扔了，现在这个钱就彻底地扔掉了，所以我们需要停下来反省和调整。

（同期声）

（刘文锦，艾克斯星谷贺兰山房开发商）

问题：是怎样的事使你下决心再一次启动贺兰山房项目，不会仅仅是一种无奈的支持吧？

（画面）阳光下的金山（音乐）

（解说）看上去这只是个普通的经营决定，但是不管将来的情况如何，这是一个关键性的决定，它已把21世纪第一个十年中的一项属于艺术史的内容给决定了，艺术家与投资商的意志已被不可阻挡的时代潮流所推动，成为众望所归的事实。对陈嘉来说，除了用公司的财务实力来支撑他的梦想，那么作为一个开拓者，他同样需要以博大宽容的胸怀去承受来自各方的压力和风险。

转黑场

（画面）感觉酒吧——全景

（解说）从贺兰山房的计划开始，艺术家、建筑师以及投资商们就在毛同强的感觉酒吧里，畅谈他们的梦想，实施他们的计划，无数个大大小小的决定也是在这里酝酿成熟。所有参与贺兰山房项目的人似乎在这儿找到了某种艺术的灵感，甚至投资人陈嘉作出最后复工的决策也和这个感觉酒吧有着某些必然的联系。

（同期声）

（字幕：陈嘉，艾克斯星谷贺兰山房开发商）

其实最终我下决定的前一两天我听到有人要做这件事，它促了我一把，让我这么快下决心，绝对不能停！我宁信其有，不可信其无，如果我仅仅停留在设计阶段，保留在我的想像当中，等我转过神来，停了一年，我再回头人家已经开始做了。本来我是开创历史先河的人，却却变成了追随者，那我当时的设想、愿望就被彻彻底底地打击了。

（同期声）

（字幕：毛同强——艺术家）

我觉得拍摄一事就不能进行了，突然觉得像一个气球吹足了，扎一个小眼，把它的气都放光了，然后再往起吹，这需要一个修复的进程。开始的几天，我努力重新培养拍摄兴趣，包括对建筑物的感情，至少有三四天才使自己激动起来，很快这个阶段就过去了，逐步地对这件事又兴奋起来。

（画面）跟拍毛同强

（解说）毛同强从前一段时间的沮丧中稍稍恢复过来，又继续着他拍摄照片的过程，在基地的工地上他已经和农民工们成了老朋友。

（同期声）

（毛同强）这个停工对民工的影响还是挺大的。

（工人）挺大的嘛！

（工人）如果停了以后你再组织这么多人上来，唉，估计是不会上来的，再加上这个

地方条件也不好。

（毛同强）没有歌厅也没有舞厅的。

（工人）唉，也不是歌厅、舞厅的事，干活嘛来这个地方，这个窝窝子，就是工地的生活也不行，想吃个饭也没处去吃，当即忙（有时）买个东西也没处去买，交通也不方便，一刮风全是沙子，屋里待都待不住，一刮风这个屋里这个沙子啥看不着了，来的人上来就没办法了，如果回去再来这个窝窝（地方），说啥都上不来了，不愿待了。

（毛同强）下去也不会再来了。

（工人）肯定不会再来的。

（毛同强）你的意思（是）第一批民工有点骗上来的意思。

（画面）金山工地，暴雨中的工地，夜晚的工地，白天的工地

（解说）银川市劳务市场"五一"之前的农民工还好找，"五一"以后大多数农民工找到了自己要干的活，因此复工后找寻农民工上山的进程很缓慢，恢复施工组织工作大概用了十天左右的时间。现在，十二栋别墅从南到北近一公里多、东西宽近千米左右，工地上施工的民工来自全国各地的好几个省区，有600多人，昼夜轮班，确保高质量的按期完工。

（同期声）

（工人）我现在盖的那是几何体，这边这个叫撒福一山房，这个叫太湖石，那个是国际青年中心。

（记者）

（宋永平）那个房子难盖吗？

（工人）那个基本上还可以，主要是这个几何体，这个施工难度大一些，这个主要是一个球形的圆体，从底下是这样一个形状（有手势），跟壳一样的形状，跟鸡蛋似的，再其他的基本上都可以，最难干的可能是这个，"餐字路"这个最难干。

（画面）吴山专的"餐字高路"

（解说）艺术家吴山专的《餐字高路》的结构方式被设计院的结构工程师认为干脆没有任何把握可以获得通过，直到现在设计院返还给施工单位的图纸意见仍有数十条内容。尽管如此，在策划人吕澎的坚持下，"餐字高路"还是按照正常的施工进度在快速推进。

（同期声）

（字幕：于远生——艾克斯星谷工程部负责人）

这个餐字图应该是朝北的，按说现在餐字这个头是朝南的，方向反了，原因就是给施工队发那个图的时候就把原来那个反向的图发到他们手里了，按照这个放，等到后来发现的时候，基础都已经起来。十二个别墅是十二个样子，每个艺术家的灵感还都不一样，就是说这个复杂程度，我是第一次遇到这么复杂的，施工单位也说，干了这么多的工业厂房或者说是住宅，就没干过这么复杂的东西，因为艺术家想像的东西不是咱们常人能想像出来的，咱们就觉得这个东西他怎能想出来。

（画面）复工会议——现场办公室2004年6月5日

（同期声）

（吕澎）全是一些很具体的问题。

（周春芽、吕澎）听说你们对我这个作品感觉很棘手。

（于远生）你这个施工难度大一些，但做好了以后还是很不错的。

（周春芽）我想最重要达到的是外边要抹一个涂料，颜色怎么抹，这个里面靠装修来搞……地面要做，地面肯定要做，很漂亮的材料。

（工程师）说白了，我就不用真石漆，用淘汰了二十多年的工艺，我就拿那个水泥弹头把它弹出来。

（周春芽）哎，对对对，这个好，这个好！

（女工程师）室内也是这样，不过质感要比外边细一点。

（周春芽）室内我觉得还是白色好。

（解说）由于周春芽的作品《太湖石》的设计顶部十分怪异，给施工的工程师们带来很多困难，因此他邀请了四川省设计院第一设计所的王所长一起来到施工现场，大家共同讨论施工中的难题。十分巧合的是施工的工人们也是来自重庆的老乡，这让周春芽感觉到某种缘分。

（同期声）

（周春芽）都是家乡人，我也是重庆人，你们是给重庆人修房子。

（工人）是重庆人设计的？

（周春芽）我设计的。

（周春芽）四川哪个地方？

（工人）云昌的。

（周春芽）家乡人，都是家乡人，咱们合影。

（画面）2004年6月5日，周春芽在现场

（周春芽）我做绘画，我基本上知道会有一种什么结果、什么效果，但是你做建筑，你肯定没有这个概念。就比如说我开始画图的时候，这么小，我今天来一看，这个场面这么大，我就觉得有点奇怪，突然一下变得这么大，它只是一个空间的概念，很有意思，一个新的在艺术上的一个挑战，真的很有意思，建筑师、设计师是艺术家，施工工程师也是艺术家，混凝土是音符嘛！

转黑场

（画面）贺兰山房现场

（解说）拍摄特殊的摄影作品仍然是艺术家毛同强每天定点，定时要完成的功课，不知不觉中，贺兰山房整体工程已推进到全面封顶。十二栋由十二位艺术家设计的建筑初见规模，远远望去，人的意志弥漫了夕阳下的金山。

（同期声）

（字幕：毛同强——艺术家）

在拍摄的过程中，每天你都感觉到它在变化，这个变化不是说你个人的变化，而是有这么多的工人、这么多的人在为这一件事服务。而最初的动机，一个是投资商，一个是艺术家。所谓艺术家的意志，就是艺术家的想法，然后要靠这么多人来实现，要用真正的钢筋水泥，要有图纸，要有很多的学科系统来支持。我在建筑工地经常会感觉到它是一个大型装置，有时我觉得艺术家的意志在实现的过程中，搀杂了很多其他人的辅助意志，大家都得按照这样一个意志去完成，这是很不容易的一件事。

（画面）贺兰山房入口处景致

（解说）这是贺兰山房——艾克斯星谷拓宽24米的道路基地入口内侧的景色，贺兰山清晰地出现在透视的末端，她灿烂的面貌显露出时间流逝的苍凉。{音乐}

第四集 启程——创造未来

（字幕）记得很多年前读到斯特拉文斯基的一句话，自由是就一个限制的范围来说的，创造只能在有限的领域里进行，对于一个人的想像力和完美目的的要求来说，任何宽泛的条件都是不能满足的，因为精神是没有边界的……从任何角度来说，400平方米的范围是可以创造出非常有意思的建筑或者作品的。——《贺兰山房工作记录》{音乐}

（画面）毛同强照片叠加——叶永青照片

（解说）当方案图完成之后，除了王广义与何多苓，其他艺术家的方案在面积上都不同程度地明显超过合同标准。最大面积的是叶永青，他的"草叶间——国际青年中心"的实际建筑面积1134平方米，比要求的400平方米多了734平方米，尽管如此，投资商尊重了艺术家的意志，完成了他们的施工图。

（同期声）

（字幕：叶永青——艺术家）

一个房子我觉得做到最后就是一个妥协的结果，想像的东西和最后做出来的东西总会有些差别。实际上这个房子也像一个东西在成长，在成长的过程中它也会遇到一些风雨，也会遇到各种各样的困难。

我觉得我们尽可能跟开发商来沟通，当然这种压力是双方的，我也有压力，我设计的房子越大的话，它所出的纰漏和它所要面对的问题就更多，开发商他要投入更多的钱来做这个事，其实目标是很明确的。

我觉得我把这个事当做一个很严肃的创作来对待，和我做一个作品是一样的。有对银川的感受和对银川生活的这样一种期待，是从这种角度来做的，我觉得我是负责任的，能够营造出一种气氛和一种生活方式，本着这种目的来设计这个房子的。

（画面）何多苓的建筑物泉水别墅

（解说）在十二栋建筑物群里，艺术家何多苓的泉水别墅的体量最小，他是完全按照投资商的要求来进行设计的。

（同期声）

（字幕：何多苓——艺术家）

这个体量就是我的目标，一开始我就想做得更小，假如可能的话，就按投资商要求的面积，面积过大的我还争取减小一点。八间客房，在保证经营面积、公共空间、交通路线的前提下，我尽可能地压缩。我认为把一个房子没节制地做大，并不是一个好的建筑师，而且我尽可能节约，节约是一种美德，包括给投资商节约，所以我尽可能地做到不超标。

你不能说这些作品都是好作品啦，但是我觉得这个项目本身可能给中国建筑界提供了一种新的思维方式。我作为其中的一员，我不认为会有多么强烈的反应，因为这些作品，包括我的在内，确实不是那么成熟。

（画面）陈嘉在工地察看施工进展

（解说）作为贺兰山房艾克斯星谷项目的投资商陈嘉所表现出来的旺盛精力令人惊讶，

从项目开工以来他就一直围绕工程的进度天南地北地奔波，积极推进项目的进展，施工现场是他去得最多的地方。

2004 年 6 月 10 日，投资人陈嘉到了工地现场，在基地的工棚里召开了第一次完整的工程联席会议。

（同期声）

（吕澎）会议时间有限，我们都把手机关掉，因为今天的会议很重要，时间非常紧张、非常迫切，我们所有的工程都要在 7 月 30 号以前全部停工，全部收尾，现在贾总讲。

（贾总）它就是进入一个多工种交叉施工的阶段，也就像战争时候的一个会战，我请大家按照整体的思路，一个一个地说，我们先说这十二栋别墅，然后再说环境，然后再说赛道和其他有关的问题。

（贾总）什么时候可以安窗子、玻璃？

（吕澎）20 号行不行？

（工人）20 号到今天只有 10 天时间，还存在地热问题，可以交叉作业。

（李工程师）我看外墙呢，用那个直板铝塑板给它包起来，这样一平方米哪怕个 100 块钱，不管是挣钱也好，咋也好，你不做，那个地方确实不好看，我是便宜 100 块钱我都愿意做。

（陈嘉）我们这个工程是在全国都有影响的工程，所以所有参与的人你们将来出去再揽工程的时候，是你们的一块招牌，不要光想着赚钱，不要光想着我们对你的要求高了，要求严了，同时是给你们自己创牌子。如果谁有什么，我宁肯让我的工程拖延，如果谁要违反规定，我照样清场。

（吕澎）感谢大家，咱们在最后冲刺，把这件事按照时间、保质保量地把它完成。这个不仅是民生公司艾克斯星谷的光荣，其实也是我们大家的光荣。

（解说）如果艺术家能够参加这样的会议也许会有特殊的好处，他们一定会体会到建筑真的不是装置，更不是一个简单的念头就能够完成的，艺术家真的要进入"建筑"，绝不是一个概念的图纸就能够完成的。

（画面）吕澎，思考写意的画面

（解说）尽管吕澎在艺术研究与房地产两个领域的研究和实际操作都有过人之处，但这一次的行动有别于以往的是，它毕竟需要开发商拿出足够的资金来支持这个乌托邦式的理想主义行动。

（同期声）

（字幕：吕澎，艾克斯星谷贺兰山房策划人）

预算失控对于任何一个投资商都是严重的问题，重要的不是投资人是否有承受力，关键是任何游戏都有规则要求，否则将无法进行。每个人的想像力具有无限的范围，只要没有约束，任何可能性都会产生，这是理想无限蔓延的恶果。
陈嘉知道什么是冒险，可是他认为他有冒险成功的历史。因此，也应该通过新的冒险，实现对历史的有意义的补充。所以，是人生态度构成了对一个项目的判断，而不是基于一个经验，这样的人生态度就不仅仅是热情，还包含着在经营道路上的尝试。

（同期声）

（字幕：陈嘉，艾克斯星谷贺兰山房开发商）

冒险一个意味着死亡，一个意味着新生、再生。所谓这个"险"字，就是未知的，未

知的很可能要失败，所以有人说我不理智。换句话说，可能是一种赌博。说实话，我真的喜欢赌博，我喜欢博，其实我一直觉得，如果没有冒险，如果都是大家能算清的帐，大家能够看好的事情，恐怕你已经没有机会了。因为这件事我已经走到这一步了，我觉得退就彻底失败了，不退我还有成功的可能，况且我不认为它真的失败了。

（画面）基本建好的贺兰山房施工工地，艺术家宋永平、洪磊等

（解说）在工程外立面接近尾声、内装修工作准备开始的时候，部分艺术家分别按工程的进展情况来到施工现场，解决工人们无法面对的设计难题。由于各个艺术家的设计深度和表达方式的差异，在施工过程中，出现的问题也不尽相同，但有一点是共同的，十二位艺术家的建筑作品与他们的绘画艺术和个人成长环境有着某种必然的关联。

（画面）设计图《曲径闻风山房》，建筑物《曲径闻风山房》

（解说）正如洪磊的艺术作品，他关注变化与微妙的细节，尽管不可能有什么具体的物象构成，但他的设计有着生活环境对他潜移默化的影响。在所有的设计中，洪磊的方案流淌着明显的唯美主义倾向。

（同期声）

（字幕：洪磊——艺术家）

与吕澎的讨论，作品与环境关系

（画面）设计图《意志》，建筑物《意志》

（解说）艺术家王广义了解到一个简单的矩形空间在建筑学上有无话可说的前提，同时他也清楚作为一个大型的摩托车赛事场所它需要便捷与有效的服务，像老式的火车厢那样的空间，也许是一个更为大众化、流动化的场所。按照他的艺术工作惯例，他避开了变化与复杂，他只想简单表现。

（画面）设计图《洗尘阁》、《几何体》，建筑物《洗尘阁》、《几何体》

（解说）同在中国美术学院任教的艺术家张培力、耿建翌，他们的作品设计图《洗尘阁》、《几何体》在专业建筑师看来，难以从建筑的角度进行深入的评价，这样反而充分地体现了艺术家的意志。

（画面）设计图《泉水别墅》，建筑物《泉水别墅》

（解说）早就对建筑产生兴趣的艺术家何多苓的设计作品《泉水别墅》，出发点就是建筑而不是艺术，从他画的这幅色彩鲜明的效果图上看，就显示出画家对构成主义绘画的熟悉与挪用。

（同期声）

（字幕：艺术家——何多苓）

我觉得水在这个地方是宝贵的，这个绝对是无疑的，而在伊斯兰文化里水是天堂的象征，所以你看伊斯兰庭院，它都有一个大水池，它虽然非常缺乏水，但是一定要做一个水池。虽然这个水池很小，但它是一个建筑的核心，所以我命名为"泉水别墅"。
……

（同期声）吕澎——想像力的蔓延导致了实际的问题，是一次值得全身心地投入。建筑是一种社会空间，自由造型的乌托邦翅膀不能不收敛于操作规程的桎梏。所以，耿建翌的圆球形建筑有一部分不得不埋在土中，而不是像想像中的一个支点与大地接触。艺术家们标新立异、夺人耳目的设计，使建筑施工进入了艰难和尴尬的境地。

（同期声）陈嘉——从整体上看，绝大部分贺兰山房都是比较符合地形地貌的，其实我

是这么理解，沙漠上的建筑应该是比较厚重的，窗户应该是比较小的，沙漠的阳光太强，要避免阳光照射。其实我也一直在与艺术家沟通，但现在改已经非常难了，绝对不适合在沙漠上，艺术家都有他们那种个性，一直到现在吧，这种合作我觉得艺术家的态度都是蛮积极的，怎么说呢，就是开创先河的人肯定要付出很多代价。

转黑场

（画面）媒体的评价〔报刊、杂志、网络〕

（解说）随着贺兰山房项目获得中国建筑艺术设计大奖的消息不断传开，来自全国及海内外的媒体对此报以热情的关注，尤其是在中国建筑艺术与文化主题盛会上，那些文化界的知名专家，建筑领域的著名设计师及中国顶尖地产开发商、投资人都发表了精彩的演讲，他们以客观的态度对中国当代建筑艺术与文化的热点话题、观念进行研讨，并对最具有指导性和代表未来潮流、具有开创精神的建筑项目作出了高度的评价。

（中国建筑艺术研讨会现场，三家村话建筑）

（同期声）

（字幕：崔恺——中国著名建筑师）

这么一些很有创意，很有艺术修养的人在一起能够参与艺术设计，同时有一个有意思的主题，这个主题是事先设立的，我觉得这个是给深远的建筑活动带来更深的一些意义吧。因为它开始的起点就比较高，而长城脚下的公社在最开始定位的时候，是长城脚下郊区度假的这么一个别墅，所以我觉得有一个事先的命题，比没有命题是比较好的。

（同期声）

（字幕：王明贤——中国建筑艺术研究所所长）

贺兰山房这个方案吧，是由十二个艺术家做的，当时我们在评选的时候，大家看到这个方案吧，都觉得这个方案特别有意思，因为中国建筑师做了大量的工作，也有不少优秀的作品，但还是有不少的建筑作品非常平庸，没有什么灵感，我们就发现这十二个建筑方案吧，就很有一种创造精神。

（同期声）

（字幕：庄惟明——清华大学建筑学院院长）

十二位艺术家他们按照自己的观念、艺术思维来创作这些建筑，很多的建筑都非常张扬，有很深邃的艺术层面的东西在里面，这种东西我觉得非常难得。但是要真正把它实现变成我们人能使用的房子，可能这个过程中还需要跟结构、跟设备这种专业技术上的配合，也许在某些方面由于结构、由于设备呀，它可能在某一个环节实现不了，它达不到当初想像创意的这种效果，这时候就需要有一个取舍，所以真正的创作，我觉得还没有完全地开始，真正的创作应该在这样一个技术与艺术碰撞的层面上，真正来解决它们的矛盾，矛盾解决得好，这就是一个成功的作品，但它并不影响开端的这种出色。

（同期声）

（字幕：潘石屹）剖析中国建筑文化艺术。

（画面）施工现场，陈嘉在工地沉思状

（解说）在一片赞誉和疑问声中，贺兰山房项目经历了开工、停工、复工并加紧积极推进，前前后后600多名来自全国各地的普通工人参与了贺兰山房的建设。事实上，他们是艺术家意志得以实现的真正实施者。2004年7月30日工程全面完工。无论怎么样，项目的投资者为此付出了代价，这个代价是无法在短期内圆满地解决经营的问题。

（同期声）

（字幕：陈嘉，艾克斯星谷贺兰山房开发商）

我还没有考虑到我投这么多钱我能赚多少钱，所以这个钱我自然要控制在一定程度内。如果说我现在知道这件事我能赚一个亿，再需要我投一亿五千万或两个亿，OK，没问题！我现在还不知道我能赚多少钱，这是面临的问题，也是最大的挑战。

就这个项目、就眼前而言，我觉得它做事的愿望大于赚钱的愿望，所以才敢冒这么大的风险去做这样的事情。前一段时间我很迷茫，迷茫在哪儿？钱赚多少是个够，事业做多大是个头。

（同期声）

（字幕：刘文锦，艾克斯星谷贺兰山房开发商）

问题：1.对贺兰山房项目的整体认知度。2.贺兰山房项目的最后完成是否会改变企业的整个未来发展方向？〔生意与艺术无疑是两件事情，正是对经营的严格追问和对热情的充分支持，构成了她负责的支持方式。〕

（画面）展示贺兰山房十二栋不同形态的建筑，贺兰山的魅力

（解说）由于开发商、投资者的理想主义精神，使得艺术家的意志有了一次对陈腐思想进行颠覆的机会。贺兰山房对建筑设计领域的实验性示范，使西部地区从文化建筑方面加速跟进时代的步伐成为可能，中国建筑艺术的前景因此将会出现转变吗？

（画面）陈嘉与潘石屹对话

（字幕）2004年7月13日，北京，长城脚下的公社

（解说）由于贺兰山房项目的意义所在，陈嘉接受了潘石屹的邀请，在长城脚下的公社他们有了一番精彩的对话。

（字幕）选择荒芜是一次对自然的认识，选择贺兰山是对历史的探视，选择艺术家就是希望实现人的意志。所以，我们将这背靠贺兰山眺望沙丘的项目命名为"贺兰山房"，她的英文HOPELAND（希望的土地）意味着历史、挑战与希望。

转黑场

（字幕）2004年8月6日，国际摩托车赛开幕式及贺兰山—艾克斯星谷竣工

（解说）这一天，人们在贺兰山金山乡艾克斯星谷基地参加国际摩托车赛的开幕式及贺兰山房的竣工仪式。尽管建筑的室内装修因为时间和资金的原因没有全部完成，但是艺术家的意志已经屹立在这个特殊的自然环境中，"贺兰山房"也刚刚开启了她生命的旅程。

（同期声）

（字幕：吕澎，艾克斯星谷贺兰山房策划人）

它仅仅是一个开始，整个社会是艺术家意志的实现者，所有不同的角色是艺术家意志的实现者，而不是艺术家本人。艺术家本人只是一个意志，这个意志可能一秒钟以后就没有了，但是这样一个社会结构把这个意志真正体现出来了。我觉得艺术家在这里面需要有一点体会，这个很重要。实现没那么简单，人类必须是一个整体。

其实我看这个地，还是人为，人能够把这件事做好，关键是你怎么去做。任何一个荒凉的地方都能造成一个乐园，关键是谁来做，有什么条件，你看现在已经有一些创造力了，到时候会很热闹。

（画面）白天，现场喧闹、热烈

（画面）夜晚，现场摇滚、震撼

（画面）第二天，安然、宁静的贺兰山下，树林中的贺兰山房

（解说）贺兰山下的金山乡是一个并不完全具备历史遗址价值的地方，但是因为有了"贺兰山房"，有了这群曾经为着共同的梦想奋斗过的理想主义者的足迹，不管这些房子未来的命运如何，金山都将召唤着人们产生历史的追问。这些建筑群落能否与贺兰山的自然环境一样新鲜，能否成为中国公众持久的精神财富，这将不仅是对艺术家意志的考验，同时也是一次各种力量前景不明的博弈。

大型电视专题纪实系列节目《贺兰山房》编导阐述

季涓

当我第一次听说艺术家们在宁夏贺兰山下一片荒芜了近千年的古战场上要做建筑，而且被邀请的艺术家还是些在当代卓有影响力的人物，就产生了一种创作的欲望，至少我想知道这些艺术家是以什么样的方式开始他们的建筑设计工作？他们介入建筑的真实意图是什么？投资商又为什么花大价钱请艺术家在宁夏这样一个经济文化相对落后的地区搞出这样的建筑，他们真实的商业目的是什么？这个事件本身的新闻性以及艺术家与商人投资的超规范的市场运营的方式，使我产生了疑问。而接下来的追问和采访又给我带来了意想不到的收获。首先是十二位艺术家的建筑设计获得了"首届中国建筑艺术设计"大奖。当我们摄制组前往北京采访的时候，心中也是隐隐约约地疑惑。在现实社会形态下，五花八门的评奖太多太杂，这样一个奖项的获得是否也是策划人与投资商对自我行为的炒作方式？于是摄制组亲临颁奖现场并采访了中国当代著名的建筑大师、建筑学院的顶级教授以及一些著名的艺术评论家，听到他们对"贺兰山房"项目的评价和认知，我渐渐意识到这是一个正在发生的、有可能影响中国建筑潮流的新闻事件。它受到国内外媒体的广泛关注是由事件本身的意义所决定的。正如策划人吕澎在颁奖大会论坛上陈述："通过这样一个项目的尝试，是否可以有这样一种方式，终止或临时、暂时不讨论建筑，终止一个建筑学这样一个博大、具有非常渊源的学科系统，从一个最简单、一个最初级的、或者说从一个普通人的角度来重新思考我们的房子和我们的建筑物该会是什么样的？"这使事件本身的意义突现出了人文关怀的精神和一种负责任的艺术态度。

当我们国家大规模的城市建设高潮一浪高过一浪汹涌而来时，艺术家以他们特有的感悟力重新认识我们居住的城市和我们所面对的千篇一律的毫无个性化的居住空间，带给人的是失去文化根基的空虚和彷徨。而投资商同样以敏锐的洞察力发现了大规模程式化、标准化建筑背后的商机。在这个时代意志的推动下，艺术与商业一拍即合，为着各自的目的和利益，他们开启了艾克斯星谷贺兰山房，通过获得更大的国际名声而获得更大的影响力进而获得更大的利益，这才是真实的意图和意义。

可贵的是，尽管存在着共同的利益前提，但艺术家与投资商在彼此的包容与理解中仍努力展开着他们对未来的无限憧憬。于是在贺兰山房项目启动过程中，便有了艺术与商业的碰撞、感性与理性的交合，意志与现实的博弈。当艺术家的设计效果图出现在施工现场时，那些常年做着标准化建筑物的建筑工程师与结构工程师及建筑工地的工人们感到了不安，他们无论如何也想不通一个七八百平方米的低层建筑的地基竟然花费89万人民币，这是艺术家在拿着投资人的钱买感觉吗？而另一方面艺术家们完全没有造价的概念，他们希望自己设计的作品外观造型要极大化的美观。于是投资人说，一根立柱完全可以不必要全部做成由钢筋混凝土灌注的，支撑的力度达到一定的强度就可以了，为什么要做成一样粗壮呢？为了这个效果，不知又多烧掉了多少人民币。太多的碰撞，终于使矛盾突变。就在十二位艺术家的设计方案获奖，策划人吕澎到北京去领奖时，投资商终于在冷静与理性的思考中，决定让贺兰山房项目停工，商业的意志决定了艺术的意志。

历史有时候就是在那么偶然的一瞬就决定了，没有任何事情是必然的。就如同贺兰山房项目在群情振奋的欢呼声中，随着投资商的一声叹息，便中止了它的进程。当理性的光芒照亮人们前进的道路时，无论是艺术家还是投资商渐渐从热情的海洋中掏向彼岸。无数个为什么出现在脑海中时，理想与现实的冲撞才会一一找到答案，这似乎是一个商业社会中临时安排的游戏行为。对于这些拥有特殊智商的人来说，尽管时代给了一种游戏的许可，没有人再像80年代那样，对将要做的事情有一种神圣的态度，但是要将一份艺术家创作的效果图实实在在地在贺兰山下建造出来，这是一件不能不令每一个参与其中的人严肃起来的工作。尤其是那种对于群体活动的信赖，使得投资商具有了无限博大宽容的胸怀

去迎接冒险，面对挑战。

贺兰山房项目仅仅是艾克斯星谷整体项目规划的开端。投资商的梦想是在一万亩的荒地上重新兴建一个具有旅游地产价值的新兴城镇，那是一个美好的庄园梦。城市生活日趋同化的人们可以借助这个城镇寻找心灵的家园。这个宏大的计划因为贺兰山房项目开端的意义，使得投资商肩负起了一个时代的意志。在中国西北边陲的小城市，为什么会出现这样的乌托邦理想主义者的誓言？这些被中国建筑史记录的艺术家他们想实现怎样的意志，那个掏出金钱来实现梦想的投资商，他的商业利益在未来的十年内能得到应有的回报吗？

贺兰山这个令人神往的古战场，在历史的脚步走过千年的此时此刻，是否听到了一个新时代的呼唤？

"艺术不是宗教，也不是神话，甚至也不是什么理想，但它总是忽隐忽现，在宗教要退场的时候出现，在神话出现的时刻消失，在实用主义冰冷的现实中，给出一丝温暖。就这样，不管你愿意与否，艺术始终存在着，至于它以审美的方式还是以个性的方式，以静态的图像还是以动态的行为，以政治的标语还是以经济的符号，以地球的语言还是以苍穹的物体与我们联系，对于今天抱有未来之希望的人来说，都是不可能预测，也是不必预测的。"

这或许就是贺兰山房——艾克斯星谷的诱惑吧！

因为如此，才有了四集每集半个小时的专题纪实节目《贺兰山房》。这是一个意义非凡的题目，千年的古战场苏醒了，艺术家的意志在一个市场经济社会中既显示温情一面，同时又不得不面对现实。当策划和决策在某个特定的历史交叉点结合的时候，所有个人的意志都显得那样微不足道，是时代的意志推动着一个事件的延伸、延续。我们不妨以下的标题来明确这样的思路：

第一集：缘起——贺兰山的意蕴

在一个民族特定的文化背景下，投资商与策划人一拍即合，选择贺兰山是一次对自然的认识，选择沙丘是对历史的发现，选择旅游就是扩充社会生活，选择艺术家就是希望实现人的意志。

第二集：颠覆——艺术家的意志

在一个商业背景下，投资商为了创造一种文化的营运氛围，以艺术家独特的视角创造别具一格的实用性建筑，这是一次艺术与商业两个博大而精深的学科交叉、越位甚至颠覆。艺术家们理想主义者的梦想受到了现实社会生活的种种考问。

第三集：越界——时代的意志

那些从来没有进行过专业建筑设计的艺术家，那些从来都是墨守成规的建筑结构工程师、施工工程师，那些从来没有过艺术体验的建筑民工，面对这样一次充满理想主义情怀的建筑设计展开了思想的交锋。当投资商决定把这个梦想在那片荒芜的古战场上耕种时，就已播下了风险的种子。在感性与理性的一次又一次碰撞中，他们同样经历了心灵的洗涤——为着一个艺术与商业的理想付出金钱的代价在所难免。

第四集：启示——创造未来

"贺兰山房"她的英文名字HOPELAND（希望的土地），意味着历史、挑战与希望。当这十二栋由艺术家设计的建筑物屹立在这个特殊的自然环境中，"艾克斯星谷贺兰山房"项目事实上才刚刚开启了她生命的旅程。不管这些房子未来的命运如何，贺兰山都将召唤着人们又一次地产生历史的追问。对未来前途的未知，使所有参与或者关注贺兰山房项目的人都会有一种创造的激情。

有了这样一个创作的思路，希望我们的拍摄在全面跟踪、抓拍细节的同时，力求画面的唯美，尤其是关于贺兰山的意蕴要有充分的空镜头细化，既要强调气势又要有相对的细节，整部电视片是否能有生机盎然的状态，取决于摄像师镜头语言表达的准确性和创造性。

关于音乐也是电视片的点睛之笔，音乐要能烘托画面的气氛，旋律简单明了，每一集大概有三到五处的音乐段落即可，可以重复使用。

最后是后期制作，这是这部电视片的重点，前期拍摄编辑不够完美的部分，都需要做后期的处理。字幕的字体、颜色需要精心设计，片花要选择视觉冲击力强的画面编辑组合，大概时间为30秒左右。片头不必复杂，镜头语言直接朴素，时间为12秒左右。所有画面做成遮幅，字幕一般出在遮幅下的黑幕中。每一集中间部分用片花或片头间隔。

播出方式：以主持人与嘉宾就建筑与艺术、城市建设与建筑的文化性为话题展开讨论播出此电视片，可能会对电视片涉及不够的问题做一些必要的补充和完善。

当前期采访工作逐步推进时，许多设想外的东西意想不到地需要我们改变工作计划。

比如拍摄中工程的停工，使得我们彻底推翻了以贺兰山房建设过程为线索、以艺术家的艺术构想为主要内容的人物专题记录的结构模式，改为了目前以事件进程为主要内容、艺术家们作为辅助线索的拍摄方式，以便更好地叙事，表达更多建筑之外的话题，使节目内容看起来更加丰富，信息量更大，涉及的文化内涵更深广。尽管如此，不断的变化还在发生，投资商也逐步意识到事情本身的意义和影响力，各大媒体的追踪报道，扩大了贺兰山房项目的知名度。地产界的著名人物不断前往贺兰山下考察项目，洽谈合作事宜，这可以说是真正意义上的"艺术搭台、经济唱戏"的样板，这样一个尝试性的事件，虽然使投资人付出了金钱的代价，但在某种程度上却宏扬了宁夏的知名度，使宁夏的企业家有了与国际上享有盛名的经济人物对话的可能性。因此，我们拍摄这部电视片的意义不仅仅在于今天记录了什么，而是我们想知道明天将会发生什么。对于我们的拍摄，这个事件的延伸同样意味着历史、挑战与希望。

在几个月的时间里，我们采访了上百名各种各样与此事件相关或无关的人，所有人的热忱关注为这个事情制造了可以持续的激情，同样也为我们的采访工作提供了充足的能量。在变化莫测的耐心等待中，我们希望一些戏剧性的情节发生，好为我们的节目增添更多的看点，同时内心又充满期盼，希望项目进展顺利，圆梦贺兰山房。

2004 年 7 月 8 日

图书在版编目（CIP）数据

贺兰山房：艺术家的意志/艾克斯星谷公司编著.
北京：中国人民大学出版社，2004

ISBN 7-300-05770-5/J·163
Ⅰ.贺…
Ⅱ.艾…
Ⅲ.建筑艺术—中国—文集
Ⅳ.TU–862

中国版本图书馆 CIP 数据核字（2004）第 070142 号

朗朗書房

贺兰山房：艺术家的意志

艾克斯星谷公司　编著

出版发行	中国人民大学出版社			
社　　址	北京中关村大街 31 号		**邮政编码** 100080	
电　　话	010 – 62511242（总编室）		010 – 62511239（出版部）	
	010 – 82501766（邮购部）		010 – 62514148（门市部）	
网　　址	http://www.crup.com.cn			
	http://www.ttrnet.com（人大教研网）			
经　　销	新华书店			
印　　刷	北京画中画印刷有限公司			
开　　本	889 × 1194 毫米 1/16		**版　　次** 2004 年 8 月第 1 版	
印　　张	22.625		**印　　次** 2004 年 8 月第 1 次印刷	
字　　数	134 000		**定　　价** 80.00 元	